构建跨平台APP
jQuery Mobile移动应用实战

李柯泉 编著

清华大学出版社

北京

内 容 简 介

jQuery Mobile 是目前最流行的跨平台移动开发框架，本书以实例驱动讲解的方式，让零基础读者也能轻松掌握 jQuery Mobile 下的应用开发。

本书分为 4 篇，第一篇是移动开发入门篇，介绍了 jQuery Mobile、HTML 5 和移动开发的一些基础知识，以及如何搭建开发环境；第二篇是 jQuery Mobile 基础篇，介绍了 jQuery Mobile 中对话框、工具栏、按钮、表单、布局和插件的使用；第三篇是跨平台 APP 实战篇，介绍了 6 个使用 jQuery Mobile 开发的实际 APP；第四篇是发布和推广应用篇，介绍了在开发完成之后，如何发布和推广自己的 APP。

本书内容详尽、实例丰富，是广大 jQuery Mobile 初学者、跨平台移动开发人员必备的参考书，同时也适合作为高等院校和培训学校相关专业师生的教学参考书。

图书在版编目（CIP）数据

构建跨平台 APP：jQuery Mobile 移动应用实战/李柯泉编著. —北京：清华大学出版社，2014（2016.1 重印）
ISBN 978-7-302-35696-7

I. ①构… II. ①李… III. ①移动电话机－应用程序－JAVA 语言－程序设计 IV. ①TN929.53②TP312

中国版本图书馆 CIP 数据核字（2014）第 056712 号

责任编辑：夏非彼
封面设计：王　翔
责任校对：闫秀华
责任印制：刘海龙

出版发行：清华大学出版社
　　　　网　　　址：http://www.tup.com.cn，http://www.wqbook.com
　　　　地　　　址：北京清华大学学研大厦 A 座　　　　邮　　编：100084
　　　　社 总 机：010-62770175　　　　　　　　　　邮　　购：010-62786544
　　　　投稿与读者服务：010-62776969，c-service@tup.tsinghua.edu.cn
　　　　质 量 反 馈：010-62772015，zhiliang@tup.tsinghua.edu.cn
印　刷　者：清华大学印刷厂
装　订　者：三河市溧源装订厂
经　　　销：全国新华书店
开　　　本：190mm×260mm　　　印　张：27.5　　　字　　数：704 千字
版　　　次：2014 年 5 月第 1 版　　　印　　次：2016 年 1 月第 3 次印刷
印　　　数：5001～7000
定　　　价：65.00 元

产品编号：056343-01

前　言

　　jQuery Mobile 是一个免费的、开源的、跨平台的移动开发框架，是基于 HTML 5 的快速开发工具，它能够极大地解放开发者的时间和精力。遗憾的是，由于国内交流氛围所限，目前关于 jQuery Mobile 的资料非常少，而且不够详细。作者结合自己的开发经验，在本书中全面介绍了 jQuery Mobile 的控件、jQuery Mobile 的布局，以及 jQuery Mobile 开发和发布应用的方法。本书的目的是力求通过实战让读者在练习中熟练掌握利用 jQuery Mobile 快速开发的方法，并能够真实地将技术转化为经济利益。可以这么说，jQuery Mobile 的前途和钱途都是不可限量的。

本书特色

实战，实战，还是实战

　　本书采用实例驱动的方式介绍 jQuery Mobile 下的 APP 开发，全书通过 70 余个实战案例手把手指导读者进行移动开发，最后还通过 6 个小型项目来复习和巩固所学知识点。

不是 iOS 平台、Android 平台、Windows Phone 平台下的开发，是全平台开发

　　本书开发的项目是全平台应用，读者可移植到任意的移动平台，这是 jQuery Mobile 风靡的原因，也是本书的宗旨，即实现真正的跨平台应用。

技术来源于生活，案例也来源于生活

　　本书的案例包含了笔者做过的很多应用，包括天天背单词 APP、移动校园 APP、在线音乐播放器、在线视频播放器、通讯录、课程表、Metro 界面、新闻列表、手机调查问卷、计算器、移动 BBS、电子阅读器等，这些案例全部来源于真实的生活。

低门槛、浅阅读，轻轻松松就能学会

　　为使本书更加详尽易懂，每写完一章，笔者特意邀请 3 位零基础在校生阅读并提出意见，快速分析出被遗漏的知识点和讲解不清的技术点，使本书更方便初学者入门。笔者的初衷是：不但能让读者了解做什么（What）与怎么做（How），更能让读者清楚为什么要这么做（Why），本书还提供了很多跨平台移动 APP 的工具和技巧，帮助读者找到最佳的学习路径和项目解决方案。

知识结构

　　本书共四篇 19 章，主要章节规划如下。

第一篇（第 1~3 章）移动开发入门

　　跨平台的框架有很多，为什么选择 jQuery Mobile？选择它后，如何为它搭建开发环境？搭建完环境后，又如何开发第一个 Hello World 应用？如何测试和打包应用？这些都是本篇要介绍的内容，除此之外，笔者还解答了初学者对于 HTML 5 的一些常见误区。

第二篇（第 4~12 章）jQuery Mobile 基础

凡是玩过智能手机的人都知道，一个 APP 大概会包含页面、对话框、工具栏、按钮、表单、列表等可视元素，本篇就是介绍如何用 jQuery Mobile 制作这些元素，并在手机上显示出来。学会这些后，还介绍 jQuery Mobile 的一些高级特性，如布局、插件、事件等。本篇最后通过计算器、移动 BBS、电子阅读器、记事本、全键盘界面这 5 个小案例来复习这些 jQuery Mobile 的重要知识点。

第三篇（第 13~18 章）跨平台 APP 实战

本篇介绍了 6 个利用 jQuery Mobile 实现的项目，分别为大学移动校园、个人博客项目、在线音乐播放器、在线视频播放器、大学校园表白墙、天天背单词。本书不仅仅给出了这些项目的源代码，还给出了数据库和 APP UI 的一些设计技巧。

第四篇（第 19 章）发布和推广应用

本篇内容不多，却是 APP 能被广大受众认可的关键内容。本篇讲述了如何将 jQuery Mobile 开发的应用通过 PhoneGap 打包，然后生成各个平台可执行文件。本篇还介绍了发布和推广应用的方法，使读者能真正将开发的应用转化为经济效益。

面向读者

- HTML 5 初学者与 HTML 5 开发人员
- 跨平台移动应用开发人员
- 前端开发人员和前端设计人员
- jQuery Mobile 初学者和开发人员
- 高等院校及培训学校的师生

示例代码

本书示例代码下载地址为 http://pan.baidu.com/s/1ntwj5OH。

下载如有问题请发送电子邮件至 booksaga@163.com，邮件标题为"求 jQuery Mobile 代码"。

致谢

参与本书创作的人员除了封面署名作者外，还有周遥、李春城、陈超、杜礼、高宏、孔峰、孙泽军、王刚、杨超、张光泽、赵东、李玉莉、刘岩、潘玉亮等。在此表示感谢。同时感谢清华大学出版社图格事业部编辑们的辛苦工作，使本书尽早与读者见面。

编者

2014 年 3 月

目 录

V

第四篇 发布和推广应用

第一篇

移动开发入门

第 1 章

◀ 初探移动开发 ▶

jQuery Mobile 是一个用来构建跨平台移动 Web 应用的轻量级开源 UI 框架，具有简单、高效的特点。它能够让没有美工基础的开发者在极短的时间内做出非常完美的界面设计，并且几乎支持市面上常见的所有移动平台。可以说，jQuery Mobile 是移动开发者梦寐以求的神器。本章先不涉及具体的知识，仅仅从当前移动设备硬件的发展和移动开发领域的竞争两个角度，来说明为什么使用 jQuery Mobile 是开发者明智的选择。

本章将介绍在使用 jQuery Mobile 进行开发时所必须掌握的一些名词，如 HTML 5、jQuery 等。本章主要的知识点包括：

- 手机以及平板电脑技术的发展趋势
- 当前移动开发者所面临的挑战及应对措施
- 什么是 HTML 5 以及当前大众对 HTML 5 所存在的误区
- 什么是 jQuery Mobile 以及为什么要选择 jQuery Mobile

1.1　如今的移动行业

2009 年的夏天，笔者拥有了平生第一部安卓手机，当时选择它是因为它给了已经厌倦塞班的笔者另外一种选择。那时候谁都无法想到移动产业会发展到如今的状态。

1.1.1　手机和平板的世界

在 2007 年 1 月 9 日举行的 MacWorld 上，Apple 公司发布了一款名为 iPhone 的智能手机（图 1-1 为 2007 年发布的第一代 iPhone），笔者认为，这是移动手持设备崛起的一个开始，因为是它让触屏智能手机的形象开始深入人心，也是它改变了用户使用手机的方式，让用户以一种触摸的方式享受流畅的操作体验。

但自始至终，苹果手机的价格都是昂贵的，现在是，过去也是。以至于虽然它制造了巨大的影响力，却没有影响到诺基亚的霸主地位。实际上当时的手机市场主要还是以外观为卖点，尤其是非智能手机市场，在性能上并没有太大的差别。

但是，苹果代表的是一种趋势。

2007 年 11 月，Google 与其他 84 家厂商联合完成了一款基于 Linux 的开源操作系统，并将它命名为 Android，第一款 Android 手机在第 2 年 10 月发布，这就是由台湾宏达电（也就是 HTC）生产的 Dream，也就是论坛上常说的刷机神器 G1（图 1-2 为 HTC G1）。也正因为如此，虽然 Google 在 2011 年收购了摩托罗拉，但是在绝大多数用户心中 HTC 才是安卓最正统的继承人。

这款手机当时的售价也不菲，毕竟是要与 iPhone 相抗衡的产品。这款手机没有配备蓝牙，同时软件也比较少，在当时还受过不少嘲笑。毕竟那时候还是诺基亚大放光彩的时代，其强大的娱乐性能不知道超越了 G1 多远。但是后来一款真正能够与苹果抗衡的手机诞生了。

图 1-1　2007 年发布的 iPhone

图 1-2　HTC G1 Dream

移动设备的另一个里程碑就是 2009 年发布的 HTC G3（Hero）。在该机上 Android 第一次支持了 Flash 并且具备了比较高的配置（至少在不玩大型游戏的情况下能够保证日常使用），而且 3.2 英寸在当时绝对算是超级大屏幕（图 1-3 为 HTC G3）。

不过 G3 在刚刚发布时，安卓还没有被广大用户所接受，仅有少数人支持并热爱这样一个系统。记得笔者当年花了近 3000 元买来的 G3 在向女生炫耀时竟然被认为是山寨手机。当第一次打开 G3 时，其屏幕绚丽的色彩至今记忆犹新，那时国内的安卓应用市场已经比较成熟，笔者是乐在其中的，当时最开心的事就是在百度的安卓贴吧和吧友们一起吐槽塞班粉的无知。

很快安卓得到了用户的认可，2010 年 1 月，谷歌推出了 Nexus One，512MB 的 ROM 与 RAM 在那时比现在的八核还要震撼，3.7 寸的屏幕在当时也令人感到惊讶（图 1-4 为谷歌 Nexus One）。

图 1-3　HTC G3 Hero

图 1-4　谷歌 Nexus One

正是在这之后，用户开始向往拥有一款安卓系统手机，可惜作为谷歌的"亲儿子"，Nexus One 的性能并不给力，陀螺仪甚至是话筒等部件频频出现 bug，以至于最终只被当作开发工具来使用。

在这之后的一年内涌现出一大波神器级别的手机，如 Samsung I9000、MOTO Defy 以及 HTC 为弥补 Nexus One 的不足而设计的 G7 Desire，还有性价比无敌的 G8 Wildfire。这些手机如今很难再吸引用户的眼球，但是在那个时代，它们所带来的诱惑永远会被人们记住。

2011 年 8 月 6 日，小米公司推出了它的第一款小米手机，这是第一款由我国独立生产却可以在中高端市场中占据一席之地的手机（图 1-5 为小米一代）。

 请读者记住这一天，这也是 MIUI 发家的历史，我相信对各位开发者也有非常巨大的激励作用，同时小米由软件推广硬件的做法也极具借鉴价值。

时间跳转到 2012 年 8 月 30 日，这一天发布了一款里程碑性质的手机 Samsung Note 2，它大胆采用了 5.5 英寸的 Super AMOLED 魔幻屏，另外直接打包了三星定制版的果冻豆系统。这款手指直接促成了三星系列从 Galaxy 到 Tab 等产品的成功。在编写本书的时候，刚好是三星 Note 3 发布的日子（图 1-6 是三星 Note 3），为此特意将它的配置在表 1-1 中列出。

表 1-1　三星 Note 3 部分配置参数

屏幕尺寸	5.7 英寸 1920×1080 像素
CPU 型号	高通 骁龙 Snapdragon 800
CPU 主频	2355MHz 四核
RAM 容量	3GB
ROM 容量	16GB
主屏材质	Full HD Super AMOLED 1600 万色
摄像头	1300 万像素（后）200 万像素（前）

图 1-5　小米 1S　　　　　　　　　图 1-6　三星 Note 3

还有一些给人留下深刻印象的手机，如 Sony LT36i、HTC OneX 等。表 1-2 给出了部分手机的生产日期、屏幕大小、分辨率以及图片，仔细观察可以发现智能手机的发展趋势。

表 1-2 近几年来的部分安卓手机配置表

图片	型号	屏幕	CPU	发布日期
	HTC G1	3.17 英寸 240×320 像素	高通 528MHz	2008.10.22
	HTC G3	3.2 英寸 320×480 像素	高通 528MHz	2009.6
	Google Nexus One	3.7 英寸 800×480 像素	高通 1GHz	2009.11
	HTC G6 Hero	3.2 英寸 320×480 像素	高通 600MHz	2010.3
	Samsung I9000	4.0 英寸 480×800 像素	三星蜂鸟 1GHz	2010.3
	HTC G7 Desire	3.7 英寸 480×800 像素	高通 1GHz	2010.4
	MOTO MileStone	3.7 英寸 854×480 像素	德州仪器 550MHz	2010.5
	MOTO ME600	3.1 英寸 480×320 像素	高通 528 MHz	2010
	HTC EVO 4G	4.3 英寸 480×800 像素	高通 1GHz	2010.6
	魅族 M9	3.5 英寸 960×640 像素	三星蜂鸟 1GHz	2011.1

（续表）

图片	型号	屏幕	CPU	发布日期
	HTC G17 EVO 3D	4.3 英寸 960×540 像素	高通 1228MHz	2011.6
	Samsung I9100	4.3 英寸 480×800 像素	三星蜂鸟 1228MHz	2011.7
	MIUI 小米 M1	4.0 英寸 854×480 像素	高通 1.5GHz	2011.10
	Samsung Galaxy Nexus	4.6 英寸 1280×720 像素	高通 1228MHz	2011.10
	HTC G12 Desire S	3.7 英寸 800×480 像素	高通 1GHz	2012.4
	HTC G14 Sensation	4.3 英寸 960×540 像素	高通 1228MHz	2012.4
	Samsung I9300	4.8 英寸 1280×720 像素	三星蜂鸟 1.4GHz	2012.5
	SONY L26ii	4.3 英寸 1280×720 像素	高通 1.5GHz	2012.7
	华为 C8812	4.0 英寸 480×800 像素	高通 1GHz	2012.9
	MIUI 小米 M2	4.3 英寸 1280×720 像素	高通 1.5GHz	2012.10

（续表）

图片	型号	屏幕	CPU	发布日期
	HTC ONE	4.7 寸 1920×1080 像素	高通　1.7GHz	2013.3
	Samsung I9500	5.0 英寸 1920×1080 像素	高通　1.7GHz	2013.3
	Samsung Note3	5.7 英寸 1920×1080 像素	高通　2.4GHz	2013.9
	SONY L39h	5.0 英寸 1920×1080 像素	高通　2.2GHz	2013.9
	MIUI　小米 M3	5.0 英寸 1920×1080 像素	高通　1.8GHz	2013.10

通过该表可以发现手机发展的一些趋势：

- 屏幕越来越大，像素越来越高。最初的 3.7 英寸就可以称之为巨屏，如今 5.0 英寸已经沦落为"标配"；320×480 的分辨率就被用户称赞画质细腻，如今经常可以见到 1080P 的 IPS 屏幕，这不得不说是技术发展的必然。

- 配置越来越高，虽然表中没有列出 RAM、ROM 等数据，但是单从 CPU 这一项就可以发现手机的配置发生了翻天覆地的变化。

- 同质化比较严重，如果说最初 MOTO 总能利用键盘做文章，搞出些像"后空翻"这样的小把戏，那么如今的手机设计越来越千篇一律，但是不这样又能怎么样呢？仅触控这一点就决定了目前的智能手机只能是一个机身加一块屏幕，也难怪用户抱怨手机没有新意了。

在总结表 1-2 时会发现，在同一时期带领手机屏幕尺寸变化的总是 Samsung 的 Galaxy 系列，而目前安卓手机做得最好的也正是该系列。图 1-7 为 Samsung 与人脸的对比图。

图 1-7　Samsung 与人脸的对比

除此之外，还有非常重要的一个品牌——苹果，没有被笔者提到，并不是说它不重要，而是由于它实在是太重要了，以至于没有读者会忽略它的变化。它的屏幕也在变大，CPU 也在变强。

综上所述，手机的性能不断增强，说明用户对手机有极大的需求，因此与手机相关的行业将拥有非常好的市场前景。手机的性能不断增强使得手机可以支持更加强大的运算处理功能，因此可以运行更加强大的软件、更加绚丽的特效，同时也需要更多的开发人员来满足这一需求。

1.1.2　移动互联网的神话

上一小节提到了手机硬件的发展加大了对软件的需求，那么是不是真的这样呢？

首先可以确定的是，移动开发人员是很有可能一夜暴富的，中国移动开发者社区有比较火的一款应用《3D 终极狂飙 2》，在改成内置付费之后，平均每个用户支付 11.2 元，开发者以此实现了"月入百万"的目标，如图 1-8 所示。

图 1-8　中国移动开发者社区为《3D 终极狂飙 2》开设的专区

再看看招聘市场，优秀的移动应用开发人员更是供不应求，以"安卓 招聘"为关键字在百度上搜索，得到如图 1-9 所示的内容。

排序方式 默认排序 ▼	公司名称	城市 ▼	日期 ▼	来源
后台开发工程师 学历：1-3年 经验：1-3年 薪酬：21000-42000	知名移动互联网公司-android手机精灵	北京	2013-10-31	若邻社交招聘网
android开发 学历：本科 经验：2年 薪酬：30-60万	某android应用知名公司（疯狂上升期）	北京	2013-10-30	猎聘网
Android 应用软件工程师 学历：本科 经验：5-10年 薪酬：13000-21000	Android 应用软件工程师（深圳 或 青岛）--- 大型国企网络技术公司	上海	2013-10-31	若邻社交招聘网
国内领先视频监控设备供货商 学历：本科 经验：3年 薪酬：15-25万	android手机应用开发工程师	武汉	2013-10-30	猎聘网
高级产品总监 学历：本科 经验：3-5年 薪酬：13000-25000	知名android网站	北京	2013-10-31	若邻社交招聘网
Android开发工程师 学历：不限 经验：3年 薪酬：10-20万	知名美资上市互联网公司高薪急聘Android开发 工程师	西安	2013-10-30	猎聘网
iOS资深开发工程师 学历：本科 经验：3-5年 薪酬：9000-25000	【全球最大的网络电视服务商】Android资深开 发工程师（上海）-EN1314	上海	2013-10-31	若邻社交招聘网
iOS资深开发工程师 学历：本科 经验：3年 薪酬：10-30万	【全球最大的网络电视服务商】Android资深开 发工程师（上海）-EN1314	上海	2013-10-30	猎聘网
android开发工程师 学历：大专 经验：3-5年 薪酬：15000-21000	android开发工程师	上海	2013-10-31	若邻社交招聘网
Android资深开发工程师 学历：本科 经验：5年 薪酬：15-40万	【全球最大的网络电视服务商】Android资深开 发工程师（上海）-EN1314	上海	2013-10-30	猎聘网

图 1-9　搜索结果

除了以此作为正式工作，将移动开发作为一份兼职也是非常不错的选择。未来的互联网将是自由开发者的时代，因此各大平台先后向个人开发者提供了 API 接口，使得他们可以方便地获取需要的数据。另外，灵活而丰富的收益方式也是得出这个结论的重要论据。

举一个例子，刚刚在 CSDN 上看到"智慧流程"举办的程序员大赛，赫然打出了"一名开发者+一个月=10 万元"的标语，再看大赛的介绍确实十分诱人，如图 1-10 所示。

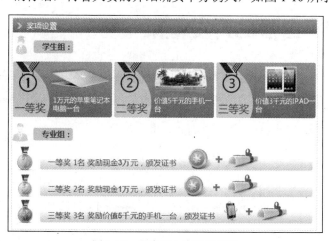

图 1-10　程序员大赛奖项设置

另外，还有近期比较受关注的华为"明日合伙人"创意作品大赛，如图 1-11 所示，奖励更是非常诱人，其主要面向学生群体。

图 1-11　华为"明日合伙人"官网的宣传条幅

像 Intel 的移动应用大赛、联想桌面产品创意大赛等各种比赛均是为了扶持个人开发者而设立的比赛，开发者可以依靠它们获得强力的推广宣传以及高额的赞助与分成。如"墨迹天气"就是中国移动第一届 MM 移动开发大赛的获奖作品。

> 目前处于移动开发行业飞速膨胀的时代，各公司为了争取人才不惜"千金买马"，不但是为了更好地竞争，也是为了炒作。也就是说，只要能够在这类比赛中崭露头角，"钱途"绝对不可限量。

但是，这并不说明移动开发是一个轻松的行业，在高额收入背后还存在巨大的挑战。两年前笔者还可以依靠在百度上搜索几十张图片并将它们打包成"美女壁纸欣赏"，或者是随意下载一部小说经过简单的封装上传到应用市场，每个月仅靠广告流量就可以获得一笔不菲的收入。后来随着国内开发水平的普遍提高，再传同类 APP 时，会由于该应用同质化严重而没有通过审核。

对此，笔者得出两点结论：

● 国内移动开发市场潜力巨大，对于有志于从事技术类职业的读者来说是一个非常好的选择。
● 该行业存在一定的难度，为了适应竞争必须要不断提高自己或者找到更有效的开发方式来提高开发效率。

1.2 跨平台移动开发框架

马克思在资本论中曾经提到过，一切社会形态都取决于生产力。而对于开发人员来说，生活水平（主要指收入）也主要由生产力来决定。开发人员为了提高生产力主要有两条路可以选择：

● 努力学习，积累经验使自己具有更高的技术。
● 选择更高效的开发工具。

如果决心选择第一条路的话，现在可以放弃这本书了，因为本书主要介绍的是如何利用更高效的工具来提高开发效率。如果选择了第二条路，那么恭喜你，你将在本书中得到所需要的技术。

> 毫无疑问，愿意脚踏实地地提高自己技术的人也许能够走得更远，但是其中的艰辛也只有亲身经历过的人才能够体会得到。可以先利用工具提高开发效率，然后再钻研技术来增加经验。但是总的来说，没有对与错之分，只要是适合自己的就是最好的。

如何用工具来提高开发效率呢？曾经有人设想有这样一款 IDE（集成开发环境），开发者可以将自己的需求通过键盘输入到 IDE 中，IDE 就会自动生成开发者所需要的软件。这确实是近几年软件工程学科比较热门的一项课题，可惜的是还远远不能实现需求。因此就只能退而求其次，于是跨平台移动开发框架就应运而生。

1.2.1　什么是跨平台移动开发框架

近年来随着硬件设备和平台的不断发展，手持移动设备的计算能力得到了显著的提高，智能手机和平板电脑越来越多地出现在人们的日常生活中。无论是多么强大的硬件或是多么优秀的平台，都要有软件来支撑。但是厂商之间的竞争导致软件在不同平台中不兼容的现象。比如安卓上的 apk 文件就无法在 iOS 中运行，甚至早期安卓上运行的一些 APP 在当前的大屏手机上也无法正常显示。

作为一名开发者就不得不做出取舍，是选择自己精通的一个平台做好呢？还是花费大量的时间和精力同时进行多个平台的开发，甚至是花钱雇人来开发其他的平台好呢？这看似是一个难以抉择但是又没有完美答案的选择题。能不能选择一种完美的方案呢？当然可以，因为有跨平台移动开发框架。

所谓跨平台移动开发框架，可以简单地被分解成："跨平台"、"移动"和"开发框架"。"跨平台"指的是只需要经过一次开发，得到的应用就可以在多个平台上流畅运行。目前比较主流的移动操作系统包括 Android、iOS、Windows Phone（简称 WP）、BlackBerry、MeeGo 等，为了实现在这么多系统之间的兼容，跨平台开发框架往往采用 HTML 5 为开发语言，然后利用 Web 执行，或者由专门的开发环境生成全部平台适用的安装文件。

以本书介绍的 jQuery Mobile 为例，它是一款基于 HTML 5 的跨平台开发框架，可以利用它来生成非常华丽的网页文件。但是同时也可以借助另一款框架 PhoneGap 的帮助来分别生成 apk（安卓中的安装文件）、ipa（iOS 中的安装文件）或 xap（WP 中的安装文件）等格式的文件。图 1-12 为一款跨平台开发框架主页上为了说明跨平台特性而设计的图片。

图 1-12　跨平台移动开发框架的特性

所谓"移动"指的是主要支持移动设备，也就是说这些框架是专为移动设备（如手机或平板）而定制的。这也说明该框架不会考虑一些比较老的 PC 浏览器（如 IE 6）的兼容性，但是大多数情况下在 PC 上仍然是可以正常使用的。

跨平台开发框架令开发者感到欣慰的地方，在于它"开发框架"的特性，该特性使得它能够大大提高开发人员的效率。所谓"开发框架"，指的就是一组已经被定义好的设计构件。如在 HTML 5 中定义一个按钮非常容易，但是若要为它加入一些好看的样式，可能光 CSS 就要写几十行，有了 jQuery Mobile 后，只需要一行代码就可以了。

1.2.2　为什么选择跨平台移动开发框架

跨平台移动开发框架的优点如下。

● 一次编写多平台运行。

目前绝大多数智能手机都支持 HTML 5，况且还可以将内容打包成相应平台的应用，这更保证了应用的可运行性。

● 上手迅速，开发效率高。

没有 HTML、JavaScript 开发经验的人员，甚至是销售人员，经过一两天的学习后，也能够做出一些非常不错的应用界面。

● 避过重重审批，直接面向用户。

上传到应用市场能不能通过审批都是未知数（比如说 App Store 中的快播）。为了能够面向用户（最根本的还是获得广告收入），最好的办法就是直接生成网页，只要有一台服务器就够了，甚至连域名也不需要。

● 即使没有美工基础的开发人员也可以设计出优秀的界面。

因为在这些开发框架中大多已经定义好了要使用的样式，开发者只要根据自己的需要对各种样式进行选择就可以。其实不光是这些"高级"的集成开发环境，原生的 SDK 中也集成了一些基础样式，只不过它们大多比较丑，需要开发者去进一步美化。

1.2.3　常见的跨平台移动开发框架

常见的跨平台移动开发框架有：jQuery Mobile、Sencha Touch、jQTouch、Dojo Mobile、AppCan、PhoneGap 和 Cocos2d-X 等。当然类似的框架还有很多，这里只列出这些比较有代表性的。下面将对它们进行一一介绍。

1．jQuery Mobile

jQuery Mobile 是 jQuery 在手机和平板上的版本，它不仅带来能够让主流移动平台支持的 jQuery 核心库，还包括一整套完整和统一的移动 UI 框架。jQuery Mobile 不仅支持全球各个主流移动平台，在 PC 平台的 Web 应用中也常常看到它的身影。jQuery Mobile 的开发团队认为，jQuery Mobile 在向各种主流浏览器提供统一的用户体验（图 1-13 为 jQuery Mobile）。

图 1-13　jQuery Mobile

2．Sencha Touch

Sencha Touch 是一款将现有的 ExtJS 框架整合 JQTouch、Rapha 库而推出的，适用于最前沿 Touch Web 的移动开发框架。Sencha Touch 可以让 Web App 看起来更像 Native App。拥有美丽的用户界面组件和丰富的数据管理，全部基于最新的 HTML 5 和 CSS3 的 Web 标准，全面兼容 Android 和 iOS 设备。

Sencha Touch 所自带的主题样式可以说是所有开发框架中最接近 iOS 原生样式的，甚至能以假乱真。另外，它还给 Android 开发人员准备了若干套适用于 Android 的主题。

与其他移动开发框架相比，Sencha Touch 最大的优点还在于其提供了增强的触摸事件处理机制，在 touchstart、touchend 等标准事件基础上，增加了一组自定义事件数据集成，如 tap、swipe、pinch、rotate 等。这些事件使得 Sencha Touch 能够更好地处理页面中的手势判断等操作，为用户带来更强大的交互式体验（图 1-14 为 Sencha Touch）。

图 1-14 Sencha Touch

3．jQTouch

看到这个名称，可能很多读者会以为这是一款与 Sencha Touch 一样，通过增加对手势的处理来增强交互性的框架。它名字中虽然带有 Touch，但是 jQTouch 的特色在于通过增强浏览器中的动画、渐变以及导航列表等效果来达到目的。随着 iPhone、iPod Touch 等设备的使用日益增多，jQTouch 无疑为手机网站的开发减少了工作量，而且在样式和兼容性方面也得到了很大的提高。

准确地说，jQTouch 并不能完全算作是一款移动开发框架，因为它原本仅仅是来自于 Sencha Libs 的一款 jQuery 插件，用于在 iPhone 等触屏设备上实现一些简单的动画效果。笔者认为将它作为一个包含比较全面的 UI 效果的 JavaScript 库，来使用会比较合适一些（图 1-15 为 jQTouch）。

图 1-15　jQTouch

随着触屏移动设备的增多，jQTouch 团队在这上面确实下了不少功夫，以至于它现在越来越"像"一款开发框架。目前 jQTouch 能够提供很好的文档管理功能，并且易于使用。但是仍然存在为数不少的 bug，官方提供的一些小 demo 也存在一些问题。

另外，这款框架是基于 WebKit 内核的，也就是说它并不是完全的跨平台开发框架，至少它不能支持 Gecko（Firefox 和 Opera 浏览器的内核）。

4．Dojo Mobile

Dojo Mobile 是 Dojo 工具包的一个扩展，提供了一系列小部件或组件，来帮助开发者快速生成希望获得的界面效果。与 Sencha Touch 类似的是，Dojo Mobile 也致力于通过 HTML 5 来模拟出原生应用的界面效果，对于一些不熟悉开发的用户来说，根本看不出这类应用与原生应用的差别。

另外，Dojo Mobile 还拥有可定制的主题，如同样的页面在 iOS 用户和 Android 用户访问时，看到的界面也许会完全不同（图 1-16 为 Dojo Mobile）。

图 1-16　Dojo Mobile

Dojo Mobile 与 jQTouch 都是基于 WebKit 内核的开发框架，但这却并不代表它不能支持其他内核的浏览器。经过笔者的测试，它在 Firefox 和 Chrome 中都有着不俗的表现。

除这些之外，Dojo Mobile 还有一个独有的特点是非常值得其他几款框架的开发者学习的，那就是 Dojo Mobile 本身在 UI 样式中不使用图片来加快浏览的速度，但是当应用中不可避免地需要图片资源时，Dojo Mobile 提供了一些有用的机制，如 DOM button 和 CSS sprite，来降低图像需求并减少服务器的 HTTP 请求数量。

5．AppCan

AppCan 是中国人自己开发的移动开发框架，也是国内 Hybrid App 混合模式开发的倡导者。AppCan 应用引擎支持 Hybrid App 的开发和运行，并且着重解决了基于 HTML 5 的移动应用"不流畅"和"体验差"的问题。使用 AppCan 应用引擎提供的 Native 交互能力，可以让 HTML 5 开发的移动应用基本接近 Native App 的体验（图 1-17 为 AppCan）。

与 PhoneGap 支持单一 WebView 且使用 DIV 为单位开发移动应用不同，AppCan 支持多窗口机制，让开发者可以像开发最传统的网页一样，通过页面链接的方式灵活地开发移动应用。基于这种机制，开发者可以开发出大型的移动应用，而不是只开发简易类型的移动应用。

图 1-17　AppCan

与其他开发框架不同的是，AppCan 提供了专门的 IDE 集成环境，并能够调用移动设备的各个组件（如摄像头、话筒等），开发者可以通过 JS 接口调用，轻松构建移动应用。

它的优点除能够生成安装文件和调用系统功能之外，更多的还是体现在"快"字上。AppCan 生成的应用运行起来确实要流畅的多，但是由于开发门较槛低，使用 AppCan 的开发者总会受到或多或少的歧视，但是最近这一现象已经大有改观。

6．PhoneGap

PhoneGap 是一款基于 HTML、CSS 和 JavaScript 的创建移动跨平台移动应用程序的快速开发平台。它使开发者能够利用 iPhone、Android、Palm、Symbian、WP、Bada 和 Blackberry 智能手机的核心功能——包括地理定位、加速器、联系人、声音和振动等。此外 PhoneGap 还拥有丰富的插件，可以以此扩展无限的功能（图 1-18 为 PhoneGap 架构图）。

与前面介绍的几款框架不同，PhoneGap 并不带有任何 UI 样式，并且也无法独立使用，但是它可以依靠各个平台的 IDE（如 Android 的 Eclipse）将 HTML 文件生成相应的安装文件。同时可以使 HTML 能够调用系统功能，如发短信、GPS、手电筒等。整个流程的效果如图 1-19 所示。

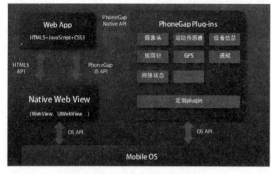

图 1-18　PhoneGap 架构图

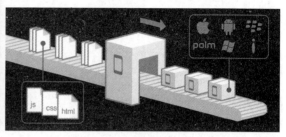

图 1-19　PhoneGap 将 HTML 文件生成应用

7．Cocos2d-X

Cocos2d-X 是一款比较独特的开发框架，笔者截取了 Cocos2d-X 官网上的一些案例图，如图 1-20 所示。

图 1-20　使用 Cocos2d-X 开发的应用

有没有觉得这些图标非常熟悉？但好像有点不大对劲，为什么这些都是游戏？没错！Cocos2d-X 其实是一款强大的跨平台移动游戏开发框架。这么多的 Top10 Gams 竟然都出自于同一款开发框架，那么它的强大功能自然是毋庸置疑的。

1.3　真正认识 HTML 5

通过上一节对跨平台移动开发框架的学习，不知道读者有没有发现一个问题，为什么这些框架都是基于 HTML 5 的呢？解答这个问题之前首先要理解另一个问题，即什么是 HTML 5，图 1-21 为 HTML 5 的标志。

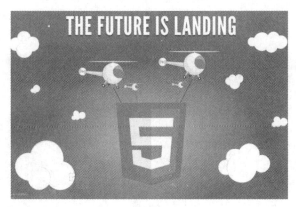

图 1-21　HTML 5

HTML 5 是 1999 年指定的 HTML 4 和 XHTML 标准的“标准版本”，目前仍然处于不断完善阶段。但是目前主流浏览器已经实现了对 HTML 5 大多数属性的支持。简而言之，HTML 5 就是对过去 HTML 标准的一种增强和补充。

在新的 HTML 5 标准中，强化了页面的表现性，如对圆角、透明以及阴影的支持。除此之外，还提供了本地存储以及数据库的支持。提及 HTML 5 时，实际上是泛指新的 HTML 5 标准以及 CSS3 和 JavaScript 等技术交叉而成的新技术。

HTML 5 还提供了 canvas 控件来支持动画以及绘图等功能，同时也支持页面元素的拖拽功能。HTML 5 中的圆角以及透明、阴影等效果，已经被广泛采用，而诸如本地数据、Ajax 交互、定位等功能却常常被忽略。这些都有待开发者继续探索。

1.3.1　HTML 5 是一项新技术吗

HTML 5 确实不是一项很新的技术。

首先，HTML 5 标准在 20 年前就已经出现。也就是说，它比已经过时的 Windows XP 还要年轻。

其次，HTML 5 是一项标准而不是技术。试想如果在招聘会上有公司说要招聘熟练掌握 ISO9001 技术的求职者是不是一件非常可笑的事？

各大浏览器厂商在近几年才实现了对 HTML 5 大多数属性的支持，这也就是为什么这项“古老”的“技术”在近几年才突然火了起来。HTML 5 相关“技术”如图 1-22 所示。

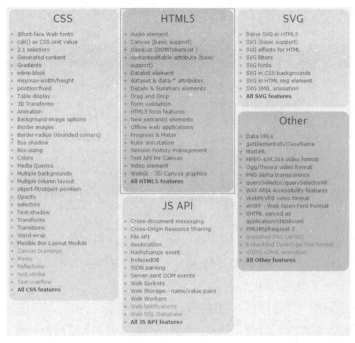

图 1-22 HTML 5 相关"技术"

1.3.2 只要在网站上加一句<!HTML 5 Doctype>就是 HTML 5 网站了吗

HTML 5 绝对不仅仅是一个<!HTML 5 Doctype>，它包括一套完整的最佳实践、语义标签、排版元素等。试想一下，如果仅仅加一句<!HTML 5 Doctype>就可以的话，那么多互联网厂商为什么还要高薪聘请熟悉 HTML 5 的开发人员呢？

事实上，当前的市场上确实存在着大量利用 HTML 5 来进行欺骗的现象。例如，当运营商计划开发一个网站，所雇佣的软件公司对所开发的网站进行介绍时，往往会加上一句"该网站是基于 HTML 5 的"，笔者甚至看到过某国企的新闻中有过"基于 HTML 5 的 PHP 5 新闻网站改版"这样的高技术性标题。对于这样的宣传或者误导，也许并不能说是欺骗，因为有了<!HTML 5 Doctype>的确就表示页面是基于 HTML 5 标准的。但这些页面中的内容基本上没有用到任何属于 HTML 5 的新特性（最多也就是用到圆角或是插入一段 jQuery 脚本），甚至都没有体现 HTML 5 最基本的框架结构。

 笔者想起了一名大学同学，他学会使用绘声绘影，当时在整个大学还没有人熟悉这款软件，于是他就大言不惭地表示自己的图形学技术是全校最牛的。这就有点像当前的 HTML 5 开发行业。虽然加入了标签<HTML 5 Doctype>就表示该页面是支持 HTML 5 规则的，可是如果页面中属于 HTML 5 的新特性都没有用到，又怎么能说是 HTML 5 呢？

1.3.3　HTML 5 与之前版本相比仅仅是好看

这是与 HTML 5 Doctype 截然相反的一个谎言。这往往是那些没有掌握 HTML 5 标准或对 HTML 5 一知半解的开发者，在面对掌握了 HTML 5 标准的竞争者时的一种托词。由于目前的资料不够完善，使得 HTML 5 被常常用到的只是一些像圆角和阴影这样的样式效果（而且这其实是 CSS 3 的内容），但是请读者相信，HTML 5 的强大功能绝对不仅仅是这些。

图 1-22 列举了一些与 HTML 5 相关的技术，包括 CSS、JavaScript、SVG、Canvas、定位、动画等新的内容，可以实现许多之前所不能实现的效果。图 1-23 就是利用 HTML 5 实现的游泳池特效，这在 HTML 4 时代是绝对不可能实现的。

图 1-23　HTML 5 生成的泳池特效

1.3.4　使用 HTML 5 能够让我更有王霸之气

好吧，这其实是笔者开的一个玩笑，不过身边确实有不少神化 HTML 5 的例子，人们用 HTML 5 作为一种噱头来吸引大众的注意。例如，在东三省一次大学生嵌入式比赛中竟然见到了 "基于 HTML 5 的智能寻路小车" 这样的题目。

上一小节以一张图片来举例说明 HTML 5 的强大之处不仅仅是多了个圆角或阴影那么简单（如图 1-23 所示）。图 1-24 是在 HTML 5 论坛中找到的一幅漫画，以一种夸张的手法描绘了 HTML 5 的强大。

图 1-24 强大的 HTML 5

在 1.2.3 小节介绍了几款基于 HTML 5 的跨平台开发框架，其中包括 Cocos2d-X，也就是说 HTML 5 能够很好地支持游戏类应用，这使得 HTML 5 的作用在开发者眼中被无限放大。图 1-25 也是一副漫画，描述了当前基于 HTML 5 的应用数量之多。这也在某种程度上说明了 HTML 5 为什么会一次又一次地被开发者所神化。

套用在某博客上看到的一句话：使用 HTML 5 绝对不会让你看上去更性感，除非你是 Bruce Lawson（Opera 公司总裁）。HTML 5 毕竟只是一个工具，能够帮助开发者更加快速便捷地实现自己的梦想，那些盲目推崇 HTML 5，甚至是滥用 HTML 5 的开发者无疑是不理智的。但是不得不说，目前从事 HTML 5 的研究确实是比较有前途和钱途的。HTML 5 无疑给我们提供了一个很好的机会，如果能尽早投身 HTML 5 变革的热潮，必定能领先一步。

图 1-25 "各怀鬼胎"的 HTML 5 应用

为什么跨平台移动开发框架几乎都是基于 HTML 5 的？因为既然要跨平台，首先就要保证让所有移动平台都能够支持，而 HTML 作为一种脚本语言，显然是支持这一点的。很难想像一款智能手机没有浏览器会是什么样子。另外就是今年各大浏览器厂商对于 HTML 5 的支持近乎完善，使得 HTML 5 有能力扛起这一艰巨的任务。图 1-26 为各大主流移动浏览器厂商对 HTML 5 的支持情况。

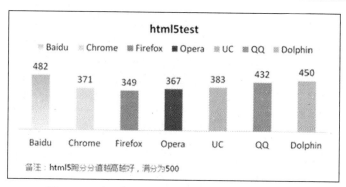

图 1-26　几家手机浏览器进行 HTML 5 跑分情况对比

HTML 5 中定义了强大的本地存储和离线存储功能，使得页面更像一个应用，手机硬件的发展使设备的运算能力能够支撑起这些效果，另外 JavaScript 的存在使得应用具有强大的交互能力。

另外，HTML 5 相对其他语言更容易上手，让新手能够在极短的时间内开发出比较完善的应用。

> 虽然说简单、易上手降低了开发的门槛，但是所能带来的回报却不一定降低。

综合这几点特性，就促成各大主流跨平台框架都选择使用 HTML 5 作为工具。即使之前没有接触过 HTML 也没关系，因为这些开发框架将开发所需要的 HTML 知识精简到很小的一部分，以至于任何人都可以快速上手。

1.4　认识 jQuery Mobile

经过之前的学习，相信读者已经了解什么是跨平台移动开发框架，以及为什么要使用跨平台移动开发框架，接下来就应该选择一款框架来进行学习了。

目前市面上有大量的移动开发框架，最重要的是它们还都是免费且开源的，而且这些框架都各具特色，很难说出哪一款比较好一些。因此，想要选择一款适合自己的开发框架是有一定难度的。

1.4.1　为什么选择 jQuery Mobile

笔者刚开始了解到的是 jQuery Mobile、Sencha Touch 和 PhoneGap 这 3 个框架。PhoneGap 不必多说，不管是 jQuery Mobile 还是 Sencha Touch，最终都要靠它来打包成 apk 文件。但是当初之所以选择 jQuery Mobile 而不是 Sencha Touch，主要是因为关于 jQuery Mobile 的资料要比 Sencha Touch 多一些，也因为 jQuery Mobile 确实比 Sencha Touch 要容易上手。

自从选择了 jQuery Moble，笔者就一路与它一起走到了现在。它华丽的 UI 控件以及强大的跨平台能力让人一直对它非常放心，图 1-27 列出了它目前所能支持的平台。

图 1-27　jQuery Mobile 所支持的平台

　　除跨平台的特性之外，笔者深深地被 jQuery Mobile 严谨的开发过程所折服。在 jQuery Mobile 官网上有 jQuery Mobile 每一个控件的每一项属性的使用方法，毫不夸张地说，它是当前所有跨平台开发框架中文档最详细的一个，如图 1-28 所示。

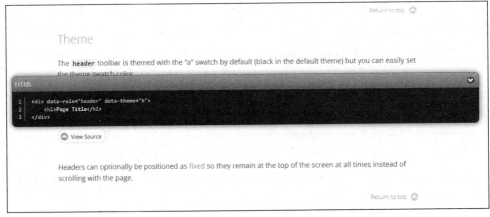

图 1-28　jQuery Mobile 的文档示例

　　每一个属性的用法都给出了简单但是非常详细的 demo，还可以直接查看运行后的效果，为开发者的学习铺平了道路。

　　随着后来对 jQuery Mobile 理解的深入，笔者又发现了它更多的优点，主要包括：渐进式增强的主题界面、简单但是有条理的标记化语言规范和自适应布局，下面分别对其进行介绍。

1.4.2　渐进式增强的主题界面

　　前面提到过，跨平台框架其实并不能支持所有平台，比如 IE 6。在阅读 jQuery Mobile 的支持手册时发现，jQuery Mobile 对浏览器的支持竟然分为了不同级别，如图 1-29 所示。它使用 A、B、C 3 种不同的标记来定义这 3 种不同的级别，用以区分浏览器对于 jQuery Mobile 的支持程度。其中"A"级别中的浏览器对 jQuery Mobile 的支持度最低，而 C 级别的浏览器中 jQuery Mobile 所显示的样式与 WAP 页面没有什么不同。

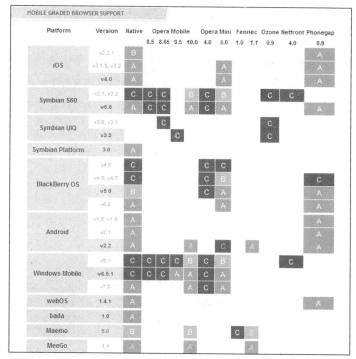

图 1-29　主流手机浏览器对 jQuery Mobile 的支持情况

jQuery Mobile 官方对这 3 种级别的定义如下。

A: a browser that's capable of, at minimum, utilizing media queries (a requirement for jQuery Mobile). These browsers will be actively tested against but may not receive the full capabilities of jQuery Mobile.

A 类浏览器比较强大，大多数具备对视频/音频的支持，因此 jQuery Mobile 的开发团队也会主要针对这类浏览器进行测试，因此 jQuery Mobile 在这类浏览器中的运行效果非常好。

B: a capable browser that doesn't have enough market share to warrant day-to-day testing. Bug fixes will still be applied to help these browsers.

B 类浏览器也非常不错，但是由于没有很大的用户群，因此 jQuery Mobile 的开发团队也不会过多地测试这类浏览器上的使用效果，因此仍然会有 bug 出现。

C: a browser that is not capable of utilizing media queries. They won't be provided any jQuery Mobile scripting or CSS (falling back to plain HTML and simple CSS).

C 类浏览器连许多基本的 CSS 样式都无法支持，因此 jQuery Mobile 也无法保证 jQuery Mobile 在这类浏览器上的运行效果。

有一点是肯定的，即使是 C 级的浏览器，当它运行 jQuery Mobile 时依然能够保证使用大多数的功能，如本该是文本框的地方仍然是文本框，只是少了一些样式而已。

1.4.3　简单但是有条理的标记化语言规范

jQuery Mobile 沿用了绝大多数的 HTML 5 命名规范，除少数新引入的数据类型之外，其他内容对于 HTML 5 开发者来说都是非常熟悉的，图 1-30 是一个基本的 jQuery Mobile 框架代码。

```
1   <!DOCTYPE html>
2   <html>
3   <head>
4   <meta http-equiv="Content-Type" content="text/html; charset=utf-8" />
5   <meta name="viewport" content="width=device-width, initial-scale=1">
6   <link rel="stylesheet" href="jquery.mobile.min.css" />
7   <script src="jquery-1.7.1.min.js"></script>
8   <script src="jquery.mobile.min.js"></script>
9   </head>
10  <body>
11      <div data-role="page">
12          <div data-role="footer">
13              <!--头部栏的内容-->
14          </div>
15          <div data-role="content">
16              <!--页面的正文-->
17          </div>
18          <div data-role="header">
19              <!--尾部栏的内容-->
20          </div>
21      </div>
22  </body>
23  </html>
24
```

图 1-30　jQuery Mobile 基本的框架代码

现在暂时先不去管它们的具体含意，从图中至少可以得到两点信息：

- 它真的非常像普通的 HTML 页面。
- 代码的缩进非常整齐。

首先第一条是毋庸置疑的，毕竟它就是基于 HTML 5 的开发框架，不过可以看到在代码中仅使用了 div 标签而没有引入新的标签，仅仅通过 data-role 属性来区分各个部分，并且 data-role 的命名方式也完全符合 HTML 5 的命名规范。

其次是代码的缩进，可以看到页面被分成了 3 个部分，各个部分之间的层次感非常强。相信开发过 HTML 页面的读者们都有被 div 的层次搞得晕头转向的经历，但是在 jQuery Mobile 中，只要把握好页面的结构，这样的事情就绝对不会发生。

1.4.4　自适应布局

在 HTML 中，对于不同尺寸分辨率屏幕的匹配一直是令开发人员头疼的一个问题，不过在 jQuery Mobile 中却不需要再为这样的事情发愁。因为 jQuery Mobile 能够根据屏幕的尺寸自动匹配最合适的样式。图 1-31 和图 1-32 是本书后面将要介绍的一个例子，笔者分别在较小的窗口和全屏的浏览器中运行它，对比同一个页面在不同屏幕中的效果。

图 1-31 jQuery Mobile 运行在全屏的浏览器中（1366×768 像素）

图 1-32 jQuery Mobile 运行在手机屏幕上

通过对比可以发现，虽然屏幕的长宽比例发生了变化，但是却并没有影响整个界面的协调性。jQuery Mobile 通过将页面中的全部元素拉伸到占据页面宽度的全部，使得每一行中仅有一个元素来保证不会发生位置上的变形。同时也固定某些控件的相对位置，比如列表每一项右侧的箭头永远在列表项的最右侧。另外，在图 1-32 中，列表项中实际上有一部分内容是超出屏幕范围的，jQuery Mobile 会自动将这部分文字省略隐藏起来，以保证页面整体的美观和协调。

 也正因为如此，jQuery Mobile 的应用也并不局限于手机应用，许多 PC 端的 Web 页面也是通过 jQuery Mobile 来实现的。

1.4.5 jQuery Mobile 的缺点

介绍了 jQuery Mobile 那么多优点，那它是不是就是一款完美的应用了呢？当然不是。纵然 jQuery Mobile 有千万条优点，但是却不得不承认它有一个非常致命的缺点——慢。

曾经有人在优酷上做过一个测试，用两台相同的手机同时运行界面相同的 APP，它们分别是使用 jQuery Mobile 通过 PhoneGap 编译生成的安装文件和使用 AppCan 生成的文件。其中 AppCan 生成的应用非常流畅，完全没有卡顿的现象，但使用 jQuery Mobile 生成的应用，每次进行页面切换时总能感觉屏幕顿了一下，如图 1-33 和图 1-34 所示。jQuery Mobile 的开发者在 API 中也多次提到这个问题，但可惜的是一直没有合适的解决方案。

图 1-33　使用 AppCan 生成的应用已经启动，而 jQuery Mobile 生成的应用还在加载中

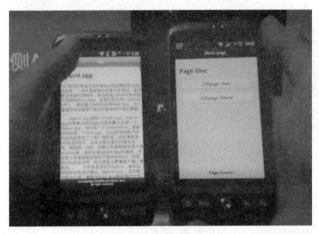

图 1-34　运行速度很明显不一致

笔者也做过一些测试，发现 jQuery Mobile 速度慢这一现象在真实应用中并没有测试视频中那么严重，因为毕竟 Web 应用还需要从网络中读取数据，而这一时间延迟比 jQuery Mobile 进行页面切换时所耗费的时间要长得多。

另外，在使用 jQuery Mobile 开发应用时，合理搭配 jQuery Mobile 各个部件的生命周期也可以有效减少卡顿的情况。笔者曾经试着做过一个与测试视频中几乎完全一样的页面，然后对它的内容进行了一定程度的优化，再利用 PhoneGap 进行封装，在同样的手机中运行发现卡顿现象不见了。也就是说，只要合理安排页面中的元素还是可以避免卡顿的。

还有不可忽略的一点是，随着手机硬件水平的提高，这点运算量终究不会成为阻滞 jQuery Mobile 向前发展的绊脚石。

1.4.6　jQuery Mobile 案例

介绍完 jQuery Mobile 的优点和缺点之后，接下来就通过几个例子来进一步证明 jQuery Mobilc 确实是一套值得依赖的跨平台移动开发框架。

首先来看看 jQuery Mobile 开发团队自己做出来的东西，如图 1-35 和图 1-36 所示。该应用是 jQuery Mobile 开发团队设计的 jQuery Mobile 的说明文档，很明显是使用 jQuery Mobile 开发的。其界面非常简洁和漂亮，本书第 16 章就仿照这种样式开发了一款简单的视频播放器。

图 1-35　jQuery Mobile 说明文档主界面　　　　图 1-36　jQuery Mobile 说明文档界面

除此之外，斯坦福大学也用 jQuery Mobile 开发了适合手机访问的校园新闻网站，网址为：

```
http://m.stanford.edu
```

其整体界面简洁大气，如图 1-37 所示。

图 1-37　斯坦福大学的手机网站

WordPress 是 Web 开发者都非常熟悉的开源个人博客，已经有开发者为 WordPress 开发了基于 jQuery Mobile 的手机版主题，如图 1-38、图 1-39 和图 1-40 所示。

图 1-38　基于 jQuery Mobile 的 WordPress 主题 1

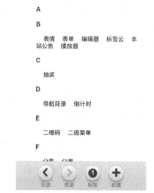

图 1-39　基于 jQuery Mobile 的 WordPress 主题 2　　　　图 1-40　基于 jQuery Mobile 的 WordPress 主题 3

图 1-41 是另一个基于 jQuery Mobile 的 WordPress 主题版本，只不过它是为平板电脑设计的。

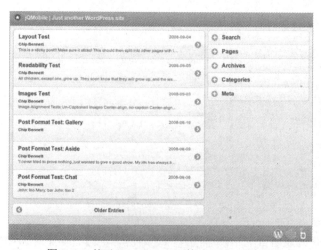

图 1-41　基于 jQuery Mobile 的 WordPress 主题

当然，它也有针对于手机设计的版本，如图 1-42 所示。

图 1-42   基于 jQuery Mobile 的 WordPress 主题

另外，jQuery Mobile 的官方网站还提供了许多利用 jQuery Mobile 开发的应用，如图 1-43、图 1-44 和图 1-45 所示。在 http://www.jqmgallery.com/可以找到更多这样的例子，事实上这个网站也是基于 jQuery Mobile 的，不得不说这是一件非常有意思的事情。

LendingTree   Sam Adams Brewery   Zoopla   Benjamin Moore

图 1-43   基于 jQuery Mobile 开发的网站 1

H&R Block   Moviis   Tastebuds   Màrazzi

图 1-44   基于 jQuery Mobile 开发的网站 2

图 1-45　基于 jQuery Mobile 开发的网站 3

从这些例子中可以看出，国外利用 jQuery Mobile 的技术已经非常成熟了，遗憾的是，目前还没有找到国内使用 jQuery Mobile 比较成功的例子。这说明国内开发人员在消化新技术方面还是比较迟钝的，这也与整个业界的技术交流氛围有很大的关系。

1.5　小结

本章从近年来智能手机的发展入手，逐步证明使用跨平台移动开发框架是一个非常正确的选择，而 jQuery Mobile 作为其中的翘楚是一款非常好的工具。本章还反驳了人们对 HTML 5 存在的一些误解，为今后正确地使用 HTML 5 开发打下了基础。本章最后通过一些实例展示了 jQuery Mobile 所能完成的工作，证明 jQuery Mobile 确实是一款非常不错的开发框架，让读者更有信心去学好它。

第 2 章
◀ 启程安卓开发之旅 ▶

本章将介绍安卓开发环境的搭建方法，介绍一些被封装好的便于开发者使用的集成开发环境。第 1 章已经通过数据说明了移动开发市场是一块有着惊人利润的大蛋糕，而跨平台移动开发环境为投身这一领域的开发者提供了便利。为什么本书推荐从安卓入手进行学习呢？下面将给各位一个令人满意的解释。

本章还将对新手搭建 Android 开发环境时容易出现的错误，以及在环境配置时各个属性设置的原理做出分析，这也能让各位省去不少麻烦。本章主要的知识点包括：

- 从安卓平台入手移动开发的优势
- JDK 的配置和使用
- Android 集成开发环境的搭建
- Android SDK 配置完成后经常出现的错误及解决方法

2.1 为什么选择安卓

首先要特别指出的一点是，安卓系统相对 iOS 具有非常低廉的价格，而相对于 WP 平台，则具有更加丰富的应用。

 新出的 iPhone 5C 在价格上还是非常亲民的，不过与安卓手机相比仍有一定的差距，毕竟接近三千元和不到一千元的差距还是很大的。

其实还有一个原因，就是相对于 iOS 与 WP，安卓的开发环境更容易搭建，由于本书介绍的 jQuery Mobile，只要在一个平台上完成了，就可以迅速地移植到其他平台，安卓平台无疑具有更加丰富的型号。因此，只要将安卓平台的应用做好了，移植到其他平台是非常容易的。

另外，由于 jQuery Mobile 在许多情况下都需要做成 Web 应用，因此要面对五花八门的屏幕尺寸，如 2 寸的显示器配上 1080×768 的分辨率对所有的 Web 开发者来说绝对是一场灾难，而从头至尾保持一致尺寸的 iPhone 显然不具备这么多的测试环境。

开发 iOS 还需要多掌握一门语言，安卓的开发只需要熟练掌握 Java 就可以了（如果使用

HTML 5，甚至连 Java 也不用掌握）。WP 开发虽然简单，但是目前来说资料还是太少，不适合初学者学习。

2.2 安卓开发环境的搭建

现在，终于可以开始写程序了！不过，在开始移动开发之旅之前，还请各位静下心来，准备好开发所需要的环境。

安卓的开发环境主要包括以下几个部分：

- JDK 的配置
- ADT 的安装
- SDK 的更新
- 测试安装程序

下面将分别对它们进行详细介绍。

2.2.1　JDK 的配置

安卓的开发是基于 Java 语言的，因此，在对安卓开发环境进行配置之前，要先安装好 Java 所需要的运行环境。

首先要下载最新的 Java 7。打开 Java 的中文主页 http://www.Java.com/zh_CN/，可以看到一个非常醒目的红色按钮，上面有"免费 Java 下载"几个字，如图 2-1 所示。单击该按钮进入下载页面，如图 2-2 所示。

图 2-1　Java 中文主页

单击图 2-2 中屏幕中央的"同意并开始免费下载"按钮，即可下载 Java 的在线安装包。相对于这种在线安装的方式，很多人更习惯于下载离线安装包。单击左侧的"脱机安装程序"链接，可以看到一个类似于图 2-2 的页面，单击"同意并开始免费下载"按钮直接下载。下载完成后双击即可安装，运行后出现如图 2-3 的准备面，稍微等待一下，进入如图 2-4 所示的界面。一直单击"下一步"按钮完成安装，完成效果如图 2-5 所示。

　　JDK 安装完成之后暂时还无法使用，因为还需要配置环境变量，以下是在 Windows 中配置 JDK 环境变量的方法。

步骤 01　右击"我的电脑"（如果是 Windows 7 系统，右击"计算机"），在快捷菜单中选择"属性"命令。在"系统属性"对话框中选中"高级"选项卡，如图 2-6 所示。单击"环境变量"按钮，在新打开的"环境变量"对话框中对系统变量进行编辑。

步骤 02　新建一个变量 JAVA_HOME，将它的内容设置为 JDK 的安装目录，如笔者将 Java 安装在路径 C:\Program Files\Java\jdk1.7.0_01 下，则将该变量设为 C:\Program Files\Java\jdk1.7.0_01。

> 许多人在这一步配置 JDK 出错，可以用以下方法避免出错。

　　安装时选择默认配置，然后在 C 盘 Program Files 文件夹下查找一个名为 Java 的文件夹，打开后可以看到两个文件夹，分别是 jre7 与 jdkXXX，其中 XXX 处的内容会根据安装 JDK 版本的不同而有所区别，打开 jdkXXX 文件夹，随便找一个文件右击，然后选择"属性"菜单，打开"属性"对话框，其中的"位置"后面的值便是该处所要填的值，如图 2-7 中所标示的位置。

图 2-2　Java 7 的下载

图 2-3　安装程序运行之后的准备界面

图 2-4　短暂的等待之后进入安装界面

图 2-5　安装完成

步骤 03 继续设置第 2 个环境变量 CLASSPATH，其中内容设置为：

```
.;%JAVA_HOME%\lib\tools.jar;%JAVA_HOME%\lib\dt.jar;%JAVA_HOME%\bin;
```

开头的 ".;" 与结尾的 ";" 一定不要省略。

步骤 04 在环境变量中找到名为 path 的变量，在它后面加入一句：

```
%JAVA_HOME%\bin;
```

注意，这里要先看 path 原有内容结尾是否有 ";"，如果没有则需要将加入的内容改为：

```
;%JAVA_HOME%\bin;
```

在 path 中原本就有一些内容，新手第一次配置的时候特别容易由于疏忽将这部分内容误删，因此笔者特别提醒，要将上面的内容加在原内容后面而不是"替换"。另外对于一些已经误删了这部分内容的读者来说，可以在百度中搜索 path 变量中的默认变量，再添加回去，也算是一种补救措施。

步骤 05 单击"确定"按钮保存修改。

步骤 06 单击"开始"|"运行"菜单，在打开的对话框中输入 CMD，打开 DOS 窗口来测试 JDK 配置是否完成。

图 2-6 "高级"选项卡

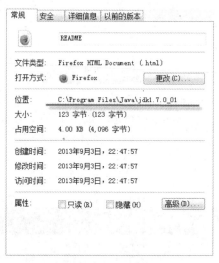

图 2-7 环境变量路径的选取

在 DOS 窗口中输入 java -version，结果如图 2-8 所示。再输入 javac，运行结果如图 2-9。

图 2-8 测试 Java 版本号

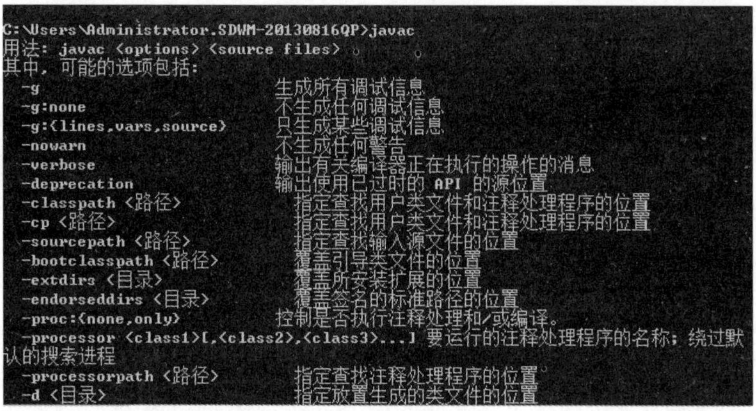

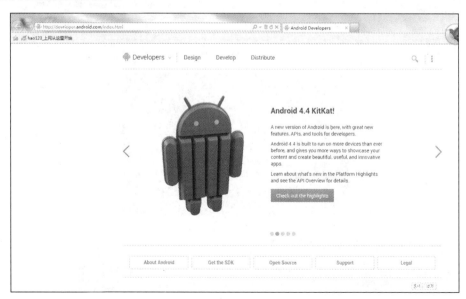

图 2-9　javac 效果

至此，就可以判断 JDK 已经配置成功了。

虽然有人说如果只进行安卓开发可以不对 JDK 进行配置，经笔者试验，在某些集成开发环境下确实是可行的。但还是希望读者不要偷懒，要支持原生的开发环境，而且笔者认为原生开发环境要比集成开发环境快一些。

2.2.2　Eclipse 与 ADT 的配置

在早些时候，需要先安装 ADT 然后再将它们加载到 Eclipse 中，现在 Google 已经将它们集成在一起，可以让开发者方便地使用。

打开网址 http://developer.android.com/index.html（如图 2-10 所示），其页面非常简洁，其中包含了大量开发者需要的信息。

图 2-10　Google 开发者首页

可以清楚地看到页面下方有 5 个果冻豆风格的按钮，单击第 2 个按钮（名字是 Get the SDK）就可以下载 Google 为开发者准备的集成开发环境。

之后会进入 Google 为开发者准备的服务条款，勾选 I have read and agree with the above terms and conditions 复选框，然后根据自己的需要选择是使用 64 位还是 32 位的开发包，然后单击 Download the SDK ADT Bundle for windows 链接就可以进行下载了，如图 2-11 所示。

 这个文件有 442MB，确实是大了点，不过在下载完成之后笔者认为这绝对是值得的。因为这里面不仅打包了最新的 ADT，并且还将它集成在 Google 为安卓开发者定制的 Eclipse 中，实际上大大节省了开发者的时间，在此感谢伟大的 Google。

下载完成后将文件解压，其中有一个文件夹名为 eclipse，打开它。运行其中的 eclipse.exe。如果能运行成功的话，就说明已经成功地安装好 ADT 和 Eclipse，如图 2-12 所示。

图 2-11　SDK 下载页面

图 2-12　Google 为 Eclipse 修改的启动界面

2.2.3　SDK 的更新

完成 ADT 的更新后就可以开始对 SDK 进行更新了，单击 Eclipse 工具栏中的 Window|Android

SDK Manager 菜单，如图 2-13 所示。会打开如图 2-14 所示的界面，稍等一会，它会自动获取能够更新的资源。

 也许会遇到更新了很久也无法更新的现象，这是 Google 的一部分服务器在我国无法访问，对于这种情况的解决方法，笔者将在后面给出方案。

下面通过截图来向读者演示正常的更新方法。

在对话框中选中要更新的内容，如图 2-15 所示。笔者建议 Tools 和 Exteras 必须全部安装，至于版本，建议只安装一个 4.2.2 和一个 2.2 就可以，4.2.2 是目前的最新版本，而 2.2 则是目前公认的使用 AVD（安卓模拟器）最流畅的版本。

 如果时间足够的话，还是尽可能将所有版本都更新了吧。

图 2-13　Windows 菜单

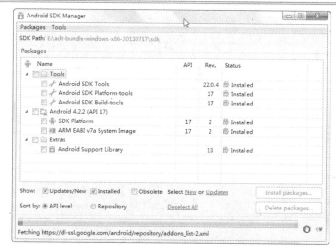

图 2-14　正在更新所需要的数据

图 2-15　选择需要更新的内容

2.2.4　第一个程序

在完成安卓开发环境的搭建之后，下面开始动手制作一个程序，来验证开发环境是否真正搭建完成。

步骤 01 打开 Eclipse，单击 File|New|Android Application Project 菜单新建一个工程，在弹出的对

话框中按照图 2-16 所示的样式填写。

步骤 02 这里新建了一名为 android_test 的工程，当在 Application Name 一栏中填入工程名后，Project Name 与 Package Name 两栏会由 Eclipse 自动填充。下面的几个选择列表是用来选择生成工程版本的，可以先不用管它，单击 Next 按钮。

步骤 03 之后又会弹出几个类似的对话框，可以暂时不理会其中的内容，全部单击 Next 按钮跳过，直到出现最终对话框，单击 Finish 按钮完成，如图 2-17 所示。

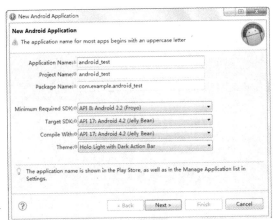

图 2-16　新建工程

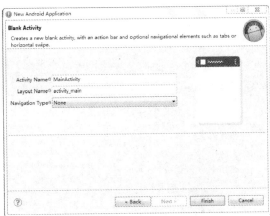

图 2-17　项目创建完成

步骤 04 此时，就可以看到 Eclipse 左侧出现了刚刚创建的项目，如图 2-18 所示。

图 2-18　刚刚创建的工程

步骤 05 Eclipse 已经默认为开发者完成了一个简单的 hello world 程序，可以直接编译运行，但是在运行之前，还需要在本机创建一个安卓虚拟机。

步骤 06 执行 Window|Android Virtual Devices Manager 菜单打开安卓虚拟机控制对话框，单击

New 按钮新建一个虚拟机，各项参数可按照图 2-19 设置。完成后单击 OK 按钮即可完成创建。

步骤 07　现在可以右击创建好的工程，在快捷菜单中选择 Run AS|Android Application 命令即可运行工程，结果如图 2-20 所示。

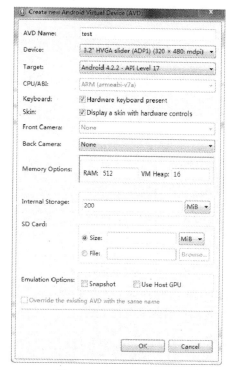

图 2-19　新建一个虚拟机

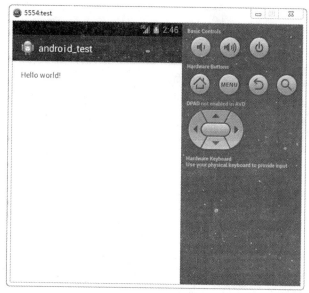

图 2-20　运行工程

第一次运行时虚拟机加载需要一段比较长的时间，一定要耐心等待。

2.2.5　使用实体机测试第一个程序

虽然在创建虚拟机的时候可以设置不同的参数模拟出不同型号的设备，但是笔者建议各位无论是学习还是实际开发，尽量在真机上进行测试。这样做主要有两个原因：第一是真机要比虚拟机运行流畅得多，而且使用感受也更真实；第二是虚拟机的加载速度实在是太慢了。当然还有更快捷的手段，就是本书要介绍的 jQuery Mobile 或其他的一些利用 HTML 5 进行开发的开源框架。

下面就来介绍使用实体机进行测试的方法。

步骤 01　请各位去网上下载一个"豌豆荚"。然后用 USB 连接手机，自动安装驱动。

其实不只是豌豆荚，像 91 手机助手、360 手机助手这样的安卓手机管理软件都是可以的。

步骤 02　在第一次用 USB 连接手机和电脑时，会提示需要勾选设置开发者选项的 USB 调试。那

些手机管理软件也会根据自动识别出的手机型号给出具体操作方法，因此这里仅是提醒读者不要忘记。连接成功后右击 Eclipse 中的工程名，在快捷菜单中选择 Run AS|Run Configurations 命令，按照图 2-21 所示的内容进行选择，然后单击 Run 按钮即可运行。

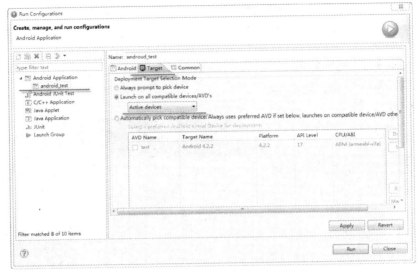

图 2-21　设置编译完成后在设备上运行

 03　继续右击工程名，在快捷菜单中选择 Run AS|Android Application 命令会发现几乎不用等待，编译好的 apk 就被安装到了设备中，然后可以利用豌豆荚进行截图。

通过图 2-22 读者甚至可以发现笔者用来测试的设备是老掉牙的 Defy，显得一点儿也不专业。

> 由于长期将设备连接在电脑上，会对电池造成比较大的耗损，因此笔者认为在对程序进行测试和调试的时候，还是尽量用一些旧手机（尽量是那些碰都不想碰的），仅在需要测试兼容性以及某设备特性时，再去使用比较昂贵的旗舰机，这也是节约成本的一种方法。

使用豌豆荚这类软件的好处是：

- 开发者在开发时需要将进度用文档记录下来，而已完成部分的截图是其中一个重要的组成部分。
- 在开发中常常需要将一些内容加入 SD 卡中，这时使用这些管理工具非常方便。

图 2-22　豌豆荚上的截图

2.3　错误解决方法

不管是安卓系统本身还是它所使用的 SDK，还有 Eclipse 等都是开源的，这也是安卓的开发者所津津乐道的一点。但是开源的东西在大多数情况下确实不如商业化的东西好用。毕竟没有经济利益的推动很少会有人主动去"服务大众"。

 虽然现在有不少人在鼓吹开源，可实际上却没有多少人能够用到开源除免费之外的其他特性。其中一个典型的例子就是 Linux，据统计，Linux 98% 以上的更新都来自 Linux 组织本身，而另外极少数则是来自嵌入式领域的"阉割式"修改，而出于公益性质的改进几乎没有。

因此，安卓的这套开发环境实际上是非常不稳定的，但是安卓系统本身是稳定的，因为谷歌给它的开发者发工资。

2.3.1　编译运行报错的解决方法

当开发者在 Eclipse 下对程序进行编译时，常常会弹出如图 2-23 所示的对话框，其中文含意是"您的程序中包含了某些错误，请先改正它们。"

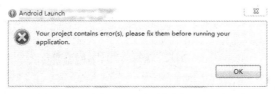

图 2-23　编译报错

这时候首先要做的就是仔细检查自己的程序是不是真的有错误，假如发现没有错误，那么恭喜，编译器又出错了。这时就要坚决执行 Project|Clean 命令，如图 2-24 所示。

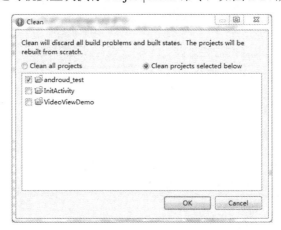

图 2-24　清除掉程序中的错误

这样做主要是能纠正程序自动生成的一些脚本上的错误，如 R.Java 中对资源的索引。

 从网上下载的源代码如果无法编译，可以使用此方法。

2.3.2 无法更新 SDK

在第一次搭建安卓开发环境，以及下载最新版的安卓 SDK 时，需要对 SDK 进行更新，按照之前的教程，这一步非常简单，几乎不存在出错的可能。但实际上许多初学者就是因为这一步的失败而放弃对安卓的热爱。这时候就需要采取手动更新的方式来进行更新。

选择 Help|Install Software 菜单，打开如图 2-25 所示的对话框，在 Location 文本框中输入一个地址，如：

```
http://dl-ssl.google.com/android/ADT-0.9.3.zip
```

 Name 文本框可以自行填写。

笔者这里给出的地址比较老。虽然谷歌的部分更新在国内不能直接下载，但是国内已经有人做了一些类似的源，可去贴吧找一找或问问前辈。

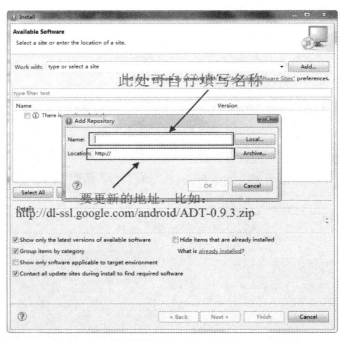

图 2-25　手动更新 SDK

2.3.3 启动 AVD 失败

如果出现如下错误信息：

```
  [2009-07-20 09:54:50 - HelloWrold] Automatic Target Mode: Preferred AVD 'avd1.5'
is not available. Launching new emulator.
  [2009-07-20 09:54:50 - HelloWrold] Launching a new emulator with Virtual Device
'avd1.5'
  [2009-07-20 09:54:50 - Emulator] emulator: ERROR: unknown virtual device name:
'avd1.5'
  [2009-07-20 09:54:50 - Emulator] emulator: could not find virtual device named
'avd1.5'
```

其原因是文件的路径不正确，或者是创建路径里面有中文名称，以至于 AVD 管理器找不到新创建的虚拟机。

解决方法为单击 Window|Preferences 菜单，然后按照图 2-26 所示进行配置。具体路径可按照安装 SDK 的位置来填，这里直接使用了默认配置。

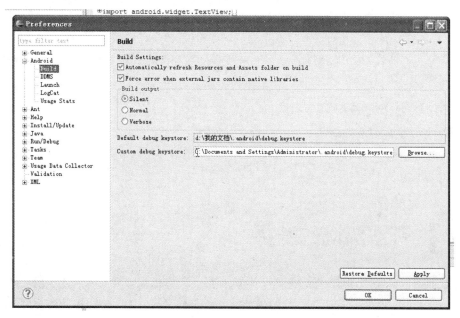

图 2-26 修改虚拟机路径

2.4 小结

本章为进一步学习 jQuery Mobile 打下了坚实的基础，虽然看似根本没有提到怎样去使用 jQuery Mobile，但却搭建了 jQuery Mobile 赖以生存的重要环境。另外，本章也给出了选择安卓入门的原因，同时指出搭建安卓开发环境时容易犯下的错误，希望能让读者少走一些弯路。

第 3 章
使用jQuery Mobile快速开发APP

本章将介绍如何使用 jQuery Mobile 开发移动应用，还将介绍几款易于初学者上手的编辑器。由于 jQuery Mobile 是一套基于 HTML 5 的跨平台开发框架，因此再使用 Eclipse 自带的编辑器不是那么方便，当然，如果在 Eclipse 中集成了许多插件则另当别论。对于新手来说，最好还是选用几款简单易用的编辑器，如 Notepad++、Dreamweaver 等。

本章将介绍如何将 HTML 文件打包为可以在安卓设备上安装的 apk 文件。本章主要的知识点包括：

- 在设备上运行程序的方法
- jQuery Mobile 框架的原理
- jQuery Mobile 中各类控件的样式及使用

3.1　开发环境的选择

jQuery Mobile 能够成功的一个原因是，它能够最大程度地简化开发者所遇到的困难，因此自然不能为它配上太复杂的开发环境。对于新手来说，还是使用一些比较简单的网页开发工具轻松一些。本节将介绍几款主流的编辑器——Dreamweaver、Notepad++和 UE 编辑器的使用方法及优缺点。

3.1.1　Dreamweaver 编辑器

Dreamweaver（如图 3-1 所示）是网页开发者都非常推崇的一款编辑器，笔者对它自然也是情有独钟，但并不推荐使用它，因为在使用 jQuery Mobile 时，CSS 样式大多是在页面被加载后才被 jQuery 加载，因此无法令 Dreamweaver "即见所得"的神奇功能发挥作用。但是由于它在前端开发中的地位很高，笔者还是要对它做一些介绍。

图 3-1　Dreamweaver CS6

使用 Dreamweaver 的理由如下：

- Dreamweaver 拥有目前所有前端编辑器中最流畅和最全面的代码提示功能，而本书的读者应该大多都是新手，还无法熟练地使用 HTML 5 中的各种标签。因此 Dreamweaver 能够提供最大程度的帮助。
- 在 Dreamweaver CS6 中提供了对 jQuery Mobile 以及 PhoneGap 的支持，这对于本书的读者来说无疑是非常有利的。
- 利用 Adobe TV 功能可以实现对 jQuery Mobile 应用的实时预览，由于 jQuery Mobile 中的样式是在 jQuery 执行后加载到页面中的，因此要实时预览这样的页面非常困难，也只有 Dreamweaver 能够实现这一目标，当然另找一台 PC 不断刷新浏览器也是可以的。

因此建议读者一定要熟练掌握 Dreamweaver。

3.1.2　Notepad++编辑器

这是一款非常强大的编辑器，甚至有许多执拗的 C++程序员，即使有 Visual Studio 这样的开发环境也仍然坚持要在 Notepad 中编辑代码，然后复制到 Visual Studio 中使用。可见他们对这款编辑器有着多么偏执的热爱，这也从侧面说明这款编辑器是不可取代的。

笔者刚开始并不喜欢这款编辑器，认为它之所以受到推崇不过是因为人云亦云的结果，直到真正面对海量的代码时才发现使用它是多么的便捷。

首先，在安装了 Notepad 之后，当右击某一文件时会自动加载 Notepad 打开的快捷方式，如图 3-2 所示，并且启动非常迅速。

图 3-2　方便的快捷方式

这里先用它打开一个在后面章节会用到的例子，以便解释 Notepad 的另一个优秀的特性：便捷的代码折叠功能。再观察图 3-3 左侧表示代码行数的数字，好像不对，为什么 13 行后面会接着是 31 行呢？难道是 bug？再看图 3-4 与图 3-3 有什么不同。

第 13~31 行之间的部分在图 3-4 中显示出来，而在图 3-3 中该处则是多出了一条横线，左侧也多出了一个被包含在方块中的 "+"。这正是 Notepad 的一个优点，即可以方便地对部分代码进行隐藏而不影响代码的整体结构。

在 HTML 中，经常使用 div 标签来包含一些内容，而且常常会出现多个 div 相互嵌套的情况，这样即使有缩进也很难分清代码的层次，更别说布局了。但是有了 Notepad++后，这一切就不再是问题了。

```
1    <!DOCTYPE html>
2    <html>
3    <head>
4    <meta http-equiv="Content-Type" content="text/html; charset=utf-8" />
5    <title>Fixed Positioning Example</title>
6    <meta name="viewport" content="width=device-width, initial-scale=0.5">
7    <link rel="stylesheet" href="jquery.mobile.min.css" />
8    <script src="jquery-1.7.1.min.js"></script>
9    <script src="jquery.mobile.min.js"></script>
10   </head>
11   <body>
12       <div data-role="page">
13           <ul data-role="listview" data-autodividers="true" data-filter="true" data-inset="true">
31       </div>
32   </body>
33   </html>
34
```

图 3-3　将 13 行至 31 行之间的代码进行折叠

```
1    <!DOCTYPE html>
2    <html>
3    <head>
4    <meta http-equiv="Content-Type" content="text/html; charset=utf-8" />
5    <title>Fixed Positioning Example</title>
6    <meta name="viewport" content="width=device-width, initial-scale=0.5">
7    <link rel="stylesheet" href="jquery.mobile.min.css" />
8    <script src="jquery-1.7.1.min.js"></script>
9    <script src="jquery.mobile.min.js"></script>
10   </head>
11   <body>
12       <div data-role="page">
13           <ul data-role="listview" data-autodividers="true" data-filter="true" data-inset="true">
14               <li><a href="index.html">陈二狗</a></li>
15               <li><a href="index.html">陈三狗</a></li>
16               <li><a href="index.html">陈四狗</a></li>
17               <li><a href="index.html">孙悟空</a></li>
18               <li><a href="index.html">孙二娘</a></li>
19               <li><a href="index.html">张三丰</a></li>
20               <li><a href="index.html">张无忌</a></li>
21               <li><a href="index.html">张飞</a></li>
22               <li><a href="index.html">刘备</a></li>
23               <li><a href="index.html">刘秀</a></li>
24               <li><a href="index.html">刘邦</a></li>
25               <li><a href="index.html">鲁班一世</a></li>
26               <li><a href="index.html">鲁班二世</a></li>
27               <li><a href="index.html">鲁班三世</a></li>
28               <li><a href="index.html">刘瑾</a></li>
29               <li><a href="index.html">10086</a></li>
30           </ul>
31       </div>
32   </body>
33   </html>
34
```

图 3-4　展开代码

接下来再介绍 Notepad 的另一个出众的优点，即优秀的查找功能。它支持在多个文件中查找同一内容，图 3-5 是在多个范例中同时查找带有 html 字符串时给出的结果。当然它支持的不仅仅是简单的查找替换功能，是它还可以支持正则表达式的模糊查找，如图 3-6 所示。

图 3-5　对多个文件进行查找

图 3-6　Notepad 具有强大的字符串查找功能

最后，Notepad++也是有代码提示功能的。在 Notepad++中执行"设置"|"首选项"|"备份与自动完成"|"所有输入均使用自动完成"，即可打开 Notepad++的代码提示功能，还可以自行对其中的内容进行扩展。

 在目录%windir%\Program Files\Notepad++\plugins\APIs\下存放的是代码提示的配置文件，打开后可以看到诸多形如<KeyWord name="!DOCTYPE" />的标签，其中 name 属性的值就是可以提示的内容，可以根据需要自行添加。

3.1.3　UE 编辑器

UE 编辑器的全称是 UltraEdit，与 Notepad 一样，它也具有非常强大的代码折叠功能。但是相比较为简洁的 Notepad，它的功能又复杂了不少。

UE 的一个功能就是在界面的左侧有一个资源管理器，如图 3-7 所示。注意，图 3-7 的最下方有一个"FTP 账号"选项，这就表明在这个资源管理器中还包含对 FTP 的操作。毕竟 jQuery Mobile 本质上还是一款基于 Web 的开发框架，因此还是会常常用它来制作一些 Web 应用，有了 FTP 账号就非常方便了。

图 3-7 UE 编辑器自带资源管理器

由于 UE 编辑器的功能实在是太强大了，仅仅介绍一些基本的功能就需要编写一本书，因此这里也只能一笔带过。想要深入学习，可执行"帮助"菜单中的"快速入门指南"。

 在比较新的几版 Dreamweaver 中，也加入了对 FTP 文件的管理以及团队协作的功能。

3.1.4 在 PC 上测试应用

笔者之前建议使用真机测试是由于虚拟机运行的延迟实在令人无法接受，可是即使是在真机上进行测试，也仍然需要不断地对设备进行操作。而笔者当初放弃 SDK 而投身 jQuery Mobile 的原因，主要就是希望能够像写网页一样开发应用。这里提供几种在 PC 上测试应用的方法。

1．利用 Dreamweaver 的多屏预览测试

在 Dreamweaver 的工具栏中可以看到如图 3-8 的按钮，通过它可以开启多屏预览功能。

图 3-8 Dreamweaver 的多屏预览功能

这里先不使用 jQuery Mobile，仅仅用 Dreamweaver 来生成一个页面，在其中加入一个字符串来查看效果。

单击"文件"|"新建"菜单创建一个空的 HTML 页面，并按 Ctrl+S 组合键对文件进行保存。在 body 标签中插入"你好！我在测试 Dreamweaver 的多屏预览功能！"。

【范例 3-1 利用多屏预览查看页面】

```
01    <!DOCTYPE>                               <!--声明 HTML 5-->
02    <html xmlns="http://www.w3.org/1999/xhtml">
03    <head>
04    <meta http-equiv="Content-Type" content="text/html; charset=utf-8" />
05    <title>test</title>
06    </head>
07    <body>                                    <!--body 中是页面显示的内容-->
```

08	你好！我在测试 Dreamweaver 的多屏预览功能！	`<!--文字直接显示-->`
09	`</body>`	
10	`</html>`	

之后打开多屏预览功能，效果如图 3-9 所示。

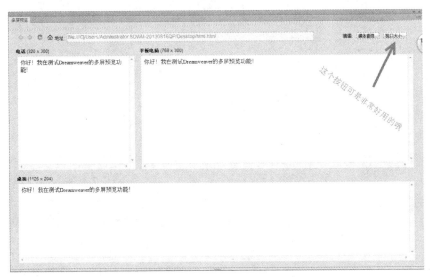

图 3-9　多屏预览的效果

实际上就是 Dreamweaver 自动生成了 3 个不同宽高比的屏幕，让它们同时在桌面上显示出来，但是它们的尺寸怪怪的！请注意，图 3-9 中有一个箭头指向了标有"视口大小"的按钮，单击该按钮将弹出如图 3-10 所示的界面。可在此对话框中设置各个视口的大小。

 Dreamweaver 为了保证三屏在界面上排列得好看，才做出了这样的设计，但是这些宽高数据都是不合理的，需要读者根据实际设备尺寸进行修改。起码按照用户使用手机的习惯，高度应该是大于宽度的。

图 3-10　设置各屏幕的尺寸

2．利用 jQuery 测试

由于 Dreamweaver 的内核不是非常完美，而且开发移动应用自然要专注于测试在 Opera、Safari 等浏览器下的效果，像 IE 8 和 IE 6 这样的浏览器就可以不考虑。因此，为了有针对性地测试应用的显示效果，现在来介绍第二种方法。

【范例 3-2　利用 jQuery 获取屏幕的高度和宽度】

```
01    <!DOCTYPE>                                        <!--声明 HTML 5-->
02    <html xmlns="http://www.w3.org/1999/xhtml">
03    <head>
04    <meta http-equiv="Content-Type" content="text/html; charset=utf-8" />
05    <title>测试设备的分辨率</title>
06    <!--引用 jQuery 库文件-->
07    <script src="jquery-1.7.1.min.js"></script>
08    <script type="text/javascript">
09    function show()
10    {
11        $width=$(window).width();                    //获取屏幕宽度
12        $height=$(window).height();                   //获取屏幕高度
13        $out="页面的宽度是："+$width+"页面的高度是："+$height;
14        alert($out);                                  //使用对话框输出屏幕的高度和宽度
15    }
16    </script>
17    </head>
18    <body>
19        <!--调用方法 show() 显示页面尺寸-->
20        <div style="width:100%; height:100%; margin:0px;" onclick="show();">
21            <h1>单击屏幕即可显示设备的分辨率！</h1>
22        </div>
23    </body>
24    </html>
```

　　保存后，可以将浏览器拖成一个手机屏幕的形状，单击屏幕的空白区域将会弹出对话框告诉开发者屏幕所占有的分辨率。如图 3-11 是使用 Firefox 查看浏览器窗口的分辨率。

　　然后可以按 Ctrl+ "加号键" 或 "减号键" 配合鼠标拖动窗口形状的方式，使浏览器的显示区域恰好为所要适配的机型的分辨率，如图 3-12 中将屏幕分辨率调成了 800×400 像素。

本书中大多数范例都是以这样的方式来展示结果的。

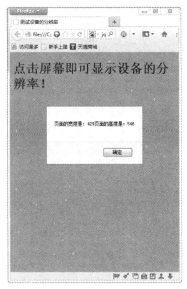

图 3-11　查看浏览器中的分辨率　　　　　图 3-12　调整后的分辨率

要调整得与期望的完全一致是一件极其需要耐心的工作,笔者为了把宽度调成400而不是399就花了十几分钟,其实完全没有必要太在意这样小小的误差。几个像素的差距刚好可以用来保证更好的屏幕适应效果。

3．利用 Opera Mobile Emulator 来测试

当然,利用上面的 jQuery 来测试应用还有一定的缺陷,那么再来介绍一种更好的方法,就是利用 Opera Mobile Emulator(Opera 手机模拟器)来测试应用。它可以让用户在 PC 桌面上以手机的方式浏览网页,重现手机浏览器的绝大多数细节。由于大多数移动设备均采用了 Opera 的内核,因此几乎与真机没有任何差别。

下面给出一个下载链接,读者可以根据链接进行下载,也可以百度搜索这款软件的名称:

```
http://www.cngr.cn/dir/207/218/20110526 72877.html
```

下载完之后经过简单的几步就可以运行了,不过运行之前还需要在本机架设一台服务器,方便对 Web 页面进行浏览,这里推荐一款软件 XAMPP,它可以方便地在 Windows 中架设 WAMP(Windows、Apache、MySQL、PHP)环境,具体的方法会在本书的实战环节介绍,当然读者也可以先行尝试。

安装完 Opera Mobile Emulator 后,可以双击它的图标开始运行,运行后的效果如图 3-13 所示。

图 3-13　Opera Mobile Emulator 的开始界面

可以直接在对话框的左侧选择以何种型号的手机显示，目前数据还不是非常完整，但是也足够使用。单击 Launch 按钮就可以打开浏览器了，这里选用了 HTC Hero，如图 3-14 所示。

> 这里建议要使用分辨率高一些的屏幕（指的是电脑屏幕）。笔者现在用的笔记本是 1366×768 的分辨率，在模拟 Samsung Galaxy S 时面积就不够用。

图 3-14　在模拟器中打开百度主页

3.1.5　打包应用的方法

利用 jQuery Mobile 开发的应用主要有两种形式。

- 最常用的一种是与传统 Web 一样以网页的形式展示出来。尤其是最近一段时间以来，一部分 PC 端的网页也开始使用这种方式开发，都得到了不错的效果。
- 第二种形式是利用工具把程序打包成 APP。笔者的初衷是有一种方法能够快速生成 apk 文件。而 jQuery Mobile 仅仅是一套轻量级的开源框架，要将它打包成 apk 文件就不得不依赖其他工具的帮助，如 PhoneGap。

首先在 Eclipse 中创建一个 Android 工程，然后就可以去官网下载 PhoneGap 了。在官方下载 PhoneGap 需要 Adobe 或者是 GitHub 的账号，这对于某些用户会造成一些困扰，因此笔者在百度网盘中保存了一份，可供下载，地址为 http://pan.baidu.com/share/link?shareid=306357473&uk=3490694006。将下载后的文件解压后，如图 3-15 所示。

　　重新回到 Eclipse 中，新建两个目录/libs/和/asset/www/（部分版本已经自动生成了 libs 目录），然后先复制一个 HTML 文件到 www 目录下，这里可以使用范例 3-2。

　　现在需要在 PhoneGap/lib/android/ 目录下（就是下载的那个压缩包中）找到文件 cordova-2.9.0.jar，将它导入到安卓项目中。

　　导入的方法很简单，只要将这个文件直接拖曳到 Eclipse 中即可。

　　导入完毕后还需要一个步骤，以确认 jar 文件确实已导入到项目中。右击项目，在快捷菜单中选择 Properties 命令，在弹出的对话框中找到如图 3-16 所示的选项卡。单击 Add JARs 按钮，打开如图 3-17 所示的 JAR Selection 对话框，引入包。接下来要对 MainActivity 文件做一下修改，代码如范例 3-3 所示。

图 3-15　PhoneGap 目录

图 3-16　导入一个 JAR 包

　　可以注意到，在 libs 目录下还有一个文件 android-support-v4.jar，之前笔者提到一部分版本的 SDK 在生成项目时就已经自动生成了 libs 目录。生成这个目录的目的就是为了放置这个文件。

【范例 3-3　修改后的 MainActivity 文件】

```
01    package com.example.androud_test;
02    //可以通过 Eclipse 的自动修改功能引入这些包
03    import org.apache.cordova.DroidGap;        //引入需要的包
04    import android.os.Bundle;                  //引入需要的包
05    //类 MainActivity 继承自 DroidGap 而不是默认的 Activity
06    public class MainActivity extends DroidGap {
07
08        @Override
```

```
09        public void onCreate(Bundle savedInstanceState) {
10            super.onCreate(savedInstanceState);
11            //setContentView(R.layout.activity_main);
              //将自带的语句注释掉，替换成第12行的代码
12            super.loadUrl("file:///android_asset/www/index.html");
13        }
14
15    }
```

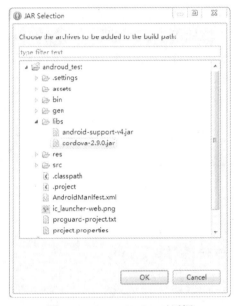

图 3-17　JAR Selection 对话框

看上去挺复杂的，可是实际上只有简单的几步。首先将 MainActivity 修改为继承类 DroidGap（代码第 06 行），然后引入一个新的包（如代码第 01 行）。

完成后需要打开 AndroidManifest.xml 文件，按照下面的代码进行修改。

【范例 3-4　修改后的 AndroidManifest.xml 文件】

```
01    <?xml version="1.0" encoding="utf-8"?>
02    <manifest xmlns:android="http://schemas.android.com/apk/res/android"
03        package="com.example.androud_test"
04        android:versionCode="1"
05        android:versionName="1.0" >
06        <!--设置屏幕的显示方式-->
07        <supports-screens
08            android:largeScreens="true"
09            android:normalScreens="true"
10            android:smallScreens="true"
11            android:xlargeScreens="true"
12            android:resizeable="true"
```

```
13            android:anyDensity="true"
14        />
15        <uses-permission android:name="android.permission.CAMERA" />
16        <uses-permission android:name="android.permission.VIBRATE" />
17        <uses-permission
android:name="android.permission.ACCESS_COARSE_LOCATION" />
18        <uses-permission
android:name="android.permission.ACCESS_FINE_LOCATION" />
19        <uses-permission
android:name="android.permission.ACCESS_LOCATION_EXTRA_COMMANDS" />
20        <uses-permission android:name="android.permission.INTERNET" />
21        <uses-permission android:name="android.permission.RECEIVE_SMS" />
22        <uses-permission android:name="android.permission.RECORD_AUDIO" />
23        <uses-permission android:name="android.permission.RECORD_VIDEO"/>
24        <uses-permission
android:name="android.permission.MODIFY_AUDIO_SETTINGS" />
25        <uses-permission android:name="android.permission.READ_CONTACTS" />
26        <uses-permission android:name="android.permission.WRITE_CONTACTS" />
27        <uses-permission
android:name="android.permission.WRITE_EXTERNAL_STORAGE" />
28        <uses-permission
android:name="android.permission.ACCESS_NETWORK_STATE" />
29        <uses-permission android:name="android.permission.GET_ACCOUNTS" />
30        <uses-permission android:name="android.permission.BROADCAST_STICKY" />
31        <!--设置默认版本-->
32        <uses-sdk
33            android:minSdkVersion="8"
34            android:targetSdkVersion="17" />
35        <!--设置应用的名称、图标等信息-->
36        <application
37            android:allowBackup="true"
38            android:icon="@drawable/ic_launcher"
39            android:label="@string/app_name"
40            android:theme="@style/AppTheme" >
41            <activity
42                android:name="com.example.androud_test.MainActivity"
43                android:label="@string/app_name" >
44                <intent-filter>
45                    <action android:name="android.intent.action.MAIN" />
46                    <category android:name="android.intent.category.LAUNCHER" />
47                </intent-filter>
48            </activity>
49        </application>
50    </manifest>
```

    事实上在 PhoneGap 下可以找到名为 AndroidManifest.xml 的文件，只要将它的内容对比自己项目中的 AndroidManifest.xml 文件以及给出的范例，再进行复制就可以了。

代码第 01 行声明了 XML 文件的版本信息。第 7~14 行则规定了该项目支持全屏（意思就是手机最上方显示时间信号等信息的细条是不会被显示的）。第 15~30 行则声明了该应用所支持的权限，如第 21 行，就规定了该应用可以使设备发送短信，如果去掉这行代码却要发送短信的话，该应用将会报错并自动退出。在这里，PhoneGap 给出的范例无疑列出了安卓设备的全部权限，这对新手进行开发学习无疑是方便的，但是作为一款商业化的应用这样做却是危险的。因此在真正发布应用时，要重新对该处内容进行删减。第 36~40 行规定了该应用的名称以及图标信息。要特别注意第 42 行的一个类，如本例中的 MainActivity，如果没有在这里声明则是无法使用的。

完成后，可以在设备上测试了，如图 3-18 所示。为了方便读者理解，这里再给出项目修改后的目录结构，如图 3-19 所示。如果运行不成功的话可以参考该目录。

图 3-18　在豌豆荚上的截图

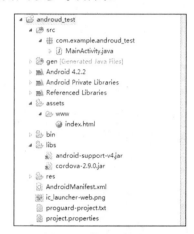

图 3-19　修改后的目录

3.2 原理解析

完成上一节的内容后，读者就可以将 HTML 页面打包成 apk 文件供手机使用了，当然也可以打包成供 iOS 或 WP 使用的文件。下面在页面中引入 jQuery Mobile。

首先打开 Dreamweaver，新建一个页面，在其中插入范例 3-5 中第 6~8 行的代码。

【范例 3-5　在页面中引入 jQuery Mobile】

```
01   <!DOCTYPE>
02   <html xmlns="http://www.w3.org/1999/xhtml">
03   <head>
04   <meta http-equiv="Content-Type" content="text/html; charset=utf-8" />
05   <title>无标题文档</title>
06   <!--jQuery Mobile 需要的 CSS 样式-->
07   <link rel="stylesheet" href="http://code.jquery.com/mobile/1.1.1/jquery.
mobile-1.1.1.min.css" />
08   <!--jQuery 支持库-->
```

```
09      <script src="http://code.jquery.com/jquery-1.7.1.min.js"></script>
10      <!--jQuery Mobile 需要的 JS 文件-->
11      <script src="http://code.jquery.com/mobile/1.1.1/jquery.mobile-1.1.1.min.
js"></script>
12      </head>
13          <body>
14              <!--这里面加入内容-->
15          </body>
16      </html>
```

因为没在页面中加入任何内容，所以页面打开后将是一片空白。那么引入的文件分别有什么用呢？

首先 jquery-1.7.1.min.js 文件引入了 jQuery 脚本，可以不必理会，而 jquery.mobile-1.1.1.min.css 则是将来使用 JQuery Mobile 进行设计时所使用的样式文件。

到了这里，相信读者已经能猜到 jquery-1.7.1.min.js 的作用了，它使用脚本选择页面中的元素，然后将对应的样式加载到相应的元素上去。

> 实际上，这一部分用到的全都是 jQuery Mobile 中的基础内容，但是如果能够充分理解这部分内容，就可以随心所欲地使用 jQuery Mobile 进行开发了。

3.2.1　选择元素

jQuery Mobile 选择元素的方法有很多，这里整理出以下几种。

（1）可以利用 CSS 选择器对元素进行直接选取。

```
$(document)                        //选择整个文档对象
$('#myId')                         //选择 ID 为 myId 的网页元素
$('divmyClass')                    //选择 class 为 myClass 的 div 元素
$('input[name=first]')             //选择 name 属性等于 first 的 input 元素
```

（2）可以利用 jQuery Mobile 的特有表达式对元素进行过滤。

```
$('a:first')                       //选择网页中第一个 a 元素
$('tr:odd')                        //选择表格的奇数行
$('#myForm :input')                //选择表单中的 input 元素
$('div:visible')                   //选择可见的 div 元素
$('div:gt(2)')                     //选择所有的 div 元素，除了前3个
$('div:animated')                  //选择当前处于动画状态的 div 元素
```

jQuery Mobile 多是使用对元素的 data-role 属性进行设置的方式，来确认使用了哪种控件，若是在页面中有如下内容：

```
<div data-role="page"></div>
```

那么，要获取这个元素则需使用如下语句：

```
$("div[data-role=page]");
```

在 HTML 5 中单引号和双引号是通用的，甚至在表明一些属性的值时可以不用引号，但是一旦使用必须成对，不可以出现一个左单引号配一个右双引号的现象。

3.2.2 设置属性

刚刚获得了页面中元素的属性，现在就应该来为元素设置样式了，jQuery 中为元素设置样式有以下几种方法。

- 可以为元素设置宽度和高度，可使用的方法有 width(width_x)与 height(height_x)，其中的参数即是要为元素设置的尺寸。
- 可以直接为元素加入 CSS 样式，如 addClass("page_cat")，即是将名为 page_cat 的样式设置在元素上。jQuery Mobile 中大多使用了这种方法。
- 还有 jQuery 自带的 CSS 类可以单独改变元素的某样式，但是由于使用过于繁琐，并且在大型程序中不是很好维护，因此用得较少。

3.3 链接和按钮

提到图形界面，恐怕用户最熟悉的就是按钮了，链接与按钮实现了类似的功能，jQuery Mobile 中让按钮使用 HTML 中链接的标签"<a>"，也正说明了这一点。

要创建一组按钮，需在页面中插入如下代码：

```
<a href="i#" data-role="button" data-theme="a">Theme a</a>
```

这里只给出一组按钮的样式，如图 3-20 所示。详细的按钮使用方法将在第 6 章介绍。

图 3-20　按钮样式

3.4 工具栏

工具栏可以作为页面上下两侧的容器，无论是在传统的手机 APP 还是在网页端，工具栏都起到了导航栏的作用。开发者可以利用工具栏来展示软件所具有的功能，也可以在工具栏中加入广告来为自己增加收入。图 3-21 是一组工具栏的样式。

图 3-21　工具栏样式

 在实际使用时可以根据需要，让它们固定在页面的某个位置。

3.5　列表

页面上的内容并不全都是零星排布的，很多时候需要一个列表来包含大量的信息，比如音乐的播放列表、新闻列表、文章列表等。图 3-22~图 3-24 是一些在 jQuery Mobile 中使用列表的例子。

列表具有比较多的样式，在某种意义上它可以作为一种容器盛放各种布局，因此比较灵活，但是也比较复杂。

图 3-22　列表 1

图 3-23　列表 2

图 3-24　列表 3

3.6　表单控件

表单控件源自于 HTML 中的<form>标签，并且起到相同的作用，用以提交文本、数据等无法仅仅靠按钮来完成的内容，包括文本框、滑竿、文本域、开关、下拉列表等。表单控件如图 3-25~图 3-30 所示，这里列出了表单控件中的大部分元素。

图 3-25　文本输入框

图 3-26　文本域

图 3-27　滑动条（滑竿）

图 3-28　开关

图 3-29　单选按钮　　　　　　　　　　图 3-30　下拉列表

3.7　小结

本章终于真正开始开发应用了，虽然只是一小步，可是已经为开发应用打下了坚实的基础。另外，本章对于各种控件的介绍确实有些笼统，仅仅为接下来的第二篇内容起到导学的作用，在这一部分感到茫然的读者看过第二篇自然就理解了。

第二篇

jQuery Mobile基础

第 4 章

◀ 页面与对话框 ▶

本章将以实例介绍在 jQuery Mobile 中使用 page 控件的方法。page 控件不仅是 jQuery Mobile 中非常重要的控件，更是必不可少的控件。虽然它的用法非常简单，却能却反映出程序员对编码理解的深度。

本章还将介绍利用原生 jQuery 提高页面交互性的例子。本章主要的知识点包括：

- page 控件，包括 page 的高级用法，以及如何人为修改 jQuery Mobile 中已定义的属性
- 适应各种屏幕的方法
- 利用链接来实现页面间切换的方法
- 对话框的使用方法

4.1 依然从 hello world 开始

有人说每个程序员都曾经有过改变世界的梦想，笔者认为，这与程序员年轻时编写的第一个程序有着莫大的关系。一句简单的 hello world 让年轻的心开始相信梦想，用一种低调的壮志凌云向世界展示自己的存在。那么，今天就让我们从 hello world 开始逐梦之旅吧。

【范例 4-1　简单的页面——hello world】

```
01   <!DOCTYPE>
02   <html xmlns="http://www.w3.org/1999/xhtml">
03   <head>
04     <meta http-equiv="Content-Type" content="text/html; charset=utf-8" />
05     <meta name="viewport" content="width=device-width,initial-scale=1">
       //本节的重点所在
06     <title>hello world </title>                //title 属性在应用中是不显示的
07     <link rel="stylesheet" href="jquery.mobile-1.0.min.css" />     //jQuery
Mobile 样式文件
08     <script src="jquery-1.7.1.min.js"></script>         //引入 jQuery 脚本
```

```
09      <script src="jquery.mobile-1.1.1.min.js"></script>        // 引  入
jQuery Mobile 脚本
10    </head>
11    <body>
12      <div data-role="page">                        //此处为页面控件
13       hello world                                   //在空间中插入内容 hello world
14      </div>
15    </body>
16    </html>
```

程序运行结果如图 4-1 所示。

该例虽然看上去非常简单，但是它就像 C 语言中的 hello world 一样，是今后利用 jQuery Mobile 进行应用开发时最基础的模板。

这实际上就是一个 HTML 页面，但是仔细观察会发现第 5 行的代码比较陌生：

```
<meta name="viewport" content="width=device-width,initial-scale=1">
```

这行代码限定了页面的宽度要与设备的宽度保持一致。因为移动设备的种类实在太多，作为开发者，肯定没有办法考虑到每一种设备的兼容性，因此只有借助于 HTML 本身来帮助我们。

接下来还有一个更加令人感到陌生的属性 initial-scale=1，这个属性又是什么意思呢？可将 1 改为 2 运行之后看一下效果，结果如图 4-2 所示。

图 4-1　hello world　　　　　　　　图 4-2　修改后的 hello world

可以看到屏幕中的字体放大了一倍。原来 initial-scale=1 的作用是规定页面在加载时所要放大的倍数，等于 1 时即为保持原尺寸不变。

目前，电脑屏幕的分辨大多是 1366×768 像素，而最近一些以高分辨率为亮点的智能手机的分辨率已经达到了 720×1280 像素，与此同时大多数人所使用手机的分辨率还停留在一个较低的水平。这就导致了如果没有一种切实可行的手段来区分这些用户，开发人员就无法做到真正完美的用户体验。

那么到底有没有这样一种方法呢？当然是有的，只要通过修改 initial-scale 属性的值来放大页面的内容尺寸，就能够很好地实现不同设备上的兼容问题。在本章最后的综合项目实例中将给出一个这样的例子。

meta 是 HTML 中非常重要的一个标签，但是它的应用却常常被开发者所忽略。

4.2 利用 jQuery 脚本 DIY 闪光灯效果

在电影的开头常常会播放一段非常简短但是又特别炫目的动画，来吸引观众的注意力，笔者一直对这样炫目的镜头向往不已，但是这些效果都需要专业人士通过专业的设备来完成，这不免令人遗憾。不过没有关系，经过笔者多年的研究，有一些办法可以实现一些简单的影视特效。如本节要介绍的闪光灯效果的代码。

实际上原理非常简单，就是利用 jQuery 不断地切换页面的背景颜色，代码如下：

【范例 4-2　闪光灯】

```
01    <!DOCTYPE>
02    <!DOCTYPE>
03    <html xmlns="http://www.w3.org/1999/xhtml">
04    <head>
05    <meta http-equiv="Content-Type" content="text/html; charset=utf-8" />
06    <meta name="viewport" content="width=device-width,initial-scale=2">
07    <title>不断闪动的页面 </title>
08    <link rel="stylesheet" href="jquery.mobile-1.0.min.css" />
09    <script src="jquery-1.7.1.min.js"></script>
10    <script src="jquery.mobile-1.1.1.min.js"></script>
11    <!--<script type="text/javascript" src="cordova.js"></script>-->
12    <script type="text/javascript">
13    $(document).ready(function(){
14        var i=0;                                        //声明标志变量 i
15        setInterval(function(){                         //启用计时器
16            if(i==0)
17            {
18                $("div").css("background-color","yellow"); //将所有div标签的背
景颜色改为黄色
19                i=1;                                    //标志背景颜色的状态字
20            }else
21            {
22                $("div").css("background-color","red");    //将所有div标签的背
景颜色改为黄色
```

```
23              i=0;                                        //标志背景颜色的状态字
24          }
25      },100);                                             //时间间隔为0.1秒
26      });
27  </script>
28  </head>
29  <body>
30      <div data-role="page" data-theme="a">
31      </div>
32  </body>
33  </html>
```

运行之后可以看到页面以很快的速度闪动，颜色不断地在红黄两色之间切换。其中第 12~27 行即为使用的脚本程序。程序将在页面加载完成后开启 setInterval()计数器，其中的 100 表示的是计数器运行的间隔为 100ms，设置了一个临时变量 i 用来记录当前的状态，当背景变为红色时将 i 置为 0，变成黄色再还原为 1。$("div")选择了页面中的所有 div 标签，由于该页面中只有一个 div，因此选中了 page 控件，然后利用 CSS 改变页面的属性。

既然这是一本介绍 jQuery Mobile 的书，介绍这样的内容有跑题的嫌疑，但是真相并非如此。笔者也曾想过选用 page 颜色为黑白两色的两套主题，然后利用 jQuery 来修改 page 的主题属性应该是最完美的方法，为此，曾经做出如下代码：

【范例 4-3　利用 jQuery Mobile 主题的闪光灯】

```
01  <!DOCTYPE>
02  <html xmlns="http://www.w3.org/1999/xhtml">
03  <head>
04  <meta http-equiv="Content-Type" content="text/html; charset=utf-8" />
05  <meta name="viewport" content="width=device-width,initial-scale=2">
06  <title>使用 jQuery Mobile 主题的闪光灯 </title>
07  <link rel="stylesheet" href="jquery.mobile-1.0.min.css" />
08  <script src="jquery-1.7.1.min.js"></script>
09  <script src="jquery.mobile-1.1.1.min.js"></script>
10  <!--<script type="text/javascript" src="cordova.js"></script>-->
11  <script type="text/javascript">
12  $(document).ready(function(){
13      var i=0;                                         //声明标志变量
14      setInterval(function(){
15          if(i==0)
16          {
17              $("div").attr("data-theme","a");         //将page控件的主题设为a
```

```
18              i=1;                              //标志背景颜色的状态字
19          }else
20          {
21              $("div").attr("data-theme","c");   //将page控件的主题设为a
22              i=0;                               //标志背景颜色的状态字
23          }
24      },100);                                    //时间间隔为0.1秒
25      });
26  </script>
27  </head>
28  <body>
29      <div data-role="page" data-theme="a">
30      </div>
31  </body>
32  </html>
```

运行之后页面停在开始的黑色背景处，为了确认 jQuery 确实起到了修改页面属性的作用，笔者对 jQuery 脚本做了一点修改，使其在运行时能够以对话框的形式显示出 page 控件当前所使用的主题：

```
<script type="text/javascript">
$(document).ready(function(){
var i=0;
setInterval(function(){
    if(i==0)
    {
        $("div").attr("data-theme","a");
        i=1;
    }else
    {
        $("div").attr("data-theme","c");
        alert($("div").attr("data-theme"));//在主题被修改后用对话框弹出当前主题名称
        i=0;
    }
},100);
});
</script>
```

运行结果如图 4-3 所示。

图 4-3　显示 page 的主题结果

　　因为在本节中刚刚介绍了类似的脚本，这里不再赘述，读者可以清楚地看到 page 的主题确实改变了。可是为什么页面的颜色没有变化呢？

　　其原因在解释 jQuery Mobile 的原理时已经介绍过。就是在页面加载时，jQuery 会搜索页面中所有 data-role 为 page 的元素并对其加载相应的主题，之后如果不重新运行加载脚本，那么无论元素的属性如何变化，页面上的显示是不会发生变化的。当然，也可以在文件中重新添加加载的脚本，但是笔者一直认为 jQuery Mobile 的出现是为了解放程序员使他们远离这样的工作，因此这里应该直接修改 page 所对应的 CSS 属性而不考虑 jQuery Mobile 的主题设置。

　　同样，在实际开发中常常也需要在运行中对一些元素的样式进行修改，比如皮肤的切换，建议大家直接对元素的 CSS 进行修改，这是一种非常简单而行之有效的方法，同时还要记得做好注释，以方便维护。

4.3　不断切换的场景

　　作为一款真正具有使用价值的应用，首先应该至少有两个页面，通过页面的切换来实现更多的交互。比如手机人人网，打开以后先进入登录页面，登录后会有新鲜事，然后拉开左边的面板，能看到相册、悄悄话、应用之类的其他内容。

　　在 jQuery Mobile 中，页面的切换是通过链接来实现的，这跟 HTML 完全一样。有所不同的是，jQuery Mobile 为了使开发者能够创造出能好的交互性，提供了 10 种不同的切换效果。下面来看一个例子：

【范例 4-4　jQuery Mobile 中的场景切换】

```
01    <!DOCTYPE>
02    <html xmlns="http://www.w3.org/1999/xhtml">
03    <head>
04    <meta http-equiv="Content-Type" content="text/html; charset=utf-8" />
```

67

```
05    <meta name="viewport" content="width=device-width,initial-scale=2">
06    <title>页面间的切换</title>
07    <link rel="stylesheet" href="jquery.mobile-1.0.min.css" />
08    <script src="jquery-1.7.1.min.js"></script>
09    <script src="jquery.mobile-1.1.1.min.js"></script>
10    <!--<script type="text/javascript" src="cordova.js"></script>-->
11    </head>
12    <body>
13        <div data-role="page">
14            <!--使用默认切换方式，效果为渐显-->
15            <a href="demo.html" data-role="button">页面间的切换</a>
16            <!--data-transition="fade" 定义切换方式渐显-->
17            <a data-role="button" href="demo.html" data-transition="fade" data-
direction="reverse">fade</a>
18            <!--data-transition="pop" 定义切换方式扩散-->
19            <a data-role="button" href="demo.html" data-transition="pop" data-
direction="reverse">pop</a>
20            <!--data-transition="flip" 定义切换方式展开-->
21            <a data-role="button" href="demo.html" data-transition="flip" data-
direction="reverse">flip</a>
22            <!--data-transition="turn" 定义切换方式翻转覆盖-->
23            <a data-role="button" href="demo.html" data-transition="turn" data-
direction="reverse">turn</a>
24            <!--data-transition="flow" 定义切换方式扩散覆盖-->
25            <a data-role="button" href="demo.html" data-transition="flow" data-
direction="reverse">flow</a>
26            <!--data-transition="slidefade" 定义切换方式滑动渐显-->
27            <a data-role="button" href="demo.html" data-transition="slidefade"
>slidefade</a>
28            <!--data-transition="slide" 定义切换方式滑动-->
29            <a data-role="button" href="demo.html" data-transition="slide" data-
direction="reverse">slide</a>
30            <!--data-transition="slidedown" 定义切换方式向下滑动-->
31            <a data-role="button" href="demo.html" data-transition="slidedown"
>slidedown</a>
32            <!--data-transition="slideup"  定义切换方式向上滑动-->
33            <a data-role="button" href="demo.html" data-transition="slideup"
>slideup</a>
34            <!--data-transition="none"  定义切换方式"无" -->
```

```
35              <a data-role="button" href="demo.html" data-transition="none" data-
direction="reverse">none</a>
36        </div>
37    </body>
38    </html>
```

除此之外，还需要另外一个页面 demo.html：

```
<!DOCTYPE>
<html xmlns="http://www.w3.org/1999/xhtml">
<head>
<meta http-equiv="Content-Type" content="text/html; charset=utf-8" />
<meta name="viewport" content="width=device-width,initial-scale=2">
<title>无标题文档</title>
<link rel="stylesheet" href="jquery.mobile-1.0.min.css" />
<script src="jquery-1.7.1.min.js"></script>
<script src="jquery.mobile-1.1.1.min.js"></script>
<!--<script type="text/javascript" src="cordova.js"></script>-->
</head>
<body>
 <div data-role="page">
        <h1>快到我碗里来</h1>
 </div>
</body>
</html>
```

运行效果如图 4-4 和图 4-5 所示。

| 页面间的切换 |
| fade |
| pop |
| flip |
| turn |
| flow |
| slidefade |
| slide |
| slidedown |
| slideup |
| none |

快到我碗里来

图 4-4　切换前的页面　　　　图 4-5　demo.html

69

范例 4-4 中第 14~24 行实际上在做同一件事情，即实现从 index.html 页面到 demo.html 页面的切换。在这里特别对这 10 种切换效果进行简短的说明：

```
<a href="demo.html" data-role="button">页面间的切换</a>
```

可以清楚地看到 demo.html 页面有一个渐显的动画效果。

```
<a data-role="button" href="demo.html" data-transition="fade" data-direction=
"reverse" >fade</a>
```

运行后发现与不加入 data-transition 属性的效果相同，也就是说，在 jQuery Mobile 中，将会默认给转场加入渐显渐隐的动画效果。

```
<a data-role="button" href="demo.html" data-transition="pop" data-direction=
"reverse">pop</a>
```

demo 页面在原页面的中央部分渐渐变大最终覆盖整个页面。

```
<a data-role="button" href="demo.html" data-transition="flip" data-direction=
"reverse" >flip</a>
```

demo 页面在原页面中央最初以一个竖条的方式出现，先向两端扩张，当放大到正常页面比例后渐渐变大，直至覆盖整个页面。

```
<a data-role="button" href="demo.html" data-transition="turn" data-direction=
"reverse" >turn</a>
```

demo 页面在原页面中央最初以一个竖条的方式出现，纵向进行翻转后放大到覆盖整个页面。

```
<a data-role="button" href="demo.html" data-transition="flow" data-direction=
"reverse" >flow</a>
```

demo 页面在原页面中央部分渐渐变大并逐渐覆盖整个页面，同时可以看见原页面逐渐缩小直至完全被 demo 页面中的内容覆盖。

```
<a data-role="button" href="demo.html" data-transition="slidefade" data-direction=
"reverse" >slidefade</a>
```

demo 页面在原页面右侧出现，移动至中心，并在这一过程中渐显。

```
<a data-role="button" href="demo.html" data-transition="slide" data-direction=
"reverse" >slide</a>
```

demo 页面在原页面右侧出现，移动至中心。

```
<a data-role="button" href="demo.html" data-transition="slideup" data-direction=
```

```
"reverse" >slideup</a>
```

demo 页面在原页面下方出现，并向上移动至中心。

```
<a data-role="button" href="demo.html" data-transition="slidedown" data-direction=
"reverse" >slidedown</a>
```

demo 页面在原页面上方出现，并向下移动至中心。

```
<a data-role="button" href="demo.html" data-transition="none" data-direction=
"reverse" >none</a>
```

在以上的 10 种动画中，除 fade 与 none 两种效果是所有浏览器均支持的，其他 8 种效果的实现均需要设备浏览器具有 3D 支持。因此，对于 Android 2.X 设备来说，许多效果是无效的，这时系统会默认将切换效果转换为渐显。还有一些设备虽然能够实现这些效果，但由于硬件本身的限制，在实现这些效果时会在结束时产生卡顿以及页面闪烁的问题。因此开发者在使用这些效果时要特别谨慎，好在随着技术的提高，不兼容这些效果的设备最终会淡出我们的视野，这对开发者来说是一个好消息。

jQuery Mobile 的官方文档中给出了一种应对不兼容情况的方法，即在 CSS 文件中加入下面的代码，经笔者实践，确实能够在一定程度上解决切换时的屏闪问题。

```
.ui-page { -WebKit-backface-visibility: hidden; }
```

但是要想真正从根本上解决页面切换时闪屏的问题，只能依靠硬件的发展。

4.4 整人游戏：我不是弱智！

笔者以前经常被 QQ 控件或各种论坛上的某个标题所吸引，打开之后却发现网页中弹出一个对话框，必须不断地点击烦人的按钮无数次才能关闭这个页面。当时也曾经在网上搜索过相应的教程，可惜一直都没有成功。时隔多年，笔者又想起了当年的"悲惨经历"，于是决定在这里与读者分享下面的例子。

在 Dreamweaver 中编辑 4 个文件，分别为 index.html、question.html、confirm.html、result.html。下面给出具体代码。

【范例 4-5 游戏的开始页面 index.html】

```
01    <!DOCTYPE>
02    <html xmlns="http://www.w3.org/1999/xhtml">
03    <head>
```

```
04    <meta http-equiv="Content-Type" content="text/html; charset=utf-8" />
05    <meta name="viewport" content="width=device-width,initial-scale=1">
06    <title>游戏开始</title>
07    <link rel="stylesheet" href="jquery.mobile-1.0.min.css" />
08    <script src="jquery-1.7.1.min.js"></script>
09    <script src="jquery.mobile-1.1.1.min.js"></script>
10    <!--<script type="text/javascript" src="cordova.js"></script>-->
11    </head>
12    <body>
13        <div data-role="page">
14        <a href="question.html" data-role="button" data-rel="dialog">开始游戏
</a>
15        </div>
16    </body>
17    </html>
```

【范例 4-6 询问读者是否是弱智的页面 question.html】

```
01    <!DOCTYPE>
02    <html xmlns="http://www.w3.org/1999/xhtml">
03    <head>
04    <meta http-equiv="Content-Type" content="text/html; charset=utf-8"/>
05    <meta name="viewport" content="width=device-width,initial-scale=1">
06    <title>老实交代！你到底是不是弱智！</title>
07    <link rel="stylesheet" href="jquery.mobile-1.0.min.css" />
08    <script src="jquery-1.7.1.min.js"></script>
09    <script src="jquery.mobile-1.1.1.min.js"></script>
10    <!--<script type="text/javascript" src="cordova.js"></script>-->
11    </head>
12    <body>
13        <div data-role="page">
14        <h1>老实交代！你到底是不是弱智！</h1>
15        <a href="result.html" data-role="button">这你都知道!!!! </a>       // 跳
至最终页面
16        <a href="confirm.html" data-role="button" data-rel="dialog">死不承认！
</a>//继续循环
17        </div>
18    </body>
19    </html>
```

72

【范例 4-7　另一个询问页面 confirm.html】

```
01  <!DOCTYPE>
02  <html xmlns="http://www.w3.org/1999/xhtml">
03  <head>
04  <meta http-equiv="Content-Type" content="text/html; charset=utf-8" />
05  <meta name="viewport" content="width=device-width,initial-scale=1">
06  <title>老实交代! 你到底是不是弱智! </title>
07  <link rel="stylesheet" href="jquery.mobile-1.0.min.css" />
08  <script src="jquery-1.7.1.min.js"></script>
09  <script src="jquery.mobile-1.1.1.min.js"></script>
10  <!--<script type="text/javascript" src="cordova.js"></script>-->
11  </head>
12  <body>
13      <div data-role="page">
14      <h1>老实交代! 你到底是不是弱智! </h1>
15          <a href="result.html" data-role="button">我承认, 我是</a>//跳至最终页面
16          <a href="question.html" data-role="button" data-rel="dialog">我不是!
</a>//继续循环
17      </div>
18  </body>
19  </html>
```

【范例 4-8　游戏结束页面 result.html】

```
01  <!DOCTYPE>
02  <html xmlns="http://www.w3.org/1999/xhtml">
03  <head>
04  <meta http-equiv="Content-Type" content="text/html; charset=utf-8" />
05  <meta name="viewport" content="width=device-width,initial-scale=1">
06  <title>你这个弱智</title>
07  <link rel="stylesheet" href="jquery.mobile-1.0.min.css" />
08  <script src="jquery-1.7.1.min.js"></script>
09  <script src="jquery.mobile-1.1.1.min.js"></script>
10  <!--<script type="text/javascript" src="cordova.js"></script>-->
11  </head>
12  <body>
13      <div data-role="page">
14          <h1>早点承认不就好了么, 何必这么麻烦! </h1>
15      </div>
```

```
16    </body>
17    </html>
```

运行后的结果如图 4-6、图 4-7、图 4-8 和 4-9 所示。

首先单击"开始游戏"按钮，就会看到页面中有文字询问用户是否承认自己是弱智，若是愿意承认自己是弱智，则可以转到图 4-9 所示的页面，游戏结束，否则一直循环。

图 4-6　游戏开始图　　　4-7　对话框提问用户　　　图 4-8　反复提问　　　图 4-9　最后结果

各位聪明而又细心的读者想必已经发现，本节使用的链接代码中又加入了一个新的属性 data-rel="dialog"。这句代码是干什么用的呢？看上去并没有产生特殊效果。

首先 dialog 就是 jQuery Mobile 已经给用户定义好了对话框控件，使用它可以实现一些与一般页面不同的交互效果，读者可以自己尝试。当运行到图 4-9 所示的游戏结束页面时，点击手机上的返回键，会发现页面返回到了图 4-6 所示的界面。然后去掉 data-rel="dialog"，再看效果会发现，点击返回键后会完整地重复图 4-7 以及图 4-8。

读者可以想象，这跟我们在 PC 上浏览网页时的返回按钮非常相似，由于浏览器会使用哈希来记录已经访问过的页面，从而使其在返回时能够记录已经访问过的页面。而对于以对话框形式打开的页面，则不记录其哈希值，浏览器将不会对这些页面进行记录。

当然，有一部分人会通过"返回"的方式来重复答题以获得虚假的高分。那么，如果在这里使用对话框控件就能比较容易地解决这一难题。

> 为了加快页面的加载速度，可以尝试将多个 page 放在同一个页面中，这种方法将会在后面的章节进行介绍。

4.5　警告！你的手机遭到入侵

刚刚完成了上一节的实例，本节中再介绍一种在 APP 中整蛊的玩法，不过这一次我们要扮演的角色是黑客。

【范例 4-9　你的手机已被入侵】

```
01  <!DOCTYPE>
02  <html xmlns="http://www.w3.org/1999/xhtml">
03  <head>
04  <meta http-equiv="Content-Type" content="text/html; charset=utf-8" />
05  <meta name="viewport" content="width=device-width,initial-scale=1">
06  <title>遭到入侵的手机 </title>
07  <link rel="stylesheet" href="jquery.mobile-1.0.min.css" />
08  <script src="jquery-1.7.1.min.js"></script>
09  <script src="jquery.mobile-1.1.1.min.js"></script>
10  <!--<script type="text/javascript" src="cordova.js"></script>-->
11  <script type="text/javascript">
12  $(document).ready(function(){
13      alert("警告！你的手机已被入侵");
14      setInterval(function(){          //使用计时器
15          alert("警告！你的手机已被入侵");
16      },3000);//设置间隔为3秒，注意这里不要把间隔设得太短，否则在 PC 上测试时无法关闭浏览器
17      });
18  </script>
19  </head>
20  <body>
21      <div data-role="page" data-theme="a">
22          <!--这里面可以再加一点内容，比如说：hello world-->
23      </div>
24  </body>
25  </html>
```

运行效果如图 4-10 所示。

其中的 setInterval()计时器在本章 4.2 节已经介绍过，而 alert()的也同样使用过，这里单独把它拿出来是因为笔者认为这样的对话框在今后的实际开发中非常重要。

请读者掏出自己的手机，以最快的速度登录手机 QQ 然后退出，这时是不是会弹出一个对话框确认是不是真的要退出呢？仔细观察这个对话框与上一节中介绍过的 dialog 控件有何不同。

没错！这个对话框弹出后，页面仍然保持在当前页面而没有发生跳转，这在应用中进行确认操作时非常实用。

图 4-10　运行效果

最后希望读者在完成本节的学习之后，能够在自己的手机中找一找这两种对话框的例子，从而加深理解。

4.6　实现渐变的背景

前面的内容介绍了在页面中使用 page 控件的方法，也介绍了如何通过设置主题来让页面拥有不同的颜色，但很多时候，还需要更加绚丽的方式。直接使用 CSS 设置背景图片是一个非常好的方法，可是会造成页面加载缓慢。这时就可以使用 CSS 的渐变效果，具体实现方法如范例 4-10所示。

【范例 4-10　利用 CSS 样式实现页面背景的渐变】

```
01   <!DOCTYPE html>
02   <html>
03   <head>
04   <meta http-equiv="Content-Type" content="text/html; charset=utf-8" />
05   <meta name="viewport" content="width=device-width, initial-scale=1">
06   <link rel="stylesheet" href="jquery.mobile.min.css" />
07   <script src="jquery-1.7.1.min.js"></script>
08   <script src="jquery.mobile.min.js"></script>
09   <style>
10   .background-gradient
11   {
12       background-image:-WebKit-gradient(          /*适用 WebKit 内核浏览器*/
13           linear,left bottom,left top,            /*设置渐变方向纵向*/
14           color-stop(0.22,rgb(12,12,12)),         /*上方颜色*/
15           color-stop(0.57,rgb(153,168,192)),      /*中间颜色*/
16           color-stop(0.84,rgb(00,45,67))          /*底部颜色*/
```

```
17          );
18          background-image:-moz-linear-gradient(          /*适用 Firefox*/
19              90deg,                                      /*角度为90°，即方向为上下 */
20              rgb(12,12,12),                              /*上方颜色*/
21              rgb(153,168,192),                           /*中间颜色*/
22              rgb(00,45,67)                               /*底部颜色*/
23          );
24      }
25      </style>
26      </head>
27      <body>
28          <div data-role="page" class="background-gradient">
29              <!--页面内容-->
30          </div>
31      </body>
32      </html>
```

运行结果如图 4-11 所示。

可以看出，页面中确实实现了背景的渐变，在 jQuery Mobile 中只要是可以使用背景的地方就可以使用渐变，如按钮、列表等。渐变的方式主要分为线性渐变和放射性渐变，本例中使用的渐变就是线性渐变。

图 4-11　线性渐变的背景

由于各浏览器对渐变效果的支持程度不同，因此必须对不同的浏览器做出一些区分，如代码中第 12~17 行是针对 WebKit 内核浏览器而做的样式，而第 18~23 行则是针对 Firefox 的。

4.7　另一种对话框

第 4.5 节介绍了一种利用 JavaScript 实现的对话框，但是随着 jQuery Mobile 新版本的出现，又有一些原生的对话框效果可供选择。

【范例 4-11　一种新的对话框】

```
01    <!DOCTYPE html>
02    <html>
03    <head>
04    <meta http-equiv="Content-Type" content="text/html; charset=utf-8" />
05    <meta name="viewport" content="width=device-width, initial-scale=1">
06    <link rel="stylesheet" href="jquery.mobile.min.css" />
07    <script src="jquery-1.7.1.min.js"></script>
08    <script src="jquery.mobile.min.js"></script>
09    </head>
10    <body>
11        <div data-role="page">
12          <a href="#popupBasic" data-rel="popup" data-role="button">请点击按钮</a>
13            <div data-role="popup" id="popupBasic"><!--data-role="popup"声明一个
对话框-->
14                 <p>这是一个新的对话框</p>              <!--对话框中的内容-->
15            </div>
16        </div>
17    </body>
18    </html>
```

运行后单击页面上的"请点击按钮"按钮，出现的样式如图 4-12 所示。

图 4-12　新的对话框

本范例非常短小，可是却并不简单，首先它提前使用了"按钮"这一页面元素，其次是对话框的使用需要设置一些特殊的属性。

代码第 13 行包含属性 data-role="popup"，它将 div 标签以及其中的内容声明为一个对话框的样式，通过属性 id="popupBasic"为它设置了 ID。再看代码第 12 行 href="#popupBasic"，指定了该
按钮的作用是打开 id 为 popupBasic 的对话框。另外为了使按钮能够打开对话框，还要给按钮加入
属性 data-rel="popup"。

 同样可以使用前面介绍过的 data-transition 来定义对话框弹出的样式。

4.8　对话框的高级属性

　　上一节介绍了一种新的对话框使用方法，但是显然这样简单的对话框只能作为一种提示符来
使用，无法满足开发时的需求。为此笔者专门查阅了 jQuery Mobile 的说明文档，发现原来对话框
也是有许多高级属性的，这些属性将在范例 4-12 中做出说明。

【范例 4-12　对话框的高级属性】

```
01  <!DOCTYPE html>
02  <html>
03  <head>
04  <meta http-equiv="Content-Type" content="text/html; charset=utf-8" />
05  <title>对话框的高级属性</title>
06  <meta name="viewport" content="width=device-width, initial-scale=1">
07  <link rel="stylesheet" href="jquery.mobile.min.css" />
08  <script src="jquery-1.7.1.min.js"></script>
09  <script src="jquery.mobile.min.js"></script>
10  </head>
11  <body>
12      <div data-role="page">
13          <div data-role="header">
14              <h1>对话框的高技属性</h1>
15          </div>
16          <div data-role="content">
17              <a href="#popupCloseRight" data-rel="popup" data-role="button">
右边关闭</a>
18              <a href="#popupCloseLeft" data-rel="popup" data-role="button">
左边关闭</a>
19              <a href="#popupUndismissible" data-rel="popup" data-role=
"button" >禁用关闭</a>
20              <a href="#popupCloseRight1" data-rel="popup" data-role=
```

"button">另一种右边关闭</a>

```
21                  <a href="#popupCloseLeft1" data-rel="popup" data-role="button">
另一种左边关闭</a>
22                  <a href="#popupUndismissible1" data-rel="popup" data-role=
"button" >另一种禁用关闭</a>
23                  <div data-role="popup" id="popupCloseRight" class="ui-content"
style="max-width:280px">
24                      <a href="#" data-rel="back" data-role="button" data-theme=
"a" data-icon="delete" data-iconpos="notext" class="ui-btn-right">Close</a>
25                      <p>点击右侧的叉叉可以关闭对话框</p>
26                  </div>
27                  <div data-role="popup" id="popupCloseLeft" class="ui-content"
style="max-width:280px">
28                      <a href="#" data-rel="back" data-role="button" data-theme=
"a" data-icon="delete" data-iconpos="notext" class="ui-btn-left">Close</a>
29                      <p>点击左侧的叉叉可以关闭对话框</p>
30                  </div>
31                  <div data-role="popup" id="popupUndismissible" class=
"ui-content" style="max-width:280px" data-dismissible="false">
32                      <a href="#" data-rel="back" data-role="button" data-theme
="a" data-icon="delete" data-iconpos="notext" class="ui-btn-left">Close</a>
33                      <p>点击屏幕的空白区域无法关闭</p>
34                  </div>
35                  <div data-role="popup" id="popupCloseRight1" class="ui-content"
style="max-width:280px">
36                      <div data-role="header" data-theme="a" class="ui-corner-top">
37                          <h1>空白标题</h1>
38                      </div>
39                      <a href="#" data-rel="back" data-role="button" data
-theme="a" data-icon="delete" data-iconpos="notext" class="ui-btn-right">Close</a>
40                      <p>点击右侧的叉叉可以关闭对话框</p>
41                  </div>
42                  <div data-role="popup" id="popupCloseLeft1" class="ui-content"
style="max-width:280px">
43                      <div data-role="header" data-theme="a" class="ui-corner-top">
44                          <h1>空白标题</h1>
45                      </div>
46                      <a href="#" data-rel="back" data-role="button" data-theme
="a" data-icon="delete" data-iconpos="notext" class="ui-btn-left">Close</a>
```

```
47                    <p>点击左侧的叉叉可以关闭对话框</p>
48               </div>
49               <div data-role="popup" id="popupUndismissible1" class=
"ui-content" style="max-width:280px" data-dismissible="false">
50               <div data-role="header" data-theme="a" class="ui-corner-top">
51                    <h1>这是一个对话框的标题</h1>
52                    </div>
53                    <a href="#" data-rel="back" data-role="button" data-theme=
"a" data-icon="delete" data-iconpos="notext" class="ui-btn-left">Close</a>
54                    <p>点击屏幕的空白区域无法关闭</p>
55                    </div>
56               </div>
57          </div>
58     </body>
59     </html>
```

运行结果如图 4-13 所示。

图 4-13　对话框的高级属性

依次单击页面上的 6 个按钮会出现如图 4-14~图 4-19 所示的界面。经过观察可以发现，新的对话框相比之前增加了一个关闭键和顶部的标题。在 jQuery Mobile 中非常容易实现这样的效果。在代码第 24 行有一句：

```
<a href="#" data-rel="back" data-role="button" data-theme="a" data-icon="delete"
data-iconpos="notext" class="ui-btn-right">Close</a>
```

这实际上定义了一个按钮，关于实现按钮的方法将在后面进行讲解，本节只需要知道这行代码加入到对话框中后，就可以作为对话框右上角的按钮来使用，如图 4-14 所示。当然也可以将属性 calss=" ui-btn-right "改为 calss=" ui-btn-left "，使按钮位置变为对话框的左上角。

再对比图 4-15 和图 4-16，对话框似乎没有发生什么变化，可是从代码中可以看出它们确实不一样（第 27 行和第 31 行）。在第 31 行中多了一个属性 data-dismissible="false"。重新打开图 4-15 对应的对话框，点击屏幕在对话框外的空白区域可以发现对话框消失了，而点击图 4-16 所示对话框外的空白区域却没有任何变化。也就是说，带有属性 data-dismissible="false"，则不能依靠点击屏幕的空白区域来取消。

再看图 4-17~图 4-19，可以发现对话框中多了一个标题栏，这是 36~38 行代码的功劳，它使用了头部栏的一些样式，与按钮一样，这也是今后要讲解的内容，此处不再赘述。

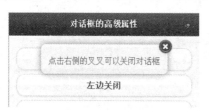

图 4-14　对话框的关闭键在右侧

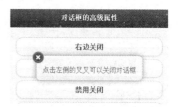

图 4-15　对话框的关闭键在左侧

图 4-16　对话框无法靠点击空白区域关闭

图 4-17　对话框的标题

图 4-18　对话框的标题

图 4-19　对话框的标题

4.9　基于 jQuery Mobile 的简单相册

前面介绍了 jQuery Mobile 中对话框的一些用法，但是在上一节中使用了太多没有介绍过的控件。为了弥补这一过错，笔者绞尽脑汁想到了一个既简单又能激发读者兴趣的例子：一个基于 jQuery Mobile 对话框实现的相册。

【范例 4-13　基于 jQuery Mobile 对话框实现的简单相册】

```
01    <!DOCTYPE html>
02    <html>
03    <head>
```

```
04    <meta http-equiv="Content-Type" content="text/html; charset=utf-8" />
05    <meta name="viewport" content="width=device-width, initial-scale=1">
06    <link rel="stylesheet" href="jquery.mobile.min.css" />
07    <script src="jquery-1.7.1.min.js"></script>
08    <script src="jquery.mobile.min.js"></script>
09    </head>
10    <body>
11        <div data-role="page">
12          <a href="#popup_1" data-rel="popup" data-position-to="window">
13              <img src="p1.jpg" style="width:49%">  <!--在标签a中加入img标签-->
14          </a>
15          <a href="#popup_2" data-rel="popup" data-position-to="window">
16              <img src="p2.jpg" style="width:49%">
17          </a>
18          <a href="#popup_3" data-rel="popup" data-position-to="window">
19              <img src="p3.jpg" style="width:49%">
20          </a>
21          <a href="#popup_4" data-rel="popup" data-position-to="window">
22              <img src="p4.jpg" style="width:49%">
23          </a>
24          <a href="#popup_5" data-rel="popup" data-position-to="window">
25              <img src="p5.jpg" style="width:49%">
26          </a>
27          <a href="#popup_6" data-rel="popup" data-position-to="window">
28              <img src="p6.jpg" style="width:49%">
29          </a>
30          <div data-role="popup" id="popup_1">
31              <a href="#" data-rel="back" data-role="button" data-icon=
"delete" data-iconpos="notext" class="ui-btn-right">Close</a>
32              <img src="p1.jpg" style="max-height:512px;">
33          </div>
34          <div data-role="popup" id="popup_2">
35              <a href="#" data-rel="back" data-role="button" data-icon=
"delete" data-iconpos="notext" class="ui-btn-right">Close</a>
36              <img src="p2.jpg" style="max-height:512px;" alt="Sydney, Australia">
37          </div>
38          <div data-role="popup" id="popup_3">
39              <a href="#" data-rel="back" data-role="button" data-icon=
"delete" data-iconpos="notext" class="ui-btn-right">Close</a>
```

```
40              <img src="p3.jpg" style="max-height:512px;" alt="New York, USA">
41          </div>
42          <div data-role="popup" id="popup_4">
43              <a href="#" data-rel="back" data-role="button" data-icon=
"delete" data-iconpos="notext" class="ui-btn-right">Close</a>
44              <img src="p4.jpg" style="max-height:512px;">
45          </div>
46          <div data-role="popup" id="popup_5">
47              <a href="#" data-rel="back" data-role="button" data-icon=
"delete" data-iconpos="notext" class="ui-btn-right">Close</a>
48              <img src="p5.jpg" style="max-height:512px;" alt="Sydney, Australia">
49          </div>
50          <div data-role="popup" id="popup_6">
51              <a href="#" data-rel="back" data-role="button" data-icon=
"delete" data-iconpos="notext" class="ui-btn-right">Close</a>
52              <img src="p6.jpg" style="max-height:512px;" alt="New York, USA">
53          </div>
54      </div>
55  </body>
56  </html>
```

其中 p1.jpg~p6.jpg 均是笔者在百度图片中找到的图片，可将它们下载到与该页面相同的文件夹中，运行后的效果如图 4-20 所示。

图 4-20　相册界面

提　示　要注意图片名称一定得是 p(n).jpg，其中（n）表示的是 1~6 中的某个数字。

　　单击页面中的某张图片，该图片将会以对话框的形式被放大显示，如图 4-21 所示。代码第 12~14 行展示了页面中一个图片的显示，它利用一对 a 标签将一个图片包裹在其中，这就使得其中的图片具有了按钮的某些功能，如在本例中就是靠单击图片来呼出对话框。

　　另外有心的读者也许已经注意到，在代码第 12 行出现了一个新的属性 data-position-to="window"，它的作用是使弹出的对话框位于屏幕正中，而不再是位于呼出这个对话框的按钮附近。图 4-22 为取消该属性后的效果。

图 4-21　对话框中的图片

图 4-22　对话框不再位于页面的中央

4.10　总结

　　本章介绍的内容虽然非常简单，但却是利用 jQuery Mobile 开发复杂程序的基础，而本章介绍的对话框更是实现软件交互性必不可少的元素。通过本章的学习，读者一定也已经认识到，即使是最基本的控件，只要灵活地使用也一定能够实现比较复杂的功能。因此，希望读者在完成本章的学习后能够理论联系实际，对页面与对话框控件的功能多加琢磨。

第 5 章

◀ 工具栏的使用 ▶

本章将介绍 jQuery Mobile 开发中用于实现导航功能的控件，一般称之为工具栏。工具栏主要包括头部栏和尾部栏，它们常常被固定在屏幕的上下两侧，用来实现返回功能和各功能模块间的切换，对于界面的美化也有重要的作用。jQuery Mobile 毕竟是专为移动 Web 端设计的开发工具，因此想要使移动 APP 用户得到更好的用户体验，就需要使用工具栏的一些高级属性。

本章主要的知识点包括：

- 将头部栏和尾部栏分别固定在屏幕上下两端的方法
- 设计流行的滑动门布局
- 面板控件的使用方法

5.1 稍微复杂的页面

在享受 jQuery Mobile 为开发带来的便利的同时，不知道读者有没有考虑过一个问题，页面中除了 page 是不是还应该有一点别的东西呢？希望读者能给出肯定的答案。

5.1.1 尝试使用工具栏

无论是网站还是应用，在屏幕的上下两端总有一些固定的栏目，一般被称为顶部栏和尾部栏，也可以叫做头部栏和尾部栏（有些地方也翻译为页眉和页脚）。它们对于一款应用界面的完整性有非常重要的作用。图 5-1 是在百度图片中找到的一组 UI 设计，通过观察不难发现，在每一个页面中都存在头部栏和尾部栏。本节将介绍利用 jQuery Mobile 实现头部栏与尾部栏的方法。

图 5-1　一组 UI 界面

实现该效果的具体代码如范例 5-1 所示。

【范例 5-1　利用 jQuery Mobile 实现的头部栏和尾部栏】

```
01  <!DOCTYPE html>
02  <html>
03  <head>
04  <meta http-equiv="Content-Type" content="text/html; charset=utf-8" />
05  <meta name="viewport" content="width=device-width, initial-scale=1">
06  <!--<script src="cordova.js"></script>-->
07  <link rel="stylesheet" href="jquery.mobile.min.css" />
08  <script src="jquery-1.7.1.min.js"></script>
09  <script src="jquery.mobile.min.js"></script><!--引入 jQuery Mobile 需要的脚本-->
10  </head>
11  <body>
12      <div data-role="page">
13        <div data-role="header">                 <!--此处为头部栏-->
14           <h1>头部栏</h1>                         <!--为头部栏加入标题-->
15        </div>
16        <h1>在页面中加入工具栏</h1>
17        <h1>在页面中加入工具栏</h1>
18        <h1>在页面中加入工具栏</h1>
19        <h1>在页面中加入工具栏</h1>
20        <h1>在页面中加入工具栏</h1>
21        <h1>在页面中加入工具栏</h1>
22        <div data-role="footer">                 <!--此处为尾部栏-->
23           <h1>尾部栏</h1>                         <!--为尾部栏加入标题-->
25        </div>
26      </div>
27  </body>
```

运行结果如图 5-2 所示。

在范例代码的第 16~21 行，笔者将同样的内容重复了 6 遍，可以删除掉页面中重复的内容，然后看一下效果，如图 5-3 所示。

多次重复同样内容的目的只是为了让其中的内容正好填满整个屏幕，以使页面看上去比较符合用户的审美标准。如果将这部分重复的内容去掉，或是再多重复几遍使页面内容超出屏幕范围，则会出现不完美的结果。读者可以尝试将第 16~21 行的内容再重复几遍，然后看看显示的效果，如图 5-4 和图 5-5 所示。

当页面内容超出屏幕范围时，屏幕中仅能显示页面中的一部分内容，和传统的 Web 页面一样，jQuery Mobile 也是默认先显示页面的顶端部分。因此在图 5-4 中仅显示了头部栏和一部分页面内容。也可以通过拖拽的方式看到页面底部被隐藏的内容（这里的隐藏指的是由于超出屏幕范围而没有被显示的部分）。如图 5-5 中，可以想象到头部栏应该位于屏幕上方看不见的地方，而屏幕下方则显示出尾部栏。

如果在 PC 上测试该程序，当用浏览器打开一个页面时，浏览器上会显示出标题"头部栏"，但代码中并不存在 title 标签，读者可以考虑一下这是什么原因。

 一般情况下，jQuery Mobile 会默认将头部栏中的内容作为页面的标题使用。

图 5-2 利用 jQuery Mobile 实现头部栏与尾部栏

图 5-3 删除范例中重复内容后的页面效果

图 5-4 页面内容超出屏幕范围时仅显示头部栏

图 5-5 头部栏看不到了

5.1.2 让工具栏固定

上一小节介绍了 jQuery Mobile 的重要控件——工具栏，但是范例 5-1 的定位方式显然让用户很不习惯。毕竟手机应用的工具栏大多是固定的，而越来越多的 Web 应用也开始使用浮动条的方式让导航悬浮在一个固定的位置。各位现在可以打开手机，找到浏览器（不管是什么浏览器），这里使用的是 UC 浏览器，如图 5-6 所示。

图 5-6　UC 浏览器的界面

可以看到选项卡的标题有"书签"和"历史"，它们可以看作是浏览器的头部栏，它被牢牢地固定在屏幕上方，而尾部栏则固定在屏幕的底部，它们中间的控件才是页面的主要内容。这样的界面才是 APP 用户所喜爱的，但在上一小节的范例中，显然 jQuery Mobile 没有实现这样的效果。事实上，利用 jQuery Mobile 让它们固定在屏幕的头部和底部是一件非常轻松的事情。具体做法如范例 5-2 所示。

【范例 5-2　让工具栏位置固定】

```
01  <!DOCTYPE html>                                        <!--声明 HTML 5-->
02  <html>
03  <head>
04  <meta http-equiv="Content-Type" content="text/html; charset=utf-8" />
05  <meta name="viewport" content="width=device-width, initial-scale=1">
06  <!--<script src="cordova.js"></script>--><!--使用 PhoneGap 生成 APP 使用-->
07  <link rel="stylesheet" href="jquery.mobile.min.css" />
08  <script src="jquery-1.7.1.min.js"></script>          <!--引入 jQuery 脚本-->
09  <script src="jquery.mobile.min.js"></script><!--引入 jQuery Mobile 脚本-->
10  </head>
11  <body>
12      <div data-role="page">
13          <div data-role="header" data-position="fixed"><!--设置头部栏为"固定"-->
14              <h1>头部栏</h1>
15          </div>
```

```
16              <h1>在页面中加入工具栏</h1>
17              <h1>在页面中加入工具栏</h1>
18              <h1>在页面中加入工具栏</h1>
19              <h1>在页面中加入工具栏</h1>
20              <h1>在页面中加入工具栏</h1>
21              <h1>在页面中加入工具栏</h1>
22              <h1>在页面中加入工具栏</h1>
23              <h1>在页面中加入工具栏</h1>
24              <h1>在页面中加入工具栏</h1>
25              <h1>在页面中加入工具栏</h1>
26              <h1>在页面中加入工具栏</h1>
27              <h1>在页面中加入工具栏</h1>
28              <div data-role="footer"  data-position="fixed"><!--设置尾部栏为"固定"-->
29                  <h1>尾部栏</h1>
30              </div>
31          </div>
32      </body>
33  </html>
```

保存后，运行效果如图 5-7 所示。

可以看出，页面中不断重复的内容所占的面积已经超出了屏幕所能显示的范围。按照常理，当头部栏被显示的时候，尾部栏应当在屏幕之外，无法看到，可是从图 5-7 中可以清楚地看出，头部栏和尾部栏整齐地位于屏幕的顶部和底部，页面内容则位于它们之间。

图 5-7 的右侧可以看到一个滚动条，这对页面整体的美观造成了一定的影响，实际上页面侧面的滚动条只是在 PC 端浏览器上会很明显，在手机浏览器上对视觉的影响几乎可以忽略。读者可以在自己的手机上打开一个网页来进行验证。

可以再尝试将代码第 16~27 行重复的部分去掉，只留下一行文字，使页面留下大量的空白，运行结果如图 5-8 所示。

图 5-7 固定位置的工具栏

图 5-8 页面大量留空后工具栏依然固定

从图 5-8 不难看出，在页面存在大量空白的情况下，尾部栏顶端与页面内容底部的空白被自动填充了相应主题的背景色。这下可以确认工具栏确实是被固定在屏幕中了。

　　这样的效果是怎样实现的呢？观察代码第 13 行和第 28 行，可以看到在头部栏与尾部栏的标签上多出了一组属性 data-position=" fixed "。只经过这项简单的设置就可以让工具栏固定在令人赏心悦目的位置。

 笔者在最初学习使用这一属性时，尝试了许多次都没有成功让工具栏位置固定。原因是当时在国内某个小型下载站上下载的 jQuery Mobile 插件，而这款插件大概是被人为修改过的。在此提醒读者在下载各种插件时（不仅仅是 jQuery Mobile），一定要尽可能地从官方网站下载，或者尽量从一些大型网站下载。

5.1.3　一次无聊的实验

　　就在刚刚，笔者突然想到了一件非常无聊的事情，如果把头部栏和尾部栏的位置调换一下会发生什么事情？于是就有了范例 5-3。

【范例 5-3　调换头部栏与尾部栏的位置】

```
01    <!DOCTYPE html>                                    <!--声明 HTML 5-->
02    <html>
03    <head>
04    <meta http-equiv="Content-Type" content="text/html; charset=utf-8" />
05    <meta name="viewport" content="width=device-width, initial-scale=1">
      <!--设置页面显示-->
06    <!--<script src="cordova.js"></script>-->   <!--为 PhoneGap 生成 APP 备用-->
07    <link rel="stylesheet" href="jquery.mobile.min.css" /> <!--引入 jQuery Mobile
样式文件-->
08    <script src="jquery-1.7.1.min.js"></script>  <!--引入 jQuery 脚本-->
09    <script src="jquery.mobile.min.js"></script><!--引入 jQuery Mobile 脚本-->
10    </head>
11    <body>
12      <div data-role="page">
13        <div data-role="footer" data-position="fixed"><!--注意! 这个是尾部栏-->
14          <h1>尾部栏</h1>                              <!--加入标题便于区分-->
15        </div>
16        <h1>在页面中加入工具栏</h1>
17        <h1>在页面中加入工具栏</h1>
18        <h1>在页面中加入工具栏</h1>
19        <h1>在页面中加入工具栏</h1>
20        <h1>在页面中加入工具栏</h1>
```

```
21              <h1>在页面中加入工具栏</h1>
22              <h1>在页面中加入工具栏</h1>
23              <h1>在页面中加入工具栏</h1>
24              <h1>在页面中加入工具栏</h1>
25              <h1>在页面中加入工具栏</h1>
26              <h1>在页面中加入工具栏</h1>
27              <h1>在页面中加入工具栏</h1>
28              <div data-role="header"  data-position="fixed"><!--这个才是头部栏-->
29                  <h1>头部栏</h1>                        <!--同样要加入标注-->
30              </div>
31          </div>
32      </body>
33  </html>
```

运行结果如图 5-9 所示。

可以清楚地看到，头部栏依然固定在屏幕的顶端，尾部栏依然固定在屏幕的底端，没有发生位置相互颠倒的现象。这是为什么呢？大概是因为 jQuery Mobile 是根据 CSS 的样式对控件进行渲染的，那么问题是不是出在 CSS 上？打开 jQuery Mobile 的 CSS 文件看一下，文件内容如图 5-10 所示。

图 5-9　调换头部栏和尾部栏的位置

```
.ui-header-fixed,.ui-footer-fixed{left:0;right:0;width:100%;position:fixed;z-index:1000}
.ui-header-fixed{top:-1px;padding-top:1px}
.ui-header-fixed.ui-fixed-hidden{top:0;padding-top:0}
.ui-footer-fixed{bottom:-1px;padding-bottom:1px}
.ui-footer-fixed.ui-fixed-hidden{bottom:0;padding-bottom:0}
.ui-header-fullscreen,.ui-footer-fullscreen{filter:Alpha(Opacity=90);opacity:.9}
.ui-page-header-fixed{padding-top:2.6875em}.ui-page-footer-fixed{padding-bottom:2.6875em}
```

图 5-10　jQuery Mobile 中的一部分代码

代码第一句.ui-header-fixed,.ui-footer-fixed{left:0;right:0;width:100%;position:fixed;z-index:1000}，表示当头部栏和尾部栏的 data-position 属性为 fixed 时，定位方式为自适应，同时 z-index 值为 1000，这就保证了头部栏和尾部栏最终一定能浮于页面中其他控件上方。同时可以看出头部栏使用了属性 top:0 或 top:-1px;padding-top:1px，本质上都是让头部栏紧贴屏幕最顶端的位置。footer 元素也有类似的设计，只不过是将 top 换成了 bottom，至于其他的样式读者可以自己试着去分析。

> **提示**
>
> 可以通过修改 CSS 样式来设置其他的工具栏。

实验结束，笔者将它定义为一次无聊的实验，但是却让笔者对工具栏的理解更加深刻了，并最终得出这个实验的结论：jQuery Mobile 工具栏的位置与代码中的位置无关。

5.2　方便的快捷键

上一节连续给出了 3 个实例，已经将工具栏的基本使用方法讲解得非常透彻了，本节就带领读者更上一层楼。图 5-11 是一款音乐播放器的界面，其中有一个非常明显的头部栏，在头部栏的左侧有一个"返回"按钮，它的功能是返回之前的界面。

图 5-11　工具栏按钮的一个例子

在 jQuery Mobile 中可以很容易地实现这种布局样式，接下来将在范例 5-4 中展示了实现，这种效果的方法。

【范例 5-4　头部栏中的返回键】

```
01   <!DOCTYPE html>                                      <!--声明 HTML 5-->
02   <html>
03   <head>
04   <meta http-equiv="Content-Type" content="text/html; charset=utf-8" />  <!--
声明编码方式-->
05   <meta name="viewport" content="width=device-width, initial-scale=1">
06   <!--<script src="cordova.js"></script>-->          <!--备用生成APP的JS文件-->
07   <link rel="stylesheet" href="jquery.mobile.min.css" />  <!-- 引 入 jQuery
Mobile 样式-->
08   <script src="jquery-1.7.1.min.js"></script>   <!--引入jQuery 脚本-->
```

```
09    <script src="jquery.mobile.min.js"></script>  <!--引入 jQuery Mobile 脚本-->
10    </head>
11    <body>
12        <div data-role="page">
13            <div data-role="header" data-position="fixed">
14                <a href="#">返回</a>                <!--第一个按钮-->
15                <h1>头部栏</h1>
16                <a href="#">设置</a>                <!--另一个按钮-->
17            </div>
18            <h1>
19                有按钮的头部栏
20            </h1>
21            <div data-role="footer" data-position="fixed">
22                <h1>尾部栏</h1>
23            </div>
24        </div>
25    </body>
26    </html>
```

运行结果如图 5-12 所示。

图 5-12   有按钮的头部栏

在图中可以看到头部栏上多了两个按钮，头部栏中的按钮却与真正的按钮有所区别。

首先，在头部栏中使用标签<a>后，标签中的内容会自动转化为按钮的样式（见代码第 14 行与第 16 行）。

其次，在头部栏中使用按钮，将会自动与标题等内容排成一行而不是一行一行地显示，这一点是 jQuery Mobile 非常明智的决定。再深入学习 jQuery Mobile 后就会发现，jQuery Mobile 中的大多数控件都是一个空间占有独立的一行多行排列的，而头部栏按钮却与内容在同一行。

本范例并没有为按钮加入链接，在这种情况下（专指在头部栏中的按钮）会默认被渲染成"返回"键的功能。

5.3 失效的按钮

上一节分享了一个在头部栏中加入按钮的例子,读者可以知道,只要在头部栏中加入标签
<a>,它就能被自动渲染成按钮的样子。但是假如不需要使用这些样式,该怎么办呢?也许直接
修改 CSS 文件中的样式是一个不错的办法,但是这样未免有些太麻烦了,这里介绍一种更好的办
法,如范例 5-5 所示。

【范例 5-5 让头部栏中的按钮失效】

```
01   <!DOCTYPE html>                                      <!--声明 HTML 5-->
02   <html>
03   <head>
04   <meta http-equiv="Content-Type" content="text/html; charset=utf-8" />   <!--
声明编码方式-->
05   <meta name="viewport" content="width=device-width, initial-scale=1">
06   <!--<script src="cordova.js"></script>-->     <!--备用生成 APP 的 JS 文件-->
07   <link rel="stylesheet" href="jquery.mobile.min.css" /><!--引入 jQuery Mobile
样式-->
08   <script src="jquery-1.7.1.min.js"></script>      <!--引入 jQuery 脚本-->
09   <script src="jquery.mobile.min.js"></script> <!--引入 jQuery Mobile 脚本-->
10   </head>
11   <body>
12       <div data-role="page">
13         <div data-role="header" data-position="fixed">
14            <div>                              <!--这里加入一个<div>标签-->
15               <a href="#">返回</a>                    <!--这不是一个按钮-->
16               <h1>头部栏</h1>
17               <a href="#">设置</a>                  <!--这也不是一个按钮-->
18            </div>
19         </div>
20         <h1>
21             有按钮的头部栏
22         </h1>
23         <div data-role="footer" data-position="fixed">
24             <h1>尾巴部栏</h1>
25         </div>
26       </div>
27   </body>
28   </html>
```

运行效果如图 5-13 所示。

通过与图 5-12 对比可以清楚地看出,头部栏中原本应该是按钮的地方变成了链接的样式,看
来 jQuery Mobile 取消了对标签<a>的渲染。先看范例代码第 13~19 行,这部分声明了页面的头部

栏内容，但是对比范例 5-2 中这部分的内容可以发现，在第 14 行和第 18 行多了一个 div 标签。

在 jQuery Mobile 中，有时会出现某些标签被默认渲染成某种样式的情况（比如头部栏中的<a>标签）。如果不想使用这种样式，可以试着在该标签外套一个<div>（或是其他对页面没有影响的标签），然后看看是否会有满意的结果。

虽然用回连接的样式，再看一下图 5-13 的界面，实在是太丑了，因此一定不要忘记把链接的样式修改得美观一点。

图 5-13　让头部栏中的按钮效果消失

5.4　导航栏的应用

不知道读者有没有接触过选项卡这种控件，相信大多数人都是接触过的。图 5-14、图 5-15 和图 5-16 分别给出 3 种选项卡图片，让读者先了解选项卡到底是什么样的。

图 5-14　Web 中常用的选项卡

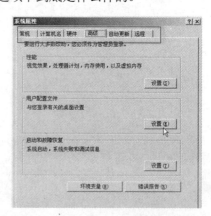

图 5-15　Windows 2000 中的选项卡

图 5-16 手机微信界面中的选项卡

看到图 5-16，读者也许会提出疑问，原来这也是选项卡啊！可是这和本节标题中的导航栏有什么关系呢？

原来，在移动 APP 中，选项卡常常被用作一款应用的导航。如图 5-16 中的微信，尾部栏的导航栏就说明了微信的 4 大功能，即"发信息（微信）"、"通讯录"、"找朋友"和"设置"。

使用这样的导航栏（或者说选项卡）能够在手机屏幕面积有限的情况下实现更多的功能，相信大家也都深有体会，而且这种界面很重要的一个优点就是非常美观。下面就来实现这样的效果。

【范例 5-6　导航栏的使用】

```
01    <!DOCTYPE html>                                        <!--声明 HTML 5-->
02    <html>
03    <head>
04    <meta http-equiv="Content-Type" content="text/html; charset=utf-8" />    <!--
声明编码方式-->
05    <meta name="viewport" content="width=device-width, initial-scale=1">
06    <!--<script src="cordova.js"></script>-->          <!--备用生成 APP 的 JS 文件-->
07    <link rel="stylesheet" href="jquery.mobile.min.css" />              <!--
引入 jQuery Mobile 样式-->
08    <script src="jquery-1.7.1.min.js"></script>      <!--引入 jQuery 脚本-->
09    <script src="jquery.mobile.min.js"></script>     <!--引入 jQuery Mobile 脚本-->
10    </head>
11    <body>
12        <div data-role="page">
13            <div data-role="header" data-position="fixed">
14                <a href="#">返回</a>
15                <h1>头部栏</h1>
16                <a href="#">设置</a>
17            </div>
```

```
18          <h1>导航栏的使用 </h1>
19          <h1>导航栏的使用 </h1>
20          <h1>导航栏的使用 </h1>
21          <h1>导航栏的使用 </h1>
22          <h1>导航栏的使用 </h1>
23          <h1>导航栏的使用 </h1>
24          <h1>导航栏的使用 </h1>
25          <div data-role="footer" data-position="fixed">
26              <div  data-role="navbar">              <!--导航栏栏开始  -->
27                  <ul>                               <!--使用ul 标签-->
28                      <li><a  id="weixin"  href="#"  data-icon="custom"> 微 信
</a></li>
                    <!--使用li 标签嵌套 a 标签即会自动生成导航栏的样式 -->
29                  <li><a id="tongxun" href="#" data-icon="custom">通讯录</a></li>
30                  <li><a id="friend" href="#" data-icon="custom">找朋友</a></li>
31                  <li><a id="set" href="#" data-icon="custom">设置</a></li>
32                  </ul>                              <!--导航栏结束-->
33              </div>
34          </div>
35      </div>
36  </body>
37  </html>
```

运行结果如图 5-17 所示。

第 25~34 行的内容为尾部栏，但是其中加入了一个新的标签<div data-role="navbar">。在这个标签中嵌套使用了<ul>与<li>标签，使导航栏自动被分成了 4 栏。

 并不一定要分成 4 栏，分栏的数目是根据标签<li>的数量决定的，但是最多不超过 5 栏。

图 5-17　工具栏的使用

实际上这种写法并不是很标准，按照 jQuery Mobile API 上的规定，应当在 navbar 控件中加入一组属性来标识导航栏分为几栏，比如本例就应当写成：

```
<div  data-role="navbar"  data-grid="c">
```

其中 data-grid 的值"c"就表示将导航栏分为 4 部分，那么以此类推，"a"自然就表示分为两栏。值得注意的是，当分栏数目大于 5 时，导航栏将自动分为多行，图 5-18 是 jQuery Mobile 对这时的导航栏外观所做的截图。

One	Two
Three	Four
Five	Six
Seven	Eight
Nine	Ten

图 5-18　分为 10 栏的导航栏

虽然说导航栏的一行最多可以分成 5 栏，建议最好不要分这么多栏，因为在一些屏幕较小的手机上可能无法显示完整的内容。

在 navbar 标签中继续使用标签<a>，同样可以让标签中的内容自动渲染为按钮，但是图 5-16 中的按钮显然与过去印象中的按钮有所不同，因为它带上了图标（在介绍按钮的章节里还会了解到这个图标）。第 28 行用 data-icon="custom"属性设置图标为默认值。

jQuery Mobile 给出了许多可以直接调用的图标，具体使用方法将在本书接下来的"按钮"一章中详细介绍。

5.5　导航栏的全屏属性

现在再看一组代码：

```
01    .ui-header-fixed,.ui-footer-fixed{left:0;right:0;width:100%;position:
fixed;z-index:1000}
02    .ui-header-fixed{top:-1px;padding-top:1px}
03    .ui-header-fixed.ui-fixed-hidden{top:0;padding-top:0}
04    .ui-footer-fixed{bottom:-1px;padding-bottom:1px}
05    .ui-footer-fixed.ui-fixed-hidden{bottom:0;padding-bottom:0}
06    .ui-header-fullscreen,.ui-footer-fullscreen{filter:Alpha(Opacity=90);
opacity:.9}
07    .ui-page-header-fixed{padding-top:2.6875em}
```

```
08    .ui-page-footer-fixed{padding-bottom:2.6875em}
```

上面代码中的第 6 行，竟然设定了某种样式下的头部栏和尾部栏要保持一定的透明度。原来导航栏还有一个 data-fullscreen 的属性，下面是使用该属性的一个例子。

【范例 5-7　导航栏使用 data-fullscreen 的一个例子】

```
01    <!DOCTYPE html>                                              <!--声明 HTML 5-->
02    <html>
03    <head>
04    <meta http-equiv="Content-Type" content="text/html; charset=utf-8" />   <!--
声明编码方式-->
05    <meta name="viewport" content="width=device-width, initial-scale=1">
06    <!--<script src="cordova.js"></script>-->          <!--备用生成 APP 的 JS 文件-->
07    <link rel="stylesheet" href="jquery.mobile.min.css" />                   <!--
引入 jQuery Mobile 样式-->
08    <script src="jquery-1.7.1.min.js"></script>      <!--引入 jQuery 脚本-->
09    <script src="jquery.mobile.min.js"></script>     <!--引入 jQuery Mobile 脚本-->
10    </head>
11    <body>
12        <div data-role="page">
13            <div data-role="header" data-fullscreen="true"><!--头部栏加入全屏属性-->
14                <a href="#">返回</a>
15                <h1>头部栏</h1>
16                <a href="#">设置</a>
17            </div>
18            <h1>导航栏的使用 </h1>
19            <h1>导航栏的使用 </h1>
20            <h1>导航栏的使用 </h1>
21            <h1>导航栏的使用 </h1>
22            <h1>导航栏的使用 </h1>
23            <h1>导航栏的使用 </h1>
24            <h1>导航栏的使用 </h1>
25            <div data-role="footer" data-fullscreen="true"><!--尾部栏加入全屏属性-->
26                <div  data-role="navbar">
27                    <ul>
28                        <li><a id="weixin" href="#" data-icon="custom"> 微 信
</a></li>
29                        <li><a id="tongxun" href="#" data-icon="custom">通讯录
</a></li>
```

```
30                          <li><a id="friend" href="#" data-icon="custom">找朋友
</a></li>
31                          <li><a  id="set"  href="#"  data-icon="custom"> 设 置
</a></li>
32                     </ul>
33                 </div>
34              </div>
35          </div>
36     </body>
37     </html>
```

运行结果如图 5-19 所示。

图 5-19 data-fullscreen 属性的使用

仔细观察图 5-19 可以发现，头部栏和尾部栏确实有了一点透明的效果（尾部栏中尤其明显）。

为什么会有这个属性呢？当然是为了让用户能有一种全屏的感受。想一想，一些用户交互性较好的视频播放器，在全屏播放视频时是不是会以半透明的形式来显示进度条？不过笔者觉得透明度应该再加强一些会更好。

5.6 内容栏的使用

上一节介绍了工具栏中一个名为 data-fullscreen 的属性，可能有些读者会感觉一头雾水，下面先来看范例 5-8 的内容。

【范例 5-8 在页面中加入内容栏】

```
01     <!DOCTYPE html>                                          <!--声明 HTML 5-->
02     <html>
03     <head>
```

101

```
04    <meta http-equiv="Content-Type" content="text/html; charset=utf-8" />    <!--
声明编码方式-->
05    <meta name="viewport" content="width=device-width, initial-scale=1">
06    <!--<script src="cordova.js"></script>-->        <!--备用生成 APP 的 JS 文件-->
07    <link rel="stylesheet" href="jquery.mobile.min.css" /><!--引入 jQuery Mobile
样式-->
08    <script src="jquery-1.7.1.min.js"></script>     <!--引入 jQuery 脚本-->
09    <script src="jquery.mobile.min.js"></script>    <!--引入 jQuery Mobile 脚本-->
10    </head>
11    <body>
12        <div data-role="page">
13            <div data-role="header" data-position="fixed">     <!--头部栏-->
14                <a href="#">返回</a>
15                <h1>头部栏</h1>
16                <a href="#">设置</a>
17            </div>
18            <div data-role="content">                            <!--内容栏-->
19                <h1>内容栏的使用</h1>
20                <h1>内容栏的使用</h1>
21                <h1>内容栏的使用</h1>
22                <h1>内容栏的使用</h1>
23                <h1>内容栏的使用</h1>
24                <h1>内容栏的使用</h1>
25                <h1>内容栏的使用</h1>
26                <h1>内容栏的使用</h1>
27                <h1>内容栏的使用</h1>
28                <h1>内容栏的使用</h1>
29            </div>
30            <div data-role="footer" data-position="fixed">            <!--尾部栏-->
31                <div data-role="navbar">
32                    <ul>
33                        <li><a id="weixin" href="#" data-icon="custom"> 微 信
</a></li>
34                        <li><a id="tongxun" href="#" data-icon="custom">通讯录
</a></li>
35                        <li><a id="friend" href="#" data-icon="custom">找朋友
</a></li>
36                        <li><a id="set" href="#" data-icon="custom"> 设 置
</a></li>
```

```
37                    </ul>
38                </div>
39            </div>
40        </div>
41  </body>
42  </html>
```

运行结果如图 5-20 所示。

读者请先将上一节中的范例效果同样拖曳到最顶端，界面如图 5-21 所示。将两个界面做一下简单的对比，会发现笔者之前特意截取掉的侧面进度条又显示了出来（这部分只在 PC 端会有，手机浏览器上不显示），这是有一定目的的。

首先，通过侧面的进度条可以知道两个页面都被拖拽到了最顶端，可是在图 5-20 的第一行字的顶端与头部栏的底端仍有一定的距离。而图 5-21 中第一行字的顶端却直接顶在了屏幕的顶端，这是第一点不同之处。

其次，可以看到图 5-20 的内容左侧明显多出了一部分外边距，这是因为 fullscreen 属性使页面内其他内容可以忽略工具栏的存在而全屏显示。

事实上，内容栏的存在还有一个"隐性"的作用，请读者看本例在 notepad++ 中的代码截图，如图 5-22 所示。页面的缩进结构非常清晰明确，大大加强了页面的可维护性，这一优势现在还看不出来，但是在今后大型应用的开发中将会体现得越来越明显。

> 优秀的可维护性也是 jQuery Mobile 的一大优点，因此在开发 jQuery Mobile 应用时一定要遵循 header、content、footer 这种顺序排列的良好习惯。

图 5-20　内容栏的使用

图 5-21　工具栏加入了 fullscreen 属性

```
<body>
    <div data-role="page">
        <div data-role="header" data-position="fixed" data-fullscreen="true">
        <div data-role="content">
        <div data-role="footer" data-position="fixed" data-fullscreen="true">
    </div>
</body>
</html>
```

图 5-22　本范例代码截图

5.7 会弹出的面板

严格地讲，将本节内容放在这里不是非常合适，但是 jQuery Mobile 文档中对本章要讲的面板控件也没有给出合适的定位，而笔者又不愿意为这样一节内容单独分出一章，再加上该控件确实适合用来实现导航栏相关的效果，因此就将这个内容放在了本章。先来看看图 5-23 所示的界面。

图 5-23　手机人人网

这是手机人人网的一个界面，当登录人人网之后首先会显示好友们的"状态"列表，单击"返回"按钮将会出现如图 5-23 所示的界面，通过该界面的导航可以选择手机人人网的其他功能。这样的效果正是通过本节要介绍的面板控件来实现的，请看范例 5-9。

【范例 5-9　会弹出的工具栏】

```
01    <!DOCTYPE html>                                    <!--声明 HTML 5-->
02    <html>
03    <head>
04    <meta http-equiv="Content-Type" content="text/html; charset=utf-8" />   <!--
声明编码方式-->
05    <meta name="viewport" content="width=device-width, initial-scale=1">
06    <!--<script src="cordova.js"></script>-->          <!--备用生成 APP 的 JS 文件-->
07    <link rel="stylesheet" href="jquery.mobile.min.css" /><!--引入 jQuery Mobile
样式-->
08    <script src="jquery-1.7.1.min.js"></script>        <!--引入 jQuery 脚本-->
09    <script src="jquery.mobile.min.js"></script>       <!--引入 jQuery Mobile 脚本-->
10    <script>
11        $( "#mypanel" ).trigger( "updatelayout" );  <!--对面板进行声明-->
```

```
12    </script>
13    </head>
14    <body>
15        <div data-role="page">
16            <div data-role="panel" id="mypanel">          <!--这个就是面板-->
17                <h4>这个就是面板</h4>                       <!--面板中加入内容-->
18            </div>
19            <div data-role="header" data-position="fixed">
20                <a href="#mypanel">打开</a>
21                <h1>头部栏</h1>
22                <a href="#">隐藏</a>
23            </div>
24            <div data-role="content">
25                <h1>面板可以弹出</h1>
26                <h1>面板可以弹出</h1>
27                <h1>面板可以弹出</h1>
28                <h1>面板可以弹出</h1>
29                <h1>面板可以弹出</h1>
30                <h1>面板可以弹出</h1>
31                <h1>面板可以弹出</h1>
32                <h1>面板可以弹出</h1>
33                <h1>面板可以弹出</h1>
34                <h1>面板可以弹出</h1>
35                <h1>面板可以弹出</h1>
36                <h1>面板可以弹出</h1>
37                <h1>面板可以弹出</h1>
38                <h1>面板可以弹出</h1>
39            </div>
40            <div data-role="footer" data-position="fixed">
41                <div data-role="navbar">
42                    <ul>
43                    <li><a id="chat" href="#" data-icon="custom">微信</a></li>
44                    <li><a id="email" href="#" data-icon="custom">通讯录</a></li>
45                    <li><a id="skull" href="#" data-icon="custom">找朋友</a></li>
46                    <li><a id="beer" href="#" data-icon="custom">设置</a></li>
47                    </ul>
48                </div>
49            </div>
50        </div>
```

```
51    </body>
52    </html>
```

运行结果分别如图 5-24 和图 5-25 所示。

图 5-24　打开后的页面，面板未弹出　　图 5-25　面板被呼出展开显示

图 5-24 看上去与上一节的例子没什么不同，可是代码确实改变了，而且很明显在页面中加入了一个新的控件。

继续往下看会发现，笔者在头部栏做了一点小小的改动，原先的"返回"按钮被改成了"打开"，而且在代码第 20 行可以看到链接的目标地址也变成字符串"#mypanel"。这正是非常关键的一步，单击"打开"按钮之后，隐藏在侧面的面板突然侧滑显示出来了，效果如图 5-25 所示。

由于面板控件的使用相对比较复杂，因此笔者决定分步来描述面板控件的使用方法，以便于读者能够对面板控件的使用有一个清晰的认识。

步骤 01 打开上一节中给出的代码，在页面中任意位置（必须在 page 标签内，但是要在头部栏和尾部栏外）加入一个面板控件，格式如范例 5-7 中代码第 16~18 行所示，在面板控件中可以像一般页面一样加入内容。

步骤 02 给面板控件设置一个 id，如本例中的 id 为 mypanel。

步骤 03 插入一段 JavaScript 代码，声明该控件，如代码第 10~12 行所示。

步骤 04 在页面中选择一个用于打开面板的按钮，如本例中选用了第 20 行位于头部栏左侧的按钮，并将链接指向的地址改为该控件的 id，并且不要忘记在 id 前加入"#"。

步骤 05 根据需要来设置面板的一些高级属性，如是否需要加入动画或者面板处于屏幕的左侧还是右侧等，本例选择了默认属性，即面板在左侧出现。

下面再给出关闭面板的方法。

首先为面板控件添加一组属性 data-swipe-close="false"，然后在面板中加入一个按钮控件，比如：

```
<a href="# mypanel" data-rel="close" data-role="button">关闭面板 </a>
```

其中链接指向的地址依然是面板的 id，这样就完成对面板进行关闭的操作。当单击该按钮时，面板将会自动被关闭，但是要注意该按钮必须被放置在面板中，因为当面板被激活时，面板外的按钮都是无效的。

 虽然可以为面板单独设置一个关闭按钮，但是笔者却认为这在大多数情况下没有必要的，因为只要单击原页面的任何区域，就能够起到关闭面板的作用。

在上一节讲过，单击页面中的空白区域会对工具栏进行隐藏或显示的切换，而在刚刚又讲到，单击原页面的空白处会自动关闭面板，而这显然是冲突的。为此，jQuery Mobile 的作者也设定了相应的优先级规则，在面板被打开时，单击原页面的内容将会优先关闭面板，因此，这时单击并不会使状态栏隐藏，同样地，本例中原页面中的按钮在面板被激活时也是无法被单击的。

5.8　小结

工具栏常常被用作应用的导航，使用户可以快速便捷地访问应用的各个模块，但是工具栏的作用不仅仅只有这些。由于工具栏本身会占用屏幕的一部分空间，起到一定的遮罩效果，因此，合理地设计工具栏的样式和布局能够起到美化界面的效果。对于一名合格的开发者来说，学会灵活运用工具栏无疑是非常重要的。

第 6 章

◄ 按钮的使用 ►

按钮是任何软件都必不可少的部分，它触发了软件所需要的大部分交互功能。在前几章给出的范例中，为了使范例完整，笔者曾多次使用按钮，这就不难看出按钮控件的重要性。jQuery Mobile 为按钮控件准备了大量的排列组合方式，以适应多元化的应用设计方案，大大地方便了开发人员。

本章还将介绍利用按钮控件实现更多交互功能的方法，以及利用按钮的高级属性来进一步美化按钮的方法。本章主要的知识点包括：

- 按钮控件的基本使用方法
- 让图标以不同的方式显示在按钮上
- 按钮的内联
- 按钮的组合

6.1 简单按钮的使用

按钮是页面上非常重要的元素，尽管如今的手机应用已经加入了触控手势等更加高级的操作方式，但按钮的重要性却依然难以取代。

笔者曾经开发过一款 DATA 攻略类的应用（现在看来也许 LOL 更能吸引读者），在这里拿出来是因为这款应用的主界面除一个头部栏之外，仅用 8 个按钮就达到了不错的视觉效果。范例 6-1 是实现这一界面的代码。

【范例 6-1 利用按钮实现的界面】

```
01   <!DOCTYPE html>                                    <!--声明 HTML 5-->
02   <html>
03   <head>
04   <meta http-equiv="Content-Type" content="text/html; charset=utf-8" />
05   <title> DOTA 资料大全</title>                        <!--标题可不要-->
06   <meta name="viewport" content="width=device-width, initial-scale=1">
07   <link rel="stylesheet" href="jquery.mobile.min.css" />
```

```
08      <script src="jquery-1.7.1.min.js"></script>
09      <script src="jquery.mobile.min.js"></script>
10        <!--此处是引用的来自网络的js文件和CSS样式，因此不需要考虑图标的问题-->
11      </head>
12      <body>
13          <div data-role="page" data-theme="a">
14              <div data-role="header">
15                      <h1 >DOTA 资料大全</h1>
16              </div>
17              <div data-role="content">
18                      <a href="#" data-role="button">英雄简介</a>       <!--按钮的使用-->
19                      <a href="#" data-role="button">物品资料</a>       <!--两个按钮之间会自
动保持一定间距-->
20                      <a href="#" data-role="button">经典出装</a>
21                      <a href="#" data-role="button">野怪资料</a>
22                      <a href="#" data-role="button">教学视频</a>
23                      <a href="#" data-role="button">经典解说</a>
24                      <a href="#" data-role="button">明星专访</a>
25                      <a href="#" data-role="button">关于作者</a>
26                      <!--尽量安排最底部的按钮留有一定的空隙-->
27              </div>
28          </div>
29      </body>
30      </html>
```

运行结果如图 6-1 所示。

图 6-1　利用按钮实现的界面

代码第 17 行是使用按钮的一种最基本的方法，除要使用标签<a>之外，还要为按钮加入属性 data-role="button"，只有这样才能将元素渲染为按钮的样式。在标签之间的内容（如"英雄简介"）会显示为按钮的标题。另外，在默认情况下，一个按钮会单独占用一行，因此按钮看上去比较长。

在图 6-1 中，内容为"物品资料"的按钮在样式上明显与其他按钮不同，因为笔者在截图时特意截取了按钮被按下时的样式。jQuery Mobile 默认会为按钮加入被按下时的阴影效果，笔者当初选择 jQuery Mobile 而不是其他框架，有很大程度是被这种阴影效果所吸引。

> **提示** 本节的范例实际上是经过简化的，但是却不影响直接拿来使用，更多的内容会在后面的项目实战中给出介绍。

6.2 为按钮加入图标

在范例 5-4 所使用的导航栏中，已经为按钮加入了图标的样式，但是当时并没有介绍按钮的图标究竟是怎么一回事。下面是修订过导航栏部分的代码：

```
<div data-role="footer">
<div  data-role="navbar" data-grid="c">
<ul>
        <li><a id="chat" href="#" data-icon="custom">微信</a></li>
        <li><a id="email" href="#" data-icon="custom">通讯录</a></li>
        <li><a id="skull" href="#" data-icon="custom">找朋友</a></li>
        <li><a id="beer" href="#" data-icon="custom">设置</a></li>
</ul>
</div>
</div>
```

导航栏部分的样式如图 6-2 所示。

图 6-2 导航栏的样式

当时笔者提到这里使用了按钮的默认图标，而这个图标是通过属性 data-icon="custom"来决定的，custom 是 jQuery Mobile 为开发者准备的默认图标之一。接下来介绍怎样通过 data-icon 属性来控制页面上按钮的图标。

【范例 6-2 为尾部栏的按钮加入图标】

```
01    <!DOCTYPE html>                                      <!--声明 HTML 5-->
02    <html>
03    <head>
04    <meta http-equiv="Content-Type" content="text/html; charset=utf-8" />
05    <title>Fixed Positioning Example</title>
06    <meta name="viewport" content="width=device-width, initial-scale=1">
07    <link rel="stylesheet" href="jquery.mobile.min.css" />
08    <script src="jquery-1.7.1.min.js"></script>
09    <script src="jquery.mobile.min.js"></script>
10    </head>
```

```
11    <body>
12        <div data-role="page">
13            <div data-role="header" data-position="fixed" data-fullscreen=
"true">
14                    <a href="#">返回</a>
15                    <h1>头部栏</h1>
16                    <a href="#">设置</a>
17            </div>
18            <div data-role="content">
19                    <a href="#" data-role="button">这是一个按钮</a>
20                    <!--可以加入图标，但是在此处先不对它们做任何修改-->
21                    <a href="#" data-role="button">这是一个按钮</a>
22                    <a href="#" data-role="button">这是一个按钮</a>
23                    <a href="#" data-role="button">这是一个按钮</a>
24                    <a href="#" data-role="button">这是一个按钮</a>
25                    <a href="#" data-role="button">这是一个按钮</a>
26                    <a href="#" data-role="button">这是一个按钮</a>
27                    <a href="#" data-role="button">这是一个按钮</a>
28                    <a href="#" data-role="button">这是一个按钮</a>
29                    <a href="#" data-role="button">这是一个按钮</a>
30                    <a href="#" data-role="button">这是一个按钮</a>
31                    <a href="#" data-role="button">这是一个按钮</a>
32                    <a href="#" data-role="button">这是一个按钮</a>
33            </div>
34            <div data-role="footer" data-position="fixed" data-fullscreen="true">
35                    <div data-role="navbar">
36                        <ul>
37                            <li><a id="chat" href="#" data-icon="info">微信</a></li>
<!--在此处加入图标 data-icon="info"-->
38                            <li><a id="email" href="#" data-icon="home">通讯录</a></li>
                            <!--data-icon="home"图标样式为"主页"-->
39                            <li><a id="skull" href="#" data-icon="star">找朋友</a></li>
                            <!--data-icon="star"图标样式为"星星"-->
40                            <li><a id="beer" href="#" data-icon="gear">设置</a></li>
                            <!--data-icon="gear"图标样式为"齿轮"-->
41                        </ul>
42                    </div><!-- /navbar -->
43            </div><!-- /footer -->
44        </div>
45    </body>
46    </html>
```

运行结果如图 6-3 所示。

图 6-3　按钮的图标

　　虽然与微信经过精心设计的图标还有很大的差距，但是比之前光秃秃的十字又要好看许多。这些是在 jQuery Mobile 给出的多组图表中选出的几款最适合当前按钮文字内容的图标，除这些图标之外，jQuery Mobile 还为开发者准备了其他 7 种图标样式，如表 6-1 所示。

表 6-1　jQuery Mobile 自带的图标

编号	名称	描述	图标示例
1	左箭头	arrow-l	‹
2	右箭头	arrow-r	›
3	上箭头	arrow-u	∧
4	下箭头	arrow-d	∨
5	删除	delete	✕
6	添加	plus	✚
7	减少	minus	−
8	检查	check	✓
9	齿轮	gear	✿
10	前进	forward	℃
11	后退	back	↩
12	网格	grid	▦
13	五角星	star	★
14	警告	alert	⚠
15	信息	info	ⓘ
16	首页	home	⌂
17	搜索	search	⚲

6.3　更加个性化的显示图标

上一节展示了怎样在按钮中显示图标，虽然链接在尾部栏中可以默认显示为按钮，但那却并不是真正的按钮。那么本节从基础开始讲解按钮的一般用法。

首先，准备一个文件 index.html，按照范例进行编写。

【范例 6-3　17 种默认图标的显示】

```
01    <!DOCTYPE html>
02    <html>
03    <head>
04    <meta http-equiv="Content-Type" content="text/html; charset=utf-8" />
05    <title> 17种默认图标</title>
06    <meta name="viewport" content="width=device-width, initial-scale=1">
07    <link rel="stylesheet" href="jquery.mobile.min.css" />
08    <script src="jquery-1.7.1.min.js"></script>
09    <script src="jquery.mobile.min.js"></script>
10    </head>
11    <body>
12        <div data-role="page">
13            <div data-role="content">
14                <a href="#" data-role="button" data-icon="arrow-l">左箭头</a>
15                <a href="#" data-role="button" data-iconpos="left" data-icon=
"arrow-r">右箭头</a>
16                <a href="#" data-role="button" data-iconpos="left" data-icon=
"arrow-u">上箭头</a>
17                <a href="#" data-role="button" data-iconpos="left" data-icon=
"arrow-d">下箭头</a>
18                <a href="#" data-role="button" data-iconpos="left" data-icon=
"delete">删除</a>
19                <a href="#" data-role="button" data-iconpos="left" data-icon=
"plus">添加</a>
20                <a href="#" data-role="button" data-iconpos="left" data-icon=
"minus">减少</a>
21                <a href="#" data-role="button" data-iconpos="left" data-icon=
"check">检查</a>
22                <a href="#" data-role="button" data-iconpos="left" data-icon=
"gear">齿轮</a>
23                <a href="#" data-role="button" data-iconpos="left" data-icon=
"forward">前进</a>
24                <a href="#" data-role="button" data-iconpos="left" data-icon=
"back">后退</a>
25                <a href="#" data-role="button" data-iconpos="left" data-icon=
"grid">网格</a>
```

113

```
   26                  <a href="#" data-role="button" data-iconpos="left" data-icon=
"star">五角星</a>
   27                  <a href="#" data-role="button" data-iconpos="left" data-icon=
"alert">警告</a>
   28                  <a href="#" data-role="button" data-iconpos="left" data-icon=
"info">信息</a>
   29                  <a href="#" data-role="button" data-iconpos="left" data-icon=
"home">首页</a>
   30                  <a href="#" data-role="button" data-iconpos="left" data-icon=
"search">搜索</a>
   31          </div>
   32      </div>
   33  </body>
   34  </html>
```

范例运行效果如图 6-4 和图 6-5 所示，由于一次要显示 17 个按钮，屏幕的尺寸不足，所以不得不将页面上的内容分割成两幅图来显示它们。通过对这两幅图的观察，还可以复习上一节介绍过的 17 种默认按钮的样式。

仔细观察代码第 14 和第 15 行，找出它们的不同之处。可以发现第 15 行中加入了属性 data-iconpos 而第 14 行没有。这里可以根据单词 iconpos 推测出，该属性的作用是设置图标显示的位置，但是在图中发现这两个按钮图标显示的位置并没有什么区别，于是就可以推测出在 jQuery Mobile 中按钮图标是默认显示在按钮左侧的。

再与第 6.2 节中的图 6-2 进行一些对比可以发现，本范例中的图标都是显示在按钮左侧的，而在图 6-2 中的按钮都是显示在按钮顶端的。范例 6-2 中并没有用到设置图标位置的属性，这当然是 jQuery Mobile 设计的结果，使按钮图标在不同的状态下会默认显示在某个位置。比如，导航栏中的按钮图标默认是显示在按钮顶端的，而一般按钮的图标则默认显示在按钮的左侧。

图 6-4　按钮图标显示在按钮左侧 1

图 6-5　按钮图标显示在按钮左侧 2

虽然 jQuery Mobile 的开发者设置了按钮图标默认应该显示的位置,但是他们保留了对使用者的尊重,所以留下了相应的属性,开发者可以通过设置这些属性来修改图标显示的位置。

可以将范例 6-3 中的 data-iconpos 属性分别设置为 right、top 和 bottom,使按钮图标分别显示在按钮的右侧、上方和下方,运行结果分别如图 6-6、图 6-7 和图 6-8 所示。

除了这几种显示方式外,在很多时候开发者还会想要以图标的形式来显示按钮,这种情况下,可以将 data-iconpos 属性的值设为 notext 来达到想要的效果,图 6-9 是将范例 6-3 中的 data-iconpos 全部改为 notext 之后的效果。

 尽管设置了 notext 之后的按钮宽度变得很小,但是它仍然独自占用页面中的一行,这时就需要配合有效的布局或者分组,来实现屏幕空间的有效利用。

也许读者在尝试为按钮加入图标时会出现图标处为空白样式的情况,主要有两种原因:一是代码本身出现了问题;二是当所引用的 js 或 css 样式文件在本地时,没有配套的图标文件与之对应。

那怎么解决呢?很简单,在 jQuery Mobile 官网上找到 zip file 并下载整个文件,解压后可以找到一个名为 image 的文件夹,将此文件复制到所使用的 jQuery Mobile 目录下,图标就可以正常显示了。

图 6-6　按钮图标显示在按钮右侧

图 6-7　按钮图标显示在按钮上方

图 6-8　按钮图标显示在按钮下方

图 6-9　仅显示图标的按钮

6.4　自定义按钮的图标

通过上一节的讲解，笔者不禁要惊叹一下 jQuery Mobile 设计的精妙了，不过如果按钮图标能够自定义就更好了。由于相对默认图标而言，自定义图标使用会比较复杂，因此这里专门用一节来讲解自定义按钮图标的使用方法。

既然是自定义按钮图标，首先要把图片准备好，为了达到较好的显示效果，尽量使用 png 格式的图片，现在打开 Photoshop 绘制一个 18×18 像素的图标，如图 6-10 所示。

图 6-10　round.png 示意图

这里绘制了一个简单的图标，设置图片背景为透明，在图片的中心点有一个大小适中的白色实心圆，将此文件命名为 round.png，并保存在 jQuery Mobile 目录下。之后再准备一个页面，代码如下。

【范例 6-4　自定义按钮的图标】

```
01  <!DOCTYPE html>                                          <!--声明 HTML 5-->
02  <html1>
03  <head>
04  <meta http-equiv="Content-Type" content="text/html; charset=utf-8" />
05  <title>自定义图标 </title>                              <!--标题可不要-->
06  <meta name="viewport" content="width=device-width, initial-scale=1">
07  <link rel="stylesheet" href="jquery.mobile.min.css" />
08  <script src="jquery-1.7.1.min.js"></script>
09  <script src="jquery.mobile.min.js"></script>
10  </head>
11  <body>
12      <div data-role="page">
13          <div data-role="header" data-position="fixed">
14              <a href="#">返回</a>
15              <h1>头部栏</h1>
16              <a href="#">设置</a>
17          </div>
18          <div data-role="content">
19              <!--使用自定义图标 round, 通过属性 data-icon="round"进行定义-->
20              <a href="#" data-role="button" data-iconpos="left" data-
icon="round">自定义图标在左侧显示</a>
21              <a href="#" data-role="button" data-iconpos="right" data-
icon="round">自定义图标在右侧显示</a>
22              <a href="#" data-role="button" data-iconpos="top" data-
icon="round">自定义图标在上方显示</a>
23              <a href="#" data-role="button" data-iconpos="bottom" data-
icon="round">自定义图标在下方显示</a>
24              <a href="#" data-role="button" data-iconpos="notext" data-
icon="round">不显示自定义图标</a>
25          </div>
26          <div data-role="footer" data-position="fixed">
27              <div data-role="navbar">
28                  <ul>
29                      <!--使用自定义图标 round, 通过属性 data-icon="round"进行定义
30                      <li><a id="chat" href="#" data-icon="round">微信</a></li>
31                      <li><a id="email" href="#" data-icon="round"> 通讯录
</a></li>
32                      <li><a id="skull" href="#" data-icon="round"> 找 朋 友
</a></li>
33                      <li><a id="beer" href="#" data-icon="round"> 设 置
</a></li>
34                  </ul>
```

```
35              </div><!-- /navbar -->
36          </div><!-- /footer -->
37      </div>
38  </body>
39  </html>
```

观察代码可以发现，在 data-icon 属性中引用了一个之前没有接触过的名称 round。通过之前保存的图片名称 round.png 可以猜测，这样就能将图片作为图标显示了，但是运行后发现结果不是这样的，如图 6-11 所示。

显然用这种方法为按钮加入新图标是不正确的，因为这样做仅仅是设置了图标的内容，而浏览器还不知道要怎样去寻找 round.png，所以要想真正加入自定义图标还需要设置好对应的 CSS 样式。

在页面中加入一个新的样式，样式名称由图标名与 ui-icon 组合而成，比如本例中图标名称为 round，那么样式名就应设置为 ui-icon-round。样式代码如下：

```
<style type="text/css">
.ui-icon-round{ background-image:url(round.png);}<!-- 背景图片指向刚刚保存的
round.png
</style>
```

保存之后再次运行，得到的结果如图 6-12 所示。

> 在自定义图标样式时，一定要保证图标的尺寸为 18×18 像素，否则 jQuery Mobile 将只截取图片左上方 18×18 像素的部分进行显示。

图 6-11　加入的新图标

图 6-12　新加入的图标样式得以显示

6.5 播放器的面板设计

前几节的例子介绍了一些按钮控件的用法，但是在 jQuery Mobile 中按钮只能以占满一行的形式平铺，显得过于单调，正巧笔者看到了一个学生设计的简单播放器（如图 6-13 所示），于是产生了灵感，决定用一组内联的按钮来实现一个简单播放器的控制面板。

图 6-13　简单的音乐播放器

要实现的功能很简单，就是选取页面中的一行，使其中并排放置 4 个大小相同的按钮，分别显示为播放、停止、前进和后退，可是这真的能实现吗？

也许有读者会说，可以重新设计按钮的样式文件对其 CSS 进行重写，这当然是一种非常直接的方法，但实在是过于麻烦了。因为 jQuery Mobile 已经为开发者准备了按钮的内联功能，可以方便地实现笔者想要的效果。

【范例 6-5　利用按钮分组制作的播放器界面】

```
01  <!DOCTYPE html>                          <!--声明 HTML 5 -->
02  <html>
03  <head>
04  <meta http-equiv="Content-Type" content="text/html; charset=utf-8" />
05  <title>简单的播放器</title>                        <!--页面标题-->
06  <meta name="viewport" content="width=device-width, initial-scale=1">
07  <!--引入 jQuery Mobile 样式文件
08  <link rel="stylesheet" href="jquery.mobile.min.css" />
09  <!--引入 jQuery 支持库
10  <script src="jquery-1.7.1.min.js"></script>
11  <!--引入 jQuery Mobile 所需的 js 文件
12  <script src="jquery.mobile.min.js"></script>
13  </head>
14  <body>
15      <div data-role="page" data-theme="a">
16          <div data-role="header">
```

```
17          <a href="#">返回</a>
18          <h1>音乐播放器</h1>
19      </div>
20      <div data-role="content">
21          <div data-role="controlgroup">
22              <a href="#" data-role="button">no air </a>
23              <a href="#" data-role="button">
24                  <!--网上随意下载的图片，将图片宽度设置为80%使两边留有空隙-->
25                  <img src="1.jpg" style="width:80%;"/>
26              </a>
27              <!--这里歌手和来源占用两格可以使页面更加和谐-->
28              <a href="#" data-role="button">jordin sparks</a>
29              <a href="#" data-role="button">No Air </a>
30          </div>
31          <div data-role="controlgroup" data-type="horizontal">
32              <a href="#" data-role="button">后退</a>
33              <a href="#" data-role="button">播放</a>
34              <a href="#" data-role="button">暂停</a>
35              <a href="#" data-role="button">后退</a>
36          </div>
37      </div>
38      <div data-role="footer">
39          <h1>暂无歌词</h1>
40      </div>
41  </div>
42  </body>
43  </html>
```

运行结果如图 6-14 所示。

除了操作面板之外，利用按钮的分组功能又设计了一个简单的音乐内容面板，其中包括正在播放音乐的名称、作者来源等消息，下面来介绍一下按钮分组的方法。

首先是偏上部分的音乐内容面板，简单地将 4 个按钮分在了一组，在这一组按钮的外面包了一个 div 标签，其中将属性 data-role 设置为 controlgroup。在页面中可以清楚地看到 4 个按钮被紧紧地链接在了一起，最外侧的两个面被加上了圆弧，看上去非常大气。

接下来是操作面板，依然是将 4 个按钮分在一组，不同的是这次要给外面的 div 标签多设置一组属性 data-type="horizontal"，将排列方式设置成横向。

这里还可以给某个按钮设置主题，比如为"播放"键加上不同的颜色，使之更加醒目，更易于用户操作。

图 6-14　音乐播放器界面

6.6　头部栏中的按钮图标

在前面的例子中，经常会用到头部栏中一个非常经典的元素，即头部栏中的图标，图 6-15 中头部栏有"返回"和"设置"两个按钮，而它们既然是按钮自然也可以加入图标，图 6-16 是在 jQuery Mobile 官网上给出的一个经典的例子。

这样的效果和普通按钮中加入图标的方法是相同的，范例 6-6 实现了为头部栏中的按钮加入图标的方法。

图 6-15　头部栏中的按钮

图 6-16　头部栏中的按钮也可以加入图标

【范例 6-6　在头部栏的按钮中加入图标】

```
01    <!DOCTYPE html>                                    <!--声明 HTML 5-->
02    <html>
03    <head>
04    <meta http-equiv="Content-Type" content="text/html; charset=utf-8" />
05    <meta name="viewport" content="width=device-width, initial-scale=1">
06    <link rel="stylesheet" href="jquery.mobile.min.css" />
07    <script src="jquery-1.7.1.min.js"></script>
08    <script src="jquery.mobile.min.js"></script>
09    </head>
10    <body>
11        <div data-role="page" id="noicon" data-position="fixed">
12            <div data-role="header">
13                <a href="#">返回</a>
14                <h1>图标不显示</h1>
15                <a href="#">设置</a>
16            </div>
17            <div data-role="content">
18                <a href="#noicon" data-role="button">按钮不显示图标</a>
19                <a href="#showicon" data-role="button">按钮显示图标</a>
20                <a href="#notext" data-role="button">按钮只显示图标</a>
21            </div>
22            <div data-role="footer" data-position="fixed">
23                <h1>头部栏上的按钮没有图标</h1>
24            </div>
25        </div>
26        <!---->
27        <div data-role="page" id="showicon">
28            <div data-role="header" data-position="fixed">
29                <a href="#" data-icon="back">返回</a>
30                <h1>图标正常显示</h1>
31                <a href="#" data-icon="gear" data-iconpos="right">设置</a>
32            </div>
33            <div data-role="content">
34                <a href="#noicon" data-role="button">按钮不显示图标</a>
     <!--按钮不显示图标-->
35                <a href="#showicon" data-role="button">按钮显示图标</a>
     <!--按钮显示图标-->
36                <a href="#notext" data-role="button">按钮只显示图标</a>
     <!--按钮只显示图标-->
37            </div>
38            <div data-role="footer" data-position="fixed">
39                <h1>头部栏上的按钮正常显示图标</h1>
40            </div>
41        </div>
42        <!---->
```

```
43          <div data-role="page" id="notext">
44              <div data-role="header" data-position="fixed">
45                  <a href="#" data-icon="back" data-iconpos="notext">返回</a>
46                  <h1>只显示图标</h1>
47                  <a href="#" data-icon="gear" data-iconpos="notext">设置</a>
48              </div>
49              <div data-role="content">
50                  <a href="#noicon" data-role="button">按钮不显示图标</a>
51                  <a href="#showicon" data-role="button">按钮显示图标</a>
52                  <a href="#notext" data-role="button">按钮只显示图标</a>
53              </div>
54              <div data-role="footer" data-position="fixed">
55                  <h1>头部栏上的按钮只显示图标</h1>
56              </div>
57          </div>
58      </body>
59  </html>
```

运行结果分别如图 6-17、图 6-18 和图 6-19 所示。

通过代码可以发现，设置头部栏中按钮图标的方式与设置正常按钮图标相比，除了不需要设置 data-role="button" 之外，没有任何不同。代码第 31 行还将图标的位置设置为"右侧"，因为左右两侧的图标分别位于外侧看上去会比较对称。

图 6-17　头部栏按钮不显示图标

图 6-18　头部栏按钮显示图标

图 6-19　头部栏按钮只显示图标

6.7　一个按钮也可以玩得很开心

上一节介绍了在头部栏中设置按钮图标的方法，在范例的头部栏中有两个按钮形成一种对称的状态，但是很多时候在头部栏中只需要一个按钮。比如在应用的首页就不需要"返回"按钮，这时就可以在头部栏中去掉一个按钮。

考虑到绝大多数用户习惯使用右手来操作，因此将仅有的一个按钮放在头部栏的右侧是非常人性化的，范例 6-7 就将实现这样一个简单的设计。

【范例 6-7　一次失败的实现过程】

```
01   <!DOCTYPE html>
02   <html>
03   <head>
04   <meta http-equiv="Content-Type" content="text/html; charset=utf-8" />
05   <meta name="viewport" content="width=device-width, initial-scale=1">
06   <link rel="stylesheet" href="jquery.mobile.min.css" />
07   <script src="jquery-1.7.1.min.js"></script>
08   <script src="jquery.mobile.min.js"></script>
09   </head>
10   <body>
11       <div data-role="page">
12           <div data-role="header">
13               <h1>图标不显示</h1>
14               <a href="#">设置</a>          <!--如果按照默认的 CSS 规则，按钮应显示在标题
右侧-->
15           </div>
16           <div data-role="content">
17               <h4>由于大多数的用户比较习惯于使用右手进行操作，因此当头部栏中仅有一个按钮
时可以考虑尽量将这一个按钮放置在头部栏的右侧。</h4>
18           </div>
19           <div data-role="footer">
20               <h1>但是按钮依然显示在头部栏的左侧</h1>
21           </div>
22       </div>
23   </body>
24   </html>
```

运行结果如图 6-20 所示。

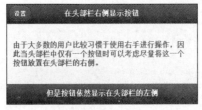

图 6-20　按钮并没有显示在头部栏的右侧

124

观察代码第 13 和第 14 行，可以看到按钮明明写在了头部栏标题的后面，按照 HTML 排布的一般规律，这时的按钮应该显示在标题的右侧才对（也就是头部栏的右侧），但是可以看到按钮是显示在头部栏左侧的。

于是突然想到，在 jQuery Mobile 中的样式是由 JavaScript 在页面加载完成之后重新加载的（第5 章头部栏与尾部栏有一个类似的例子），也就是说头部栏中代码的位置也无法决定这个按钮到底会显示在哪里。但是真的就不能将它显示在右边吗？当然不是，范例 6-8 给出了解决的方法。

【范例 6-8　将按钮显示在头部栏的右边】

```
01  <!DOCTYPE html>
02  <html>
03  <head>
04  <meta http-equiv="Content-Type" content="text/html; charset=utf-8" />
05  <meta name="viewport" content="width=device-width, initial-scale=1">
06  <link rel="stylesheet" href="jquery.mobile.min.css" />
07  <script src="jquery-1.7.1.min.js"></script>
08  <script src="jquery.mobile.min.js"></script>
09  </head>
10  <body>
11      <div data-role="page">
12          <div data-role="header">
13              <h1>在头部栏右侧显示按钮</h1>
14              <a href="#" class="ui-btn-right">设置</a>
15          </div>
16          <div data-role="content">
17              <h4>由于大多数的用户比较习惯于使用右手进行操作，因此当头部栏中仅有一个按钮
时可以考虑尽量将这一个按钮放置在头部栏的右侧。</h4>
18          </div>
19          <div data-role="footer">
20              <h1>这次终于让按钮在头部栏的右侧显示了</h1>
21          </div>
22      </div>
23  </body>
24  </html>
```

运行结果如图 6-21 所示。

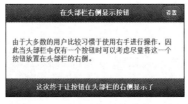

图 6-21　最终还是成功地让按钮显示在了头部栏的右侧

也许有读者会希望按钮能够显示在头部栏的中央，在 jQuery Mobile 中确实是有这样的方法的，如下列代码所示：

```
<div class="ui-bar ui-bar-b">
    <h3>I'm just a div with bar classes and a mini inline <a href="#"
data-role="button" data-inline="true" data-mini="true">Button</a></h3>
</div>
```

实现的效果如图 6-22 所示。类似的还有如图 6-23 所示的界面。

图 6-22　将按钮显示在头部栏的中间

图 6-23　一种按钮排布方式

6.8 简单的 QWER 键盘

在 jQuery Mobile 的布局中，控件大多都是单独占据页面中的一行，按钮自然也不例外，但是仍然有一些方法能够让多个按钮组成一行，比如在范例 6-5 中就利用按钮分组的方法使 4 个按钮并列在一行中，如图 6-24 和图 6-25 所示。

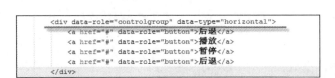

图 6-24　实现按钮分组的方法　　　　　　图 6-25　分组的按钮

而在上一节中也许有读者已经注意到，头部栏中的按钮并没有占据一整行，也没有与多个按钮一起成组存在，那么在页面的其他部分是否也可以让按钮以这样的形式出现呢？

【范例 6-9　简单的 QWER 键盘】

```
01    <!DOCTYPE html>
02    <html>
03    <head>
04    <meta http-equiv="Content-Type" content="text/html; charset=utf-8" />
05    <meta name="viewport" content="width=device-width, initial-scale=1">
06    <link rel="stylesheet" href="jquery.mobile.min.css" />
07    <script src="jquery-1.7.1.min.js"></script>
08    <script src="jquery.mobile.min.js"></script>
09    </head>
10    <body>
11        <div data-role="page">
12            <div data-role="header">
13                <h1>简单的 QWER 键盘</h1>
14            </div>
15            <div data-role="content">
16                <a href="#" data-role="button" data-inline="true">Tab</a>
17                <!--此处省略若干按钮，请读者自行添加，用标签<br/>换行-->
18                <a href="#" data-role="button" data-inline="true">;</a>
19                <br/>
20                <a href="#" data-role="button" data-inline="true">Shift</a>
21                <!--此处省略若干按钮，请读者自行添加，用标签<br/>换行-->
22                <a href="#" data-role="button" data-inline="true">/</a>
23            </div>
24            <div data-role="footer">
25                <h1>排列得非常整齐</h1>
26            </div>
27        </div>
28    </body>
29    </html>
```

运行结果如图 6-26 所示。

观察代码可以发现，每个按钮都增加了一个新的属性 data-inline="true"，它可以使按钮的宽度变得仅包含按钮中标题的内容，而不是占据整整一行，但是这样也会带来一个缺点，就是 jQuery Mobile 中的元素将不知道该在何处换行，于是就有了第 19 行处的
。

另外，在使用了该属性之后，按钮将不再适应屏幕的宽度，可以看到图 6-26 的右侧还有一定的空白，这是因为页面的宽度超出了按钮宽度的总和。而当页面宽度不足以包含按钮宽度时，则会出现如图 6-27 所示的混乱结果。这是因为在使用了属性 data-inline="true"之后，每个按钮已经将本身的宽度压缩到了最小，这时如果还要显示全部内容就只好自动换行了。

 其实用 jQuery Mobile 中的分栏布局功能要比这种方式好得多，但是由于分栏布局只能产生规整的布局，所以在实际使用时还要根据实际情况来决定具体使用哪种方案比较合适。

图 6-26　利用 jQuery Mobile 实现的 QWER 键盘

图 6-27　键盘上的按钮因宽度不够而自动换行

6.9　方形的按钮

本章的主题是 jQuery Mobile 中按钮控件的使用，而本章也确实介绍了不少使用按钮的例子，但是这些按钮有一个共同特点，即它们的形状都是一样的。有没有办法设计不一样的按钮呢？

可在 jQuery Mobile 的 API 文档中查阅一下有没有这样的例子，最终找到了一种让按钮变成方形的办法。

【范例 6-10　方形的按钮】

```
01    <!DOCTYPE html>
02    <html>
03    <head>
04    <meta http-equiv="Content-Type" content="text/html; charset=utf-8" />
```

```
05    <meta name="viewport" content="width=device-width, initial-scale=1">
06    <link rel="stylesheet" href="jquery.mobile.min.css" />
07    <script src="jquery-1.7.1.min.js"></script>
08    <script src="jquery.mobile.min.js"></script>
09    </head>
10    <body>
11        <div data-role="page">
12            <div data-role="header">
13                <a href="#" data-icon="custom" data-corners="false">按钮</a>
14                <h1>方形的按钮</h1>
15                <a href="#" data-corners="false">按钮</a>
16            </div>
17            <div data-role="content">
18                <!--新的属性 data-corners="false"-->
19                <a href="#" data-role="button" data-corners="false">按钮</a>
20                <!--为方形按钮加入图标-->
21                <a href="#" data-role="button" data-icon="custom" data-corners=
"false">按钮</a>
22                <a href="#" data-role="button" data-icon="custom" data-corners=
"false" data-iconpos="right">按钮</a>
23                <!--图标在顶部显示-->
24                <a href="#" data-role="button" data-icon="custom" data-corners=
"false" data-iconpos="top">按钮</a>
25                <!--图标在底部显示-->
26                <a href="#" data-role="button" data-icon="custom" data-corners=
"false" data-iconpos="bottom">按钮</a>
27                <!--只显示图标-->
28                <a       href="#"     data-role="button"      data-icon="custom"
data-corners="false" data-iconpos="notext">按钮</a>
29                <!--显示一组方形的按钮-->
30                <a href="#" data-role="button" data-corners="false" data-inline=
"true">按钮1</a>
31                <a href="#" data-role="button" data-corners="false" data-inline=
"true">按钮2</a>
32                <a href="#" data-role="button" data-corners="false" data-inline=
"true">按钮3</a>
33            </div>
34            <div data-role="footer">
35                <h1>方形的按钮好难看啊</h1>
```

```
36          </div>
37      </div>
38  </body>
39  </html>
```

运行结果如图 6-28 所示。

只需要在按钮中加入属性 data-corners="false"就可以将按钮变成方形了，是不是很神奇？但是建议尽量不要在头部栏中使用这种方形的按钮，因为太难看了，但是在页面中的方形按钮还是很漂亮的。

图 6-28　方形的按钮

也可以通过相同的方法，将之前实现的键盘改成方形的按钮，修改后的效果如图 6-29 所示。修改后发现界面确实要比之前好看得多，从这里就可以看出，为合适的控件在合适的条件下选择最合适的样式是非常重要的，这也是 jQuery Mobile 开发的精髓。

图 6-29　改成方形按键后的键盘

6.10　对话框中的按钮

前面第 4 章曾经介绍过如何利用 jQuery Mobile 来生成对话框，可是当时仅仅是能够弹出一个简单的内容框，没有加入太多的交互。在实际使用对话框时往往需要加入一些按钮来完成确认或取消之类的操作，这就需要在对话框中加入按钮，如图6-30所示。

图 6-30　一个对话框的例子

【范例 6-11　带有按钮的对话框】

```
01    <!DOCTYPE html>
02    <html>
03    <head>
04    <meta http-equiv="Content-Type" content="text/html; charset=utf-8" />
05    <title>对话框中的按钮</title>
06    <meta name="viewport" content="width=device-width, initial-scale=1">
07    <link rel="stylesheet" href="jquery.mobile.min.css" />
08    <script src="jquery-1.7.1.min.js"></script>
09    <script src="jquery.mobile.min.js"></script>
10    </head>
11    <body>
12        <div data-role="page">
13            <div data-role="header">
14                <h1>请点击登录按钮</h1>
15            </div>
16            <div data-role="content" style="height:430px;">
17                <a href="#popupDialog" data-rel="popup" data-role="button">弹
出对话框</a>
18                <!--声明一个对话框-->
19                <div data-role="popup" id="popupDialog" data-overlay-theme="a"
data-theme="c"           data-dismissible="false"           style="max-width:400px;"
class="ui-corner-all">
20                    <!--对话框的头部-->
21                    <div data-role="header" data-theme="a" class="ui-corner-top">
22                        <h1>QQ</h1>
23                    </div>
24                    <!--对话框的内容-->
25                    <div data-role="content" data-theme="d" class="ui-corner-
```

```
bottom ui-content">
    26                        <h4>Evils:在么？</h4>
    27                        <a   href="#"  data-role="button"  data-inline="true"
data-rel="back" data-theme="c">回复</a>
    28                        <a   href="#"   data-role="button"   data-inline="true"
data-rel="back" data-theme="b">忽略</a>
    29                    </div>
    30                </div>
    31            </div>
    32        </div>
    33    </body>
    34    </html>
```

方法很简单，只要把按钮写在标志着对话框的 div 标签中就可以了，运行效果如图 6-31 所示。

图 6-31　对话框中的按钮

6.11　小结

本章内容虽然比较简单，但是却非常重要，因为相对于页面和对话框来说，按钮是能够直接展示在用户面前的控件，而相对于其他控件来说，按钮又是最常用的。掌握好按钮的使用方法，就足够应付大量应用的设计与制作，因此希望读者在学完本章后能多加练习，直到可以熟练地使用按钮为止。

第 7 章

◀ 表单元素的使用 ▶

如果说第 6 章介绍的按钮控件负责应用中大部分的响应功能，那么应用中一切的数据交互都要通过表单的提交来实现。有太多优秀的使用表单的例子可以学习，如 QQ 的登录界面、短信的输入界面都用到了表单控件。而相对于比较单一的按钮，表单的形式又比较复杂，包括文本编辑框、搜索框、滑动条、开关、单选框、复选框以及列表菜单等内容，因此需要认真学习。

本章主要的知识点包括：

- 数据的提交，利用表单元素获取数据的方法
- 更强大的交互功能，利用表单元素控制页面的属性
- 页面中控件排列的技巧

7.1 简单的 QQ 登录界面

安卓版 QQ 的登录界面一直是 UI 设计者必学的一个例子，因为它结构简单且美观大气，如图 7-1 所示。首先可以对该界面进行简单的分析，页面由一个图片、两个文本编辑框、一个按钮以及若干个复选框组成。本节对这个界面做出进一步简化，去掉页面中的复选框，具体实现如范例 7-1 所示。

【范例 7-1　利用文本编辑框制作的登录页面】

```
01    <!DOCTYPE html>                                          <!--声明 HTML 5-->
02    <html>
03    <head>
04    <meta http-equiv="Content-Type" content="text/html; charset=utf-8" />
05    <title>简单的 QQ 登录页面</title>
06    <meta name="viewport" content="width=device-width, initial-scale=1">
07    <link rel="stylesheet" href="http://code.jquery.com/mobile/latest/jquery.
mobile.min.css" />
08    <script src="http://code.jquery.com/jquery-1.7.1.min.js"></script>
09    <script src="http://code.jquery.com/mobile/latest/jquery.mobile.min.js">
</script>
```

```
10      </head>
11      <body>
12          <div data-role="page">
13              <div data-role="content">
14                      <!--此处图片用来引入企鹅 LOGO 并设置其大小-->
15                      <img src="QQ.png" style="width:50%; margin-left:25%;"/>
16                      <!--表单元素均要被放置在 form 标签中-->
17                      <form action="#" method="post">
18                          <!--这是一个文本编辑框，使用 type="text"来进行标识-->
19                          <input type="text" name="zhanghao" id="zhanghao" value="账
号："/>
20                          <input type="text" name="mima" id="mima" value="密码：" />
21                          <!--这是一个按钮-->
22                          <a href="#" data-role="button" data-theme="b">登录</a>
23                      </form>
24              </div>
25          </div>
26      </body>
27      </html>
```

运行结果如图 7-2 所示。

本例使用了表单控件中的文本编辑框。文本编辑框是表单元素中最简单的一种，笔者将以它为例来介绍表单元素的使用方法。

在使用表单元素前，首先需要在页面中加入一个表单标签：

```
<form action="#" method="post"><!--中间插入数据--></form>
```

只有这样，标签内的控件才会被 jQuery Mobile 默认读取为表单元素，action 属性指向的是接受提交数据的地址，当数据被提交时，就会发送到这里。method 属性标注了数据提交的方法，有 post 和 get 两种方法可供选用。

图 7-1　手机 QQ 登录界面

form 中的所有表单元素都是使用 input 标签来表示的，可利用 type 属性来对它们加以区别，如本例中的文本编辑框的 type 属性是 text。另外，还要给每个控件加入相应的 name 和 id，用于对提交的数据进行处理。

　　为了便于维护，最好将 name 和 id 设为相同的值。

　　由于篇幅的限制，笔者将提交数据的功能放到后面的项目实战来实现，现在先给出一段利用 jQuery 获取表单内容的脚本。加入脚本后的代码如范例 7-2 所示。

【范例 7-2　利用 jQuery 获取编辑框中的数据】

```
01    <!DOCTYPE html>                              <!--声明 HTML 5-->
02    <html>
03    <head>
04    <meta http-equiv="Content-Type" content="text/html; charset=utf-8" />
05    <meta name="viewport" content="width=device-width, initial-scale=1">
06    <link rel="stylesheet" href="http://code.jquery.com/mobile/latest/jquery.
mobile.min.css" />
07    <script src="http://code.jquery.com/jquery-1.7.1.min.js"></script>
08    <script src="http://code.jquery.com/mobile/latest/jquery.mobile.min.js">
</script>
10    <script>
11    function but_click()
12    {
13        var temp1=$("#zhanghao").val();                //获取输入的账号内容
14        if(temp1=="账号: ")                            //判断输入账号是否为空
15        {
16            alert("请输入 QQ 号码! ")
17        }
18        else
19        {
20            var zhanghao=temp1.substring(3,temp1.length);      //去掉文本框中的"账
号"二字及冒号
21            var temp2=$("#mima").val();                      //判断密码输入是否为空
22            if(temp2=="密码: ")
23            {
24                alert("请输入密码! ");
25            }
26            else
27            {
28                var mima=temp2.substring(3,temp2.length);
29                alert("提交成功"+"你的 QQ 号码为"+zhanghao+"你的 QQ 密码为"+mima);
30            }
31        }
32    }
33    </script>
34    </head>
35    <body>
```

```
36          <div data-role="page">
37              <div data-role="content">
38                  <img src="QQ.png " style="width:50%; margin-left:25%;"/>
39                  <form action="#" method="post">
40                      <input type="number " name="zhanghao" id="zhanghao" value="
账号： " />
41                      <input type="text" name="mima" id="mima" value="密码： " />
42                      <!--当按钮被单击时，触发 onclick()事件，调用 but_click()方法-->
43                      <a href="#" data-role="button" data-theme="b" id="login"
onclick="but_click();">登录</a>
44                  </form>
45              </div>
46          </div>
47      </body>
48  </html>
```

单击"登录"按钮，将会弹出一个对话框，其中显示了编辑框中的账号和密码信息，如图 7-3 所示。

可以利用编辑框的 id 来获取控件，然后再利用 val()方法获取编辑框中的内容，在这里限制了编辑框中的值不能为空，实际上还应该利用正则表达式来限制账号只能为数字，并且使密码内容隐藏，但是由于这些内容与本节内容关系不大，因此不做过多讲解。

但是有一点却是不得不提的，那就是 jQuery Mobile 实际上已经为开发者封装了一些用来限制编辑框中内容的控件，如将范例 7-2 中的账号编辑框的 type 修改成 number，虽然外表看不出有什么区别，但当在手机中运行该页面，对该编辑框进行输入时，将会自动切换到数字键盘，而当将 type 属性修改为 password 时，则会自动将编辑框中的内容转化为圆点，以防止你的密码被旁边的人看到。

另外，还可以将 type 的属性设置为 tel 或 email，看一下会产生什么样的效果，这里不再赘述。

 虽然 jQuery Mobile 已经为开发者封装了可以控制内容的编辑框，但是为了保证应用的安全性，防止部分别有用心的用户绕过过滤而造成破坏，必须保证在后台对提交的数据进行二次过滤，确保没有恶意数据被提交。

图 7-2　制作的 QQ 登录界面

图 7-3　利用脚本获取编辑框中的内容

136

7.2　手机调查问卷

上一节提到利用 jQuery Mobile 本身可以控制编辑框中的内容，本节将对比进行详细讲解。

我们在生活中常常会收到各种各样的调查问卷，其中包括参与调查者的电话、地址、年龄等内容。本节就来制作一个简单的调查问卷，练习各种文本框的使用。

【范例 7-3　用文本编辑框制作简单的调查问卷】

```
01  <!DOCTYPE html>
02  <html>
03  <head>
04  <meta http-equiv="Content-Type" content="text/html; charset=utf-8" />
05  <title>调查问卷 </title>
06  <meta name="viewport" content="width=device-width, initial-scale=1">
07  <link rel="stylesheet" href="http://code.jquery.com/mobile/latest/jquery.
mobile.min.css" />
08  <script src="http://code.jquery.com/jquery-1.7.1.min.js"></script>
09  <script src="http://code.jquery.com/mobile/latest/jquery.mobile.min.js">
</script>
10  </head>
11  <body>
12      <div data-role="page">
13          <div data-role="header">
14              <h1>调查问卷</h1>                    <!--先加上一个头部栏和标题-->
15          </div>
16          <div data-role="content">
17              <form action="#" method="post">
18                  <!-- placeholder 属性的内容会在编辑框内以灰色显示-->
19                      <input   type="text"   name="xingming"   id="xingming"
placeholder="请输入你的姓名: "/>
20                          <!--当data-clear-btn 的值为 true 时，当该编辑框被选中-->
21                          <!--可以单击右侧的按钮将其中的内容清空-->
22                          <input type="tel" name="dianhua" id="dianhua" data-
clear-btn="true"placeholder="请输入你的电话号码: ">
23                          <label for="adjust">请问您对本书有何看法? </label>
24                          <!--这里用到了 textarea 而不是 input-->
25                          <textarea name="adjust" id="adjust"></textarea>
26                          <!--通过 for 属性与 textarea 进行绑定-->
27                          <label for="where">请问您是在哪里得到这本书的? </label>
28                          <!--使用 label 时要使用 for 属性指向其对应控件的 id-->
29                          <textarea name="where" id="where"></textarea>
30                          <a href="#" data-role="button">提交</a>
31              </form>
32          </div>
33      </div>
```

```
34    </body>
35    </html>
```

运行结果如图 7-4 所示。

当在编辑框中输入内容时，页面会发生一定的变化，如页面上方输入姓名和电话的两个编辑框中的文字会自动消失，要求填写电话信息的编辑框右侧会出现一个"删除"的图标，单击该图标，编辑框中的内容会被自动删除。另外，页面下方两个编辑框的内容会随着其中内容的行数而自动增加高度。

在问卷中填入数据后的页面如图 7-5 所示。之所以会带来这些变化是由于 jQuery Mobile 为文本编辑框设置了一些属性，如 placeholder 属性中的内容即是当编辑框未被使用时在其中显示的内容。而当用户在编辑框中输入数据之后，placeholder 所标注的内容会自动消失。

图 7-4　简单的手机调查问卷

图 7-5　在问卷中填入内容

在本范例中新用到的控件 textarea 是一种定义了多行文本的文本编辑控件，它可以根据其中的内容自动调整自身的高度，同时也可以通过拖拽的方式对其大小进行调整。

另外，读者也许会注意到在输入电话的编辑框中，笔者将空间的 type 属性设置为 tel，这样就会在用户输入其中内容时，自动将输入法切换到数字键盘，方便用户使用。

另外，jQuery Mobile 还提供了一些其他属性，如表 7-1 所示，供读者参考。

表 7-1　一些 type 属性

编号	属性	说明
0	type="search"	将在编辑框左侧生成带有搜索图标的按钮
1	type="number"	默认编辑框中输入内容为数字
2	type="date"	默认编辑框中输入内容为日期
3	type="month"	默认编辑框中输入内容为月数
4	type="week"	默认编辑框中输入内容为周一至周日中的某一天
5	type="time"	默认编辑框中输入内容为时刻

（续表）

编号	属性	说明
6	type="datetime"	默认编辑框中输入内容为日期+时间
7	type="tel"	默认编辑框中输入内容为电话号码
8	type="email"	默认编辑框中输入内容为邮件地址
9	type="url"	默认编辑框中输入内容为网址
10	type="password"	默认将编辑框中输入内容转换为圆点显示
11	type="file"	默认该编辑框可以通过单击来选取设备中的文件

　　虽然 jQuery Mobile 为开发者准备了如此多的属性，但是这并不代表我们就可以安枕无忧了，它只是为提高用户体验而做出的改进。如在标注有 type="number"的编辑框中，依然可以输入汉字，这就需要读者利用脚本来编写相应的内容限制用户的输入，这对应用的安全性以及用户体验至关重要。

 一个优秀的应用至少要经过前端利用 JavaScript，后台利用脚本语言（如 PHP）进行至少两层的过滤，才能够保证不会因某些用户恶意构造的数据而被破坏。

7.3　精准的进度控制

　　第 6 章曾经与读者分享了一个利用按钮来制作音乐播放器界面的例子，但是该播放器有一个致命缺陷，即没有标注播放进度的进度条。本节将对它进行完善，在制作进度条时需要用到表单中的滑动条控件。

【范例 7-4　用滑动条控制播放进度】

```
01    <!DOCTYPE html>                      <!--声明 HTML 5-->
02    <html>
03    <head>
04    <meta http-equiv="Content-Type" content="text/html; charset=utf-8" />
05    <title>精确地进度 </title>
06    <meta name="viewport" content="width=device-width, initial-scale=1">
07    <link                                         rel="stylesheet"
href="http://code.jquery.com/mobile/latest/jquery.mobile.min.css" />
08    <script src="http://code.jquery.com/jquery-1.7.1.min.js"></script>
09    <script
src="http://code.jquery.com/mobile/latest/jquery.mobile.min.js"></script>
```

```
10    </head>
11    <body>
12        <div data-role="page" data-theme="a">
13            <div data-role="header">
14                <a href="#">返回</a>
15                <h1>音乐播放器</h1>
16            </div>
17            <div data-role="content">
18                <!--使按钮分组排列，默认为纵向-->
19                <div data-role="controlgroup">
20                    <a href="#" data-role="button">no air </a>
21                    <a href="#" data-role="button">
22                        <img src="music.jpg" style="width:80%;"/>
23                    </a>
24                    <a href="#" data-role="button">no air </a>
25                    <a href="#" data-role="button">Jordon spark</a>
26                </div>
27                <form>
28                    <!--通过max和min属性的最大值和最小值来确定滑块的位置-->
29                    <input name="jindu" id="jindu" min="0" max="100" value="50"
type="range">
30                </form>
31                <!--使按钮分组排列，通过属性data-type设置为横向-->
32                <div data-role="controlgroup" data-type="horizontal">
33                    <a href="#" data-role="button">后退</a>
34                    <a href="#" data-role="button">播放</a>
35                    <a href="#" data-role="button">暂停</a>
36                    <a href="#" data-role="button">后退</a>
37                </div>
38            </div>
39            <div data-role="footer">
40                <h1>暂无歌词</h1>
41            </div>
42        </div>
43    </body>
44    </html>
```

运行结果如图 7-6 所示。

可以通过拖动滑动条上的圆形滑块，控制播放进度，左侧的编辑框中会显示目前播放占总长度的百分比，当然，也可以通过设置滑动条的 max 与 min 属性来修改这里的数值，在 value 处可以设置初始时显示的数值，这里设为 50 是为了方便查看效果，实际开发中建议设置为 0。

> 虽然官方文档中给出的例子大多为滑动条左侧的编辑框加上了说明用的标签，但是笔者经过实际使用发现，这些标签主要是为了便于开发者学习，在实际应用时效果并不理想，因此建议舍弃。

图 7-6　加入滑动条的播放器界面

7.4　多彩的调色板

上一节介绍了滑动条的使用方法，可是有很多的遗漏，如没有介绍怎样利用滑动条来控制数据。下面以一个调色板的例子来进行讲解。

【范例 7-5　用一组滑动条控制背景颜色】

```
01    <!DOCTYPE html>
02    <html>
03    <head>
04    <meta http-equiv="Content-Type" content="text/html; charset=utf-8" />
05    <title>多彩的调色板 </title>
06    <meta name="viewport" content="width=device-width, initial-scale=1">
07    <link rel="stylesheet" href="jquery.mobile.min.css" />
08    <script src="jquery-1.7.1.min.js"></script>
09    <script src="jquery.mobile.min.js"></script>
10    <script>
11    function set_color()
```

141

```
12    {
13        var red = $("#red").val();                              //获取红色的数值
14        var green = $("#green").val();                          //获取绿色的数值
15        var blue =$("#blue").val();                             //获取蓝色的数值
16        var color = "RGB("+red+","+green+","+blue+")";          //利用3种颜色的数值
生成代表 rgb 的字符串
17        $("div").css("background-color",color);                 //修改页面的颜色
18    }
19    </script>
20    </head>
21    <body>
22        <div data-role="page" onclick="al();">
23            <div data-role="header">
24                <h1>调色板</h1>
25            </div>
26            <div data-role="content" style="height:320px;">
27            </div>
28            <div data-role="footer">
29                <form>
30                    <input name="red"  id="red"  min="0"  max="255"  value="0"
type="range" onchange="set_color();" />              <!--控制红色的深度-->
31                    <input name="green" id="green" min="0" max="255" value="0"
type="range" onchange="set_color();" />              <!--控制绿色的深度-->
32                    <input name="blue" id="blue" min="0" max="255" value="0"
type="range" onchange="set_color();" />              <!--控制蓝色的深度-->
33                </form>
34            </div>
35        </div>
36    </body>
37    </html>
```

　　屏幕底部的 3 个滑动条分别代表 RGB 颜色中的一个，通过拖动它们可以改变红绿蓝这 3 种颜色的值，从而改变整体的颜色，运行结果如图 7-7 所示。

　　这个例子看上去没什么用处，但是它却实现了人机交互中一个非常重要的效果。当滑动条被拖动时，虽然只能生成 0~255 共 256 个整数值，在用户眼中却可以是在这之间的任何值（包括小数）。因此当给予用户某些自定义选择（如音量、屏幕亮度）时，滑动条控件是非常好的选项，如安卓系统原生的屏幕亮度设置就使用了类似滑动条的样式，如图 7-8 所示。

图 7-7　利用滑动条设置背景颜色　　　　图 7-8　安卓原生界面中的屏幕亮度设置

7.5　熄灯，请闭眼

在 2013 年夏天，腾讯推出了两款惊天动地的休闲游戏"打飞机"和"天天爱消除"，可谓再一次震惊了全体玩家。笔者更关心还是同时完成了更新的手机版 QQ 2013 竟然没有夜间模式，这让人感觉很不舒服。

夜间模式实际上就是在页面的某个角落放置一个开关，通过开关可以实现对屏幕颜色的控制，这有点儿像上一节中的调色板，但是本例更加简单，只要实现对预先设定好的两种颜色进行切换就足够了。比较复杂的是开关的选择，用一个按钮也不是不可以，但是总觉得粗糙了一点儿，那就先来看一看腾讯是怎样设计的，如图 7-9 所示。

图 7-9　手机 QQ 中的开关

从图中可以清楚地看到，腾讯采用了一种非常接近于现实中开关的方式，在打开和关闭的状态下使用了不同的图案，简洁明了，让人一看就知道如何使用（这种开关形式最早出现在苹果设备中）。

143

实际上，jQuery Mobile 也为开发者准备了这样的控件，即开关控件。

【范例 7-6　用开关控件设置夜间模式】

```
01  <!DOCTYPE html>
02  <html>
03  <head>
04  <meta http-equiv="Content-Type" content="text/html; charset=utf-8" />
05  <title>开关的使用 </title>
06  <meta name="viewport" content="width=device-width, initial-scale=1">
07  <link rel="stylesheet" href="jquery.mobile.min.css" />
08  <script src="jquery-1.7.1.min.js"></script>
09  <script src="jquery.mobile.min.js"></script>
10  <script>
11  $(document).ready(function(){
12      setInterval(function(){
13          var myswitch = $("select");                      //获取开关控件
14          var i=myswitch[0].selectedIndex; //判断开关中的第一个 option 是否被选中，
从而获得开关的状态
15          if(i==1)                                         //开关的值为"打开"
16          {
17              $("div").css("background-color","black");// "关灯"即设置背景为黑色
18          }
19          else
20          {
21              $("div").css("background-color","white");          // "开灯"即设置背
景为白色
22          }
23      },50);
24  });
25  </script>
26  </head>
27  <body>
28      <div data-role="page">
29          <div data-role="header">
30              <h1>开关控件的使用</h1>
31          </div>
32          <div data-role="content" style="height:430px;">
33              <div data-role="fieldcontain">
34                  <!--实际上开关是选择控件的一种特例-->
```

```
35                       <select name="slider" id="slider" data-role="slider">
36                           <!--开关两种状态分别用一个option标签来表示-->
37                           <option value="off">关</option>
38                           <option value="on">开</option>
39                       </select>
40                  </div>
41              </div>
42     </body>
43     </html>
```

这里实际上应该使用 Ajax 的方式来获取开关的值，但是由于本节的要点是开关值的获取方法而不是 Ajax，因此笔者选择使用这种粗糙的方式来实现对背景颜色的动态修改。

代码运行结果如图 7-10 和图 7-11 所示。在页面被打开时，开关上显示"关"字且页面背景为白色，单击开关，会发现开关上圆形按钮的位置转移，"关"也自动变成了"开"，页面的背景颜色变成了黑色，夜间模式开启成功。再次单击开关，页面又会恢复到开始的状态。

在使用开关时，首先要在页面中加入一组 select 标签，在其中加入两个 option 标签，当页面完成加载后，这两个 option 的值将成为这个开关的两种状态。另外，select 需要被包裹在一个 div 标签中，同时设置属性 data-role="fieldcontain"。

在使用时，可以通过 select 标签来获取开关控件，这样获得的实际上是一个数组，但是在开关中仅有数组的第一个元素是可以使用的，即范例中的 myswitch[0]。可以通过它的 selectedIndex 属性来获取是哪个选项被选中，即开关的打开和关闭状态，这样就可以得知开关有没有被打开了。

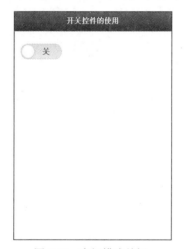

图 7-10　夜间模式关闭

图 7-11　夜间模式开启

在实际使用中，最好将开关控件放置在偏右侧一点的位置，因为用户大多习惯使用右手，将开关放置在右侧能够给用户带来更好的使用体验。

145

7.6 做一道选择题

在移动应用竞争越来越激烈的今天，越来越多的应用走上了免费的道路，然而作为开发者，还是更愿意自己的设计能够带来财富，那么什么样的应用能够让用户心甘情愿地掏腰包呢？没错！当然是教育行业，从四、六级题库到 CISCO、软考的题库，无一不是对用户有着巨大价值的资源。

要制作一款题库软件，使用单选框是一个非常便捷的选择。

【范例 7-7　利用单选框做选择题】

```
01    <!DOCTYPE html>
02    <html>
03    <head>
04    <meta http-equiv="Content-Type" content="text/html; charset=utf-8" />
05    <title>单项选择题</title>
06    <meta name="viewport" content="width=device-width, initial-scale=1">
07    <link rel="stylesheet" href="jquery.mobile.min.css" />
08    <script src="jquery-1.7.1.min.js"></script>
09    <script src="jquery.mobile.min.js"></script>
10    </head>
11    <body>
12       <div data-role="page">
13          <div data-role="header">
14             <h1>第一题</h1>
15          </div>
16          <div data-role="content" style="height:430px;"><!--这里的高度可以自由
设置-->
17             <fieldset data-role="controlgroup"><!--使用分组的方式将选项关联起
来-->
18                <!--legend 标签用来显示标题-->
19                <legend>哪一个术语定义了电信运营商承诺每秒通过单个 PVC 的字节数?
</legend>
20                <!--通过将 input 和 label 用 id 绑定的方式将它们结合起来-->
21                <input type="radio" name="radio-choice" id="radio-choice-1"
value="choice-1"/>
22                <label for="radio-choice-1">访问速率</label>
23                <input type="radio" name="radio-choice" id="radio-choice-2"
value="choice-2" />
24                <label for="radio-choice-2">BECN</label>
```

146

```
25                        <input type="radio" name="radio-choice" id="radio-choice-3"
value="choice-3" />
26                        <label for="radio-choice-3">CIR</label>
27                        <input type="radio" name="radio-choice" id="radio-choice-4"
value="choice-4" />
28                        <label for="radio-choice-4">FECN</label>
29                        <input type="radio" name="radio-choice" id="radio-choice-5"
value="choice-5" />
30                        <label for="radio-choice-5">标头速率</label>
31                </fieldset>
32            </div>
33    </body>
34    </html>
```

运行结果如图 7-12 所示。

打开页面之后可以清楚地看到，在头部栏下面是一个问题，问题下方是一组像按钮一样的选项，包含问题的答案。选择其中一个答案，可以看到按钮的最左侧出现了一个实心圆，表示该条目已被选中，如图 7-13 所示。

相比其他控件，单选框的使用虽然也很简单，但却比较繁琐，首先需要用一组<fieldset data-role="controlgroup">标签将单选框中的内容包括在里面，然后包含在 legend 中的内容为问题。在下面连续使用多组代码来声明选项，代码格式如下：

```
<input type="radio" name="radio-choice" id="radio-choice-1" value="choice-1"/>
<label for="radio-choice-1">访问速率</label>
```

注意　每一个选项都必须设置属性 name="radio-choice"，且属性 id 必须唯一。

图 7-12　利用单选框实现选择题 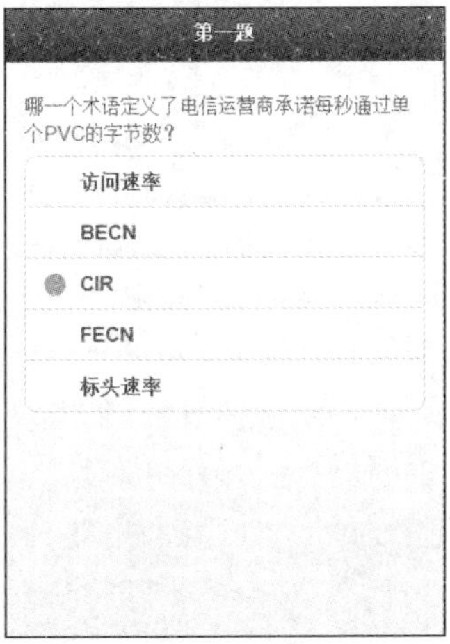　　　　图 7-13　选中答案之后的效果

7.7 多项选择题

上一节学习了单选控件的使用并做了一个简单的答题软件，但是考题不仅有单项选择题，还有少部分的多项选择题，jQuery Mobile 能不能实现这样的功能呢？

答案当然是肯定的，具体实现方法参看下面的范例 7-8。

【范例 7-8　利用复选框做多项选择题】

```
01    <!DOCTYPE html>
02    <html>
03    <head>
04    <meta http-equiv="Content-Type" content="text/html; charset=utf-8" />
05    <title>多项选择题 </title>
06    <meta name="viewport" content="width=device-width, initial-scale=1">
07    <link rel="stylesheet" href="jquery.mobile.min.css" />
08    <script src="jquery-1.7.1.min.js"></script>
09    <script src="jquery.mobile.min.js"></script>
10    </head>
11    <body>
12        <div data-role="page">
13            <div data-role="header">
14                <h1>第一题</h1>
15            </div>
16            <div data-role="content" style="height:430px;">
17                <!--实现方法与单选框几乎一样-->
18                <fieldset data-role="controlgroup">
19                    <legend>哪一个术语定义了电信运营商承诺每秒通过单个 PVC 的字节数？
</legend>
20                    <!--type 属性的值变成了 checkbox-->
21                    <input type="checkbox" name="checkbox-choice" id="checkbox-
choice-1" value="checkbox-1"/>
22                        <label for="checkbox-choice-1">访问速率</label>
23                    <input type="checkbox" name="checkbox-choice" id="checkbox-
choice-2" value="checkbox-2" />
24                        <label for="checkbox-choice-2">BECN</label>
25                    <input type="checkbox" name="checkbox-choice" id="checkbox-
choice-3" value="checkbox-3" />
26                        <label for="checkbox-choice-3">CIR</label>
```

```
27                    <input type="checkbox" name="checkbox-choice" id="checkbox-
choice-4" value="checkbox-4" />
28                        <label for="checkbox-choice-4">FECN</label>
29                    <input type="checkbox" name="checkbox-choice" id="checkbox-
choice-5" value="checkbox-5" />
30                        <label for="checkbox-choice-5">标头速率</label>
31                    </fieldset>
32            </div>
33    </body>
34    </html>
```

本例使用了与上一节相同的问题，运行结果如图 7-14 和图 7-15 所示。

首先将图 7-14 与图 7-12 比较可知，在没有选择时，单选框与复选框的界面没有什么不同。但是再比较图 7-13 与图 7-15 就会发现一些变化，首先是允许同时选中两个以上的选项，其次是原来的实心圆被替换成了实心正方形。

在学会单选框的使用后，复选框的使用就变得非常简单了，只要将单选框中的 type="radio" 全部修改为 type="checkbox"即可。

图 7-14　利用复选框实现的多项选择题　　　图 7-15　选中复选框后的效果

可以使用复选框的地方还有许多，如 QQ 中可以专门拿出一个页面，用于设置是否接受群消息、是否接受图片等功能，读者不要仅仅局限在题库一种用途上。

7.8 请问先生需要什么服务

笔者曾到大连参加一个关于移动开发的会议，期间在酒店发现了一个非常有意思的东西。酒店在每个房间中放置了一个类似手机的终端，打开之后显示类似于上一节实现的单选框界面，可以在其中选择需要的服务，如送水或饮料等。

笔者对此非常感兴趣，但是觉得为此专门购买设备有些太浪费了，既然现在的手机普及率这么高，为什么不直接开发一款这样的软件让顾客下载使用呢？

好了，下面就来分享一下自己的思路。

【范例 7-9 jQuery Mobile 制作的自助服务系统】

```
01   <!DOCTYPE html>                    <!--声明 HTML 5-->
02   <html>
03   <head>
04   <meta http-equiv="Content-Type" content="text/html; charset=utf-8" />
05   <title>自助服务系统 </title>
06   <meta name="viewport" content="width=device-width, initial-scale=1">
07   <link rel="stylesheet" href="jquery.mobile.min.css" />
08   <script src="jquery-1.7.1.min.js"></script>
09   <script src="jquery.mobile.min.js"></script>
10   </head>
11   <body>
12       <div data-role="page">
13           <div data-role="header">
14               <h1>请问需要什么服务</h1>
15           </div>
16           <div data-role="content" style="height:430px;">
17               <!--使用属性 data-role 来声明选择列表-->
18               <div data-role="fieldcontain">
19                   <!--这里才是选择列表，尝试去掉 data-native-menu 属性试试看-->
20                   <select name="select" id="select" data-native-menu="false">
21                       <!--每一项用一个 option 标签来列举-->
22                       <option value="please">请选择您需要的服务: </option>
23                       <option value="choice1">我需要开水</option>
24                       <option value="choice2">我需要食物</option>
25                       <option value="choice3">我需要报纸和杂志</option>
26                       <option value="choice4">我需要一点零食</option>
27                       <option value="choice5">屋里太脏了，来打扫一下</option>
28                       <option value="choice5">消费金额查询</option>
29                       <option value="choice5">账单查询</option>
30                       <option value="choice5">人工服务</option>
31                   </select>
```

```
32                    </div>
33                </div>
34        </body>
35    </html>
```

运行结果如图 7-16 所示。

可以看到在页面上方有一个类似按钮的控件,单击之后会弹出一个对话框,如图 7-17 所示。对话框中列出了一些顾客可能需要的服务,用户可以在其中选取自己需要的服务。

仔细观察范例中的代码,读者也许会觉得有点眼熟,select 标签在前面开关控件的范例中使用过。没错!开关控件实际上就是本节所要介绍的选择菜单控件的一种特殊形式,由于开关形式更加常用,因此放在前面进行讲解。

与开关控件相同的是,也需要用 select 标签来包裹,不同之处在于可以有多个 option 被包含在其中。每个 option 标签所包含的内容就是弹出对话框中的按钮内容。

图 7-16　自助服务系统

图 7-17　弹出各种服务的选项

 option 标签中的 value 属性用来标记用户选择的结果,因此它非常重要,一定不要将两个 option 的 value 属性设成相同的值,这样会造成程序逻辑的混乱。在选项较多时,建议将该属性以一个英文打头加一个阿拉伯数字的形式设置,便于区分。当然在选项较少时,如 2~4 个选项,可以使用前缀+有意义的英文单词的形式,便于记忆。

实际上,本例所使用的依然是选择菜单控件的一种特殊形式,读者可以尝试去掉代码中的 data-native-menu="false"属性,运行结果如图 7-18 所示。

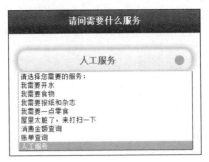

图 7-18　默认的选择菜单样式

当在空间中加入属性 data-native-menu="false"后，实际上是将默认的样式关闭，也就是开启了自定义样式。虽然说是自定义，可是读者都可以清楚地看到笔者并没有对属性进行自定义。这一切都是 jQuery Mobile 的开发者设计好的，只要能够方便地去使用它就可以了。

下面介绍这两种控件分别在什么情况下使用，首先介绍默认样式的选择菜单，在一些需要选择范围的应用中有着广泛的需求。如开发一款新闻浏览软件时，可以利用它来筛选需要浏览的类别；再如一些电子商务平台的客户端，也可以通过它来限制搜索商品的类别。

说到本节介绍的这种"自定义的"选择菜单，读者应该已经非常了解它的作用，这里再举一个例子。如许多应用现在都加入了换肤功能，可以利用它来选择应用使用什么样的主题。当然，利用这种选择菜单来做一款答题软件也是非常棒的。

7.9　对话框中的表单

前面的内容介绍了一些使用表单的方法，笔者在介绍表单的时候脑海中一直徘徊着这样一个画面，即单击页面上的某按钮之后弹出一个对话框，在这个对话框中可以选择登录、注册等内容。

这样的效果非常容易实现，只需要将相应的表单元素插入到一个对话框中即可，但是由于笔者担心读者对对话框的了解还不够，所以决定通过一个单独的例子来介绍。

【范例 7-10　对话框中的表单】

```
01    <!DOCTYPE html>
02    <html>
03    <head>
04    <meta http-equiv="Content-Type" content="text/html; charset=utf-8" />
05    <title>对话框中的表单</title>
06    <meta name="viewport" content="width=device-width, initial-scale=1">
07    <link rel="stylesheet" href="jquery.mobile.min.css" />
08    <script src="jquery-1.7.1.min.js"></script>
09    <script src="jquery.mobile.min.js"></script>
10    </head>
11    <body>
```

```
12        <div data-role="page">
13            <div data-role="header">
14                <h1>请单击登录按钮</h1>
15            </div>
16            <div data-role="content" style="height:430px;">
17                <!--呼出对话框用的按钮，href 属性指向对话框的 id-->
18                <a href="#popupLogin" data-rel="popup" data-role="button">登录
</a>
19                <!--这是一个对话框-->
20                <div data-role="popup" id="popupLogin" data-theme="a" class="
ui-corner-all">
21    .             <form><!--在对话框中加入表单-->
22                    <div style="padding:10px 20px;">
23                        <h3>请输入用户名和密码</h3>
24                        <label for="un" class="ui-hidden-accessible">用户
名:</label>
25                        <input name="user" id="un" value="" placeholder="
用户名" type="text">
26                        <label for="pw" class="ui-hidden-accessible">
Password:</label>
27                        <input name="pass" id="pw" value="" placeholder="
密码" type="password">
28                        <button type="submit" data-icon="check" data-theme=
"b">登录</button>
29                    </div>
30                    </form>
31                </div>
32            </div>
33        </div>
34    </body>
35    </html>
```

运行结果如图 7-19 所示。

当单击页面中央的"登录"按钮之后就会弹出一个对话框，如图 7-20 所示，这个对话框中包含两个文本框和一个"登录"按钮。再回过头来看范例中的代码就能发现，其实现方法非常简单，只是将表单所用到的内容全部移到了对话框所在的 div 标签中（代码第 22~29 行）。

图 7-19　单击"登录"按钮　　　　图 7-20　弹出带有表单的对话框

还可以通过修改 div 的 style 属性来设置对话框的高度和宽度。

7.10　小结

本章主要介绍了各种表单元素的使用。与传统的按钮相比，表单元素具有更加丰富的表现力，能够提交一些更复杂的数据，如文本编辑框能够提交字符串、滑动条控件能够将数值信息传递出去，等等。但这同时也增加了开发者的工作难度，好在 jQuery Mobile 的存在让这一切大大简化。无论如何，丰富的想象力和洞察力是开发者必不可少的。读者要力求在熟练掌握这些控件的基础上再做出创新，创造出令人惊叹的应用来。

第8章

◀ 列表控件的使用 ▶

　　列表控件是本书要介绍的最后一种控件，实际上在大多数开发框架中并没有将它单独列出作为一种控件来使用。传统的 HTML 中虽然有<li>和<ul>标签，但却由于 CSS 的关系导致其在实际开发中始终处于比较鸡肋的地位。jQuery Mobile 提供的列表控件却让开发者非常喜爱，因为它使用方便而且具有出色的交互性。本章就介绍列表控件的使用方法。

本章主要的知识点包括：

- 列表的使用方法，包括最基础的列表以及列表内容的排列技巧
- 列表的高级用法，包括在列表中插入图片以及额外的按钮
- 使用列表规划界面布局

8.1 简单的新闻列表

百度贴吧的标题实际上就是一组列表，图 8-1 就是 jQuery Mobile 贴吧的一张截图。

图 8-1　百度 jQuery Mobile 贴吧的帖子列表

除这些之外，一些新闻网站也会将重要的新闻在主页上展示出来，如图 8-2 所示。

- **车展探营 高7新马3等热门车抢先看**
- 图文直播致炫上市 或6.98-10.98万
- 性能控 2013 AMG极致驾驭挑战赛
- 卷土重来 2014款玛莎拉蒂Ghibli
- 东风标致301上市 售8.47-11.67万
- 北现名图上市 售价12.98-18.98万

- **国产越野新曙光 试驾北京汽车BJ40**
- 新一代MINI三门掀背车官图曝光
- 高配很靓 低配寒酸 野帝上市竞争力分析
- 海马旗舰轿车12月上市 竞争北汽绅宝
- 马自达Atenza明年国产 将采用全新命名
- 长安福特将推全新中级车 竞争广本凌派

图 8-2　火狐网站上的一组新闻列表

相比之下，图 8-2 所示的列表非常简单，只有一个标题，而图 8-1 所示的帖子列表就比较复杂了。本节就先介绍列表控件最简单的用法，即用列表控件来实现一个最简单的新闻列表。

【范例 8-1　用列表控件实现简单的新闻列表】

```
01  <!DOCTYPE html>
02  <html>
03  <head>
04  <meta http-equiv="Content-Type" content="text/html; charset=utf-8" />
05  <title>简单的新闻列表</title>
06  <meta name="viewport" content="width=device-width, initial-scale=0.5">
07  <link rel="stylesheet" href="jquery.mobile.min.css" />
08  <script src="jquery-1.7.1.min.js"></script>
09  <script src="jquery.mobile.min.js"></script>
10  </head>
11  <body>
12      <div data-role="page">
13      <div data-role="header" data-position="fixed" data-fullscreen="true">
14          <a href="#">返回</a>
15          <h1>今日新闻</h1>
16          <a href="#">设置</a>
17      </div>
18          <!--注意，在本例中仅用了头部栏和尾部栏而没有内容栏-->
19          <!--使用 ul 标签声明列表控件-->
20          <ul data-role="listview">
```

```
21                    <!--列表中的每一项用 li 来声明,其中加入 a 标签可使列表可单击-->
22                    <li><a href="#">中美海军举行联合反海盗演习 首次演练实弹射击
</a></li>
23                    <li><a href="#">安徽回应警察目睹少女被杀:不护短已提请检方介入
</a></li>
24                    <!--以下代码雷同,读者可自行复制粘贴-->
25                    <li><a href="#">美"51区"雇员称内有9架飞碟 曾见灰色外星人
</a></li>
26                    <li><a href="#">巴基斯坦释放337名印度在押人员</a></li>
27                </ul>
28            <div data-role="footer" data-position="fixed" data-fullscreen="true">
29                <div data-role="navbar">
30                    <ul>
31                        <li><a id="chat" href="#" data-icon="custom">今日新闻
</a></li>
32                        <li><a id="email" href="#" data-icon="custom">国内新闻
</a></li>
33                        <li><a id="skull" href="#" data-icon="custom">国际新闻
</a></li>
34                        <li><a id="beer" href="#" data-icon="custom">设 置
</a></li>
35                    </ul>
36                </div>
37            </div>
38        </div>
39    </body>
40    </html>
```

运行结果如图 8-3 所示。

在使用标签时,首先要在页面中加入一个标签\<ul data-role="listview"\>\</ul\>,之后就可以在其中加入任意数量的\<li\>标签,其中的内容会以一种类似按钮的形式显示出来。

细心的读者会发现在\<ul\>标签处的缩进有点不正常,这是由于列表控件在内容栏中显示会不正常,笔者特意在此处留出一段空白来提醒读者注意。图 8-4 就是将列表放在内容栏中的效果。

图 8-3　简单的新闻列表　　　　　图 8-4　将列表放在内容栏中显示效果不佳

8.2　音乐专辑列表的显示

第 6 章曾经制作了一个音乐播放器的界面，看上去非常低调且华丽，但是一款播放器仅仅有一个界面是远远不够的，因为谁都不可能老是听同一首歌，因此一个配套的播放列表也是非常重要的。图 8-5 就是安卓版酷狗音乐播放列表的一个截图。

图 8-5　酷狗音乐的播放列表

这里暂时先不管它的头部栏和尾部栏，本节的重点在于列表，列表中主要包含音乐的类别和名称，同时在名称的左侧插入了一张专辑图片。下面开始做这个简单的播放列表。

【范例 8-2　带有图片的音乐专辑列表】

```
01  <!DOCTYPE html>
02  <html>
03  <head>
04  <meta http-equiv="Content-Type" content="text/html; charset=utf-8" />
05  <title>音乐专辑列表</title>
06  <meta name="viewport" content="width=device-width, initial-scale=0.5">
07  <link rel="stylesheet" href="jquery.mobile.min.css" />
08  <script src="jquery-1.7.1.min.js"></script>
09  <script src="jquery.mobile.min.js"></script>
10  </head>
11  <body>
12      <div data-role="page">              <!--声明一个页面-->
13      <div data-role="header" data-position="fixed" data-fullscreen="true">
    <!--头部栏和尾部栏固定-->
14          <a href="#">返回</a>
15          <h1>播放列表</h1>                              <!--显示标题: 播放列表-->
16          <a href="#">设置</a>
17      </div>
18          <!--使用 ul 标签来声明列表-->
19      <ul data-role="listview" data-inset="true">
20          <!--列表中的每一项用 li 标签来声明-->
21          <li><a href="#">      <!--标签 a 确保列表中的每一项都是可单击的-->
22              <img src="1.jpg">      <!--显示列表项中的图片, jQuery Mobile 默认
将它显示在左侧-->
23              <h2>no air</h2> <!--h2标签可以用来确定歌曲名称, 因为字体较大-->
24              <!--p 标签起到换行的作用-->
25              <p> Chris Brown</p></a>
26          </li>
27          <li><a href="#">
28              <img src="2.jpg">
29              <h2>斯卡布罗集市 </h2>
30              <p>莎拉布莱曼</p></a>
31          </li>
32          <!--中间部分内容因雷同而省略, 请读者自由发挥-->
33          <li><a href="#">
34              <img src="3.jpg">
35              <h2>地球仪</h2>
36              <p>松泽由美</p></a>
37          </li>
38          <li><a href="#">
39              <img src="4.jpg">
40              <h2>brave song</h2>
41              <p>多田葵</p></a>
42          </li>
43      </ul>
```

```
44      </div>
45   </body>
46   </html>
```

为了在页面中能突出列表控件可以延伸的效果，笔者特地让列表中的内容超过了页面能显示的宽度，运行结果如图 8-6 所示。

图 8-6 带专辑图片的播放列表

代码很简单，相信读者都能很轻松地看明白，这里简单介绍一下。在 jQuery Mobile 的列表控件中，默认如果在<li>标签中的第一个位置插入图片将会把图片放大或缩小到 80×80 像素的大小，并在列表左侧显示。也就是说想把专辑图片放在右边是不容易做到的。

还有一个问题，为什么表示歌曲名称与歌手的文字会自动换成两行显示呢？难道与专辑图片的显示类似，是由于<li>中的第 2 个和第 3 个子空间会自动换行吗？

当然不是！如果那样也未免太死板了。

真相是这样的，在显示歌手名字时，使用了<p>标签将文字包裹，而<p>标签本身就隐含了换行显示的作用，因此能够将歌手的名字在第 2 行显示出来。

jQuery Mobile 中保留了大量 HTML 中自带的属性，这些属性经常会带来意外的惊喜。

本节的范例除可以用于音乐播放列表之外，在一些新闻列表中也常常会用到，另外，在上一节中使用的百度贴吧帖子列表，也可以用本节讲到的技术来实现。

虽然理论上 jQuery Mobile 的列表控件中可以无限地加入项目，但是开发者在设计时要充分考虑到移动设备的性能极限，尤其是有大量图片需要加载时，极容易出现卡顿的现象。比如，笔者测试使用的 MOTO ME525 在加载超过 100 个项目的列表时，每次拖动列表都会出现一秒以上的停顿，这不是好的用户体验。

8.3　更完善的音乐专辑列表

　　上一节分享了一个制作音乐播放器播放列表的例子，在实际开发中往往需要更加复杂的播放列表。比如，当前显示的是网络音乐列表，在列表的右侧有一个按钮，通过这个按钮可以将资源添加到本地播放列表进行保存，这就需要对上一节的范例做一些改进。

【范例 8-3　改进后的音乐专辑列表】

```
01  <!DOCTYPE html>
02  <html>
03  <head>        .
04  <meta http-equiv="Content-Type" content="text/html; charset=utf-8" />
05  <title>改进后的音乐专辑列表</title>
06  <meta name="viewport" content="width=device-width, initial-scale=0.5">
07  <link rel="stylesheet" href="jquery.mobile.min.css" />
08  <script src="jquery-1.7.1.min.js"></script>
09  <script src="jquery.mobile.min.js"></script>
10  </head>
11  <body>
12      <div data-role="page" data-theme="a">
13      <div data-role="header" data-position="fixed" data-fullscreen="true">
14          <a href="#">返回</a>
15          <h1>播放列表</h1>
16          <a href="#">设置</a>
17      </div>
18          <!--声明了列表，方法与上一节相同-->
19          <ul data-role="listview" data-split-icon="gear" data-split-theme=
"d" data-inset="true">
20              <li><a href="#">
21                  <img src="1.jpg"/>
22                  <h2>no air</h2>
23                  <!--利用元素p实现换行-->
24                  <p> Chris Brown</p></a>
25                  <!--注意，这里加入了一个新的链接而且链接地址指向了某个页面元素的id-->
26                  <a href="#purchase" data-rel="popup" data-position-to=
"window" data-transition="pop"></a>
27              </li>
28              <!--重复内容，读者可自行添加，多多益善-->
29              <li><a href="#">
30                  <img src="2.jpg">
31                  <h2>地球仪</h2>
32                  <p>松泽由美</p></a>
33              <a href="#purchase" data-rel="popup" data-position-to="window"
data-transition="pop"></a>
```

```
34                </li>
35                <li><a href="#">
36                    <img src="3.png">
37                    <h2>brave song</h2>
38                    <p>多田葵</p></a>
39              <a href="#purchase" data-rel="popup" data-position-to="window"
data-transition="pop"></a>
40                </li>
41            </ul>
42            <!--链接地址指向的页面元素-->
43            <div data-role="popup" id="purchase" data-theme="d" data-
overlay-theme="b" class="ui-content" style="max-width:340px;">
44              <h3>是否加入播放列表？</h3>
45              <a href="#" data-role="button" data-rel="back" data-theme=
"b" data-icon="check" data-inline="true" data-mini="true">是</a>
46              <a href="#" data-role="button" data-rel="back" data-inline=
"true" data-mini="true">否</a>
47            </div>
48        </div>
49    </body>
50    </html>
```

运行后结果如图 8-7 所示，单击列表右侧的按钮会弹出对话框，如图 8-8 所示。

图 8-7　进一步完善后的播放列表

图 8-8　单击播放列表右侧的按钮弹出对话框

实际上就是在列表中再加入一个链接，但是不要妄想再加入第 3 个链接，因为这与左侧的图标一样，都是 jQuery Mobile 为开发者早就设计好的，而且最后一个链接一定会自动显示在列表的右侧，就像范例中一样。

 本例中并没有引入链接的图标，因此显示的是一个空洞的圆圈，读者可以自行为其加入图标。

还可以利用本节的范例获取网络资源，然后利用列表右侧的按钮将选中的资源加载到本地播放列表，而由于本地播放列表不再需要额外的按钮，因此可以使用上一节中给出的范例，这样所创作出的应用看上去就比较完整了。

8.4 显示销量的商品列表

近几年来，电子商务一直是互联网开发者关注的一个热点，因为它投入低、收益快，创造了一个又一个的营销神话，让无数码农发家致富。上一节展示了一个比较复杂的列表例子。本节将返璞归真去掉华丽的图片，但是同样会带给读者一点新的知识。

笔者曾做过一些与电子商务有关的 APP，在这里就来分享一个利用 jQuery Mobile 显示商品列表的例子。

在制作有关电子商务的应用时，除了商品的价格和名称之外，还需要显示一些其他数据（如最近销量或点击量），而这样的数据可以利用列表控件的气泡功能实现。

【范例 8-4　利用消息气泡制作能显示销量的商品列表】

```
01    <!DOCTYPE html>
02    <html>
03    <head>
04    <meta http-equiv="Content-Type" content="text/html; charset=utf-8" />
05    <title>消息气泡的使用</title>
06    <meta name="viewport" content="width=device-width, initial-scale=0.5">
07    <link rel="stylesheet" href="jquery.mobile.min.css" />
08    <script src="jquery-1.7.1.min.js"></script>
09    <script src="jquery.mobile.min.js"></script>
10    </head>
11    <body>
12        <!--设置了新的页面-->
13        <div data-role="page">
14            <div            data-role="header"            data-position="fixed"
data-fullscreen="true">
15                <a href="#">返回</a>
16                <h1>商品列表</h1>
17                <a href="#">设置</a>
18            </div>
19            <!--不使用内容栏直接在页面中加入列表-->
20            <ul data-role="listview" data-inset="true">
21                <li><a href="#">                <!--每一个 li 标签标示列表中额一项-->
22                    <h2>联想 Y400</h2>            <!--用来显示电脑的型号-->
23                    <p>价格: 5199</p>         <!--这个是价格-->
24                    <span class="ui-li-count">820</span><!--本节的重点，以气泡的
```

163

```
形式给出信息-->
25              </a></li>                                    <!--结束-->
26              <li><a href="#">
27                  <h2>ThinkPad E430</h2>
28                  <p>价格: 3749</p>
29                  <span class="ui-li-count">45</span>
30              </a></li>
31              <!--此处为了节省篇幅，省略部分重复内容，可在图8-9中对比看出，读者可自行添
加内容-->
32              <li><a href="#">
33                  <h2>戴尔14V inspiron</h2>
34                  <p>价格: 3099</p>
35                  <span class="ui-li-count">674</span>
36              </a></li>
37              <li><a href="#">
38                  <h2>iMac</h2>
39                  <p>价格: 15999</p>
40                  <span class="ui-li-count">99</span>
41              </a></li>
42          </ul>
43      </div>
44  </body>
45  </html>
```

运行结果如图 8-9 所示。

图 8-9　显示用户浏览量的商品列表

范例中的数据均是在某电子商务网站上临时选取的，为了便于阅读去掉了左侧显示图片的部分，不过这并不妨碍页面的美观。

最重要的一点是，在每个列表的右侧多出了一个像气泡一样的图标，里面分别显示一条数据，

通过阅读范例给出的代码不难看出，这与代码<span class="ui-li-count"><!--其中的数字--></span>有关。没错！这就是列表中消息气泡的使用方法。

除商品信息之外，消息气泡同样适用于于其他类型的应用，比如在新闻类应用中用来显示评论的数量，在聊天类软件中用来显示接收的消息等。

> 尽量不要使气泡中的内容为空白，因为这样会产生一个非常小的气泡，影响整个页面的协调感，在有必要使用空白时，可以尝试在气泡中加入 2~3 个 。

8.5　图书销售排名

在前面介绍的几个使用列表的实例中，列表的每一项都起到了类似按钮的作用，那是由于在其中插入了链接的缘故。如果仅仅使用列表而不加入链接，将得到一个只能浏览而没有单击效果的列表。这样的列表往往用来完成展示某些数据的功能，比如展示某电子商务网站本月图书销售的排名。

既然是排名，自然要在列表中加入编号的数字，直接在列表中插入一对标签以显示数字，虽然不是不可以，但还有更好的办法。

【范例 8-5　制作带有编号的列表】

```
01    <!DOCTYPE html>                        <!--声明 HTML5-->
02    <html>
03    <head>
04    <meta http-equiv="Content-Type" content="text/html; charset=utf-8" />
05    <title>图书销售排名表 </title>
06    <meta name="viewport" content="width=device-width, initial-scale=0.5">
07    <link rel="stylesheet" href="jquery.mobile.min.css" />
08    <script src="jquery-1.7.1.min.js"></script>
09    <script src="jquery.mobile.min.js"></script>
10    </head>
11    <body>
12        <div data-role="page">
13            <div data-role="header" data-position="fixed" data-fullscreen=
"true">
14                 <a href="#">返回</a>
15                <h1>本月图书销售排名</h1>
16                <a href="#">设置</a>
17            </div>
18        <!--声明列表，<ol>标签与<ul>标签一样可以作为列表来使用-->
19            <ol data-role="listview">
20                <!--列表中不再存在 a 标签-->
21                <li><h2>我是个大师</h2></li>
```

```
22              <li><h2>致我们终将逝去的青春</h2></li>
23              <li><h2>饥饿游戏</h2></li>
24              <li><h2>我是个算命先生</h2></li>
25              <li><h2>谁主沉浮</h2></li>
26              <li><h2>剩下的方程式</h2></li>
27              <li><h2>世界经典推理故事大全集</h2></li>
28              <li><h2>三体全集</h2></li>
29              <li><h2>天坑猎鹰</h2></li>
30              <li><h2>心理罪之城市之光</h2></li>
31          </ol>
32      </div>
33  </body>
34  </html>
```

　　与 HTML 一样，在 jQuery Mobile 中也可以使用<ul>标签作为有序列表来使用。在 HTML 中，<ul>与<ol>都能够起到列表的作用，但是它们又有一些不同。<ol>表示的是有序列表，即会显示出列表中每一项的序号，而<ul>作为无序列表则不会显示序号。jQuery Mobile 显然也继承了 HTML 的这一规定。本例运行效果如图 8-10 所示。

　　虽然带有编号的列表使用起来非常方便，但是却有很大的局限性。比如，当需要在列表中插入图片或者是在列表中显示两行文字时，左侧的编号并不能居中显示而依然留在偏上的位置，这就影响了页面的效果。

 建议读者在使用带有编号的列表时，尽量使列表中仅保留一行文字，但可以利用在右侧加入按钮或者是在左侧加入图标的方式使列表更丰富。

图 8-10　带有编号的列表

8.6　简单的电话通讯录

有序列表能够有效地对列表中的内容进行排列和查找，除了通过编号之外，还可以通过对列表进行分组来实现信息的分类以提高查找效率，其中一个非常经典的例子就是手机的通讯录。

相信读者的手机里都至少存了上百个号码，管理起来自然是非常麻烦的，因此对手机里的号码进行分组是非常有必要的。

对号码分组的方式有很多，如安卓号码本身自带用姓名首字母对号码进行分组的功能，另外，按照用户的习惯，更多的是采用按照关系来分组的方式，如按照家人、同学、朋友、陌生人的方式对号码进行分组。

【范例 8-6　具有分组功能的列表】

```
01  <!DOCTYPE html>                     <!--声明 HTML5-->
02  <html>
03  <head>
04  <meta http-equiv="Content-Type" content="text/html; charset=utf-8" />
05  <title>具有分组功能的列表</title>
06  <meta name="viewport" content="width=device-width, initial-scale=0.5">
07  <link rel="stylesheet" href="jquery.mobile.min.css" />
08  <script src="jquery-1.7.1.min.js"></script>
09  <script src="jquery.mobile.min.js"></script>
10  </head>
11  <body>
12      <div data-role="page">
13          <!--使用 ul 标签声明一个列表-->
14          <ul data-role="listview" data-inset="true">
15              <!--使用属性 data-role="list-divider"作为分隔栏使用-->
16              <li data-role="list-divider">家人</li>
17              <!--这个才是真正的列表项-->
18              <li><a href="#">
19                  <h3>爸爸</h3>                    <!--列表中的内容-->
20                  <p>13334333564</p>           <!--使用 p 标签实现换行-->
21              </a></li>
22              <!--此处省略部分内容，读者可自行添加-->
23              <li data-role="list-divider">陌生人</li>
24              <li><a href="#">
25                  <h3>10086</h3>
26                  <p>10086</p>
```

```
27              </a></li>
28              <li><a href="#">
29                  <h3>骗子1</h3>
30                  <p>13334333564</p>
31              </a></li>
32              <li><a href="#">
33                  <h3>骗子2</h3>
34                  <p>13334333564</p>
35              </a></li>
36          </ul>
37      </div>
38  </body>
39  </html>
```

打开页面后，可以看到号码按照家人、同事、朋友、陌生人被分成了4组，并将组名与号码用不同的颜色显示，如图8-11所示。

图 8-11　分组的通讯录

对列表进行分组的方式也非常简单，只要在列表的某一项中加入属性data-role="list-divider"，该项就会成为列表中组与组之间的分隔符，以不同的样式显示出来。

 如果在分隔符中加入链接，将不会被处理为按钮的样式而仅给其中的文字加入链接。

这种对列表分组的方式还可以用在导航类应用上，比如可以制作一款与hao123具有类似功能的应用，将目标网址根据网站的类别进行分类。

8.7 让查找更加便捷

上一节介绍了一种对号码进行分类的方法，其实还可以根据号码本身的数字进行分类。比如在 QQ 界面偏上的位置有一个文本编辑框，在里面输入数字或者其他文字，QQ 会自动在好友列表中找出能与之匹配的好友（如图 8-12 所示）。

事实上，在手机的通讯录中也常常会用到类似的功能，比如在拨打电话的界面输入几个数字，手机会自动在号码本中找到符合条件的号码，并以列表的形式显示出来。这样的功能都可以通过列表控件来实现。

图 8-12　QQ 的好友搜索功能

【范例 8-7　便于查找的号码本】

```
01   <!DOCTYPE html>                    <!--声明 HTML5-->
02   <html>
03   <head>
04   <meta http-equiv="Content-Type" content="text/html; charset=utf-8" />
05   <title>便于查找的号码本</title>
06   <meta name="viewport" content="width=device-width, initial-scale=0.5">
07   <link rel="stylesheet" href="jquery.mobile.min.css" />
08   <script src="jquery-1.7.1.min.js"></script>
09   <script src="jquery.mobile.min.js"></script>
10   </head>
11   <body>
12       <!--设置 padding-top:10px 用来纠正在某些页面中显示不正常的bug-->
13       <div data-role="page" style="padding-top:10px">
14         <!--声明一个列表，其中属性 data-autodividers="true"使数据自动分组-->
15           <ul data-role="listview" data-autodividers="true" data-filter="true" data-inset="true" style="margin-top:10px">
16             <!--li 标签标示每一个列表项-->
17               <li><a href="index.html">陈二狗</a></li>
```

```
18          <li><a href="index.html">陈三狗</a></li>
19          <li><a href="index.html">陈四狗</a></li>
20          <li><a href="index.html">孙悟空</a></li>
21          <li><a href="index.html">孙二娘</a></li>
22          <li><a href="index.html">张三丰</a></li>
23          <li><a href="index.html">张无忌</a></li>
24          <li><a href="index.html">张飞</a></li>
25          <li><a href="index.html">刘备</a></li>
26          <li><a href="index.html">刘秀</a></li>
27          <li><a href="index.html">刘邦</a></li>
28          <li><a href="index.html">鲁班一世</a></li>
29          <li><a href="index.html">鲁班二世</a></li>
30          <li><a href="index.html">鲁班三世</a></li>
31          <li><a href="index.html">刘瑾</a></li>
32          <li><a href="index.html">10086</a></li>
33      </ul>
34   </div>
35 </body>
36 </html>
```

由于在列表中设置了属性 data-autodividers="true"，因此列表中的内容会根据首字母或者第一个汉字自动分组。另外，由于还设置了属性 data-filter="true"，因此在列表的上方还会显示一个针对列表内容的搜索框，运行效果如图 8-13 所示。

但是这里的自动分组效果似乎不是非常智能，需要人为地将具有相同首字母的内容排列在一起才可以被分在同一组中。

比如在该列表中，姓刘的有刘备、刘邦、刘秀、刘瑾，但是在图 8-14 可以看到 3 个皇帝（刘备、刘邦、刘秀）被分在了一组，而刘瑾就在单独的一组中。

图 8-13　列表的自动分组效果　　图 8-14　由于自动分组功能不够智能而产生的错误

可以尝试在上方的编辑框中输入一些内容，比如输入一个"刘"字，列表中带有"刘"字的列表项就会被筛选出来，如图 8-15 所示。

这里依然不是非常智能，比如保留了列表本身错误的两组"刘"，因此希望读者在使用自动分组功能时一定要提前对列表中的内容做好分类。

另外，在页面中加入了 style="padding-top:10px"与 style="margin-top:10px"两组属性，这其实是笔者的无奈之举。因为在某些版本的 jQuery Mobile 中，由于列表的搜索栏设计得不是十分完美，在显示上会出现一点小小的错误，如图 8-16 所示。

经过多次测试，笔者认为给列表的上方和页面的内边距分别加入 10 个像素的距离，就可以将搜索栏正常显示出来了。

还可以使用 jQuery Mobile 的一些具有自动完成功能的插件（如 AutoComplete）来实现类似的功能。

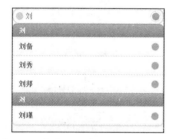

图 8-15　搜索列表中带有"刘"的内容　　　图 8-16　列表的搜索栏不能正常显示

8.8　比较高级的新闻列表

前面用一个简单的新闻列表展示了 jQuery Mobile 中列表的使用方法。当时由于对列表的了解还很少，因此实现的样式非常简单。但是经过前面几节的学习，相信读者已经能够掌握列表控件的使用方法了，本节将进一步完善 8.1 节中的范例，制作一款比较精美的新闻列表。

新闻列表首先要包括新闻的标题以及发生时间,同时还要显示出新闻的一部分内容,如图 8-17 所示为腾讯新闻的部分内容。

图 8-17　来自腾讯新闻的截图

根据图 8-17 设计新闻列表样式，如图 8-18 所示。

图 8-18　新闻列表的布局设计

每一个新闻列表项由左、中、右 3 部分组成，左侧显示新闻图片，中间为新闻标题和新闻内容的开头或概述，右侧显示新闻发生的时间。除此之外，还应当根据新闻发生的时间对新闻进行分组。

【范例 8-8　比较高级的新闻列表】

```
01    <!DOCTYPE html>
02    <html>
03    <head>
04    <meta http-equiv="Content-Type" content="text/html; charset=utf-8" />
05    <title>高级的新闻列表</title>
06    <meta name="viewport" content="width=device-width, initial-scale=0.5">
07    <link rel="stylesheet" href="jquery.mobile.min.css" />
08    <script src="jquery-1.7.1.min.js"></script>
09    <script src="jquery.mobile.min.js"></script>
10    </head>
11    <body>
12        <div data-role="page">
13        <!--声明一个头部栏-->
14            <div data-role="header" data-position="fixed" data-fullscreen=
"true">
15                <a href="#">返回</a>
16            <h1>今日新闻</h1>
17                <a href="#">设置</a>
```

```
18                    </div>
19                    <!--这次用到了内容栏，但是由于data-fullscreen="true"，因此列表两侧仍然没有
空隙-->
20            <div data-role="content">
21                    <!--声明一个列表，注意头部栏的默认高度是40px-->
22                    <ul data-role="listview" style="margin-top:45px;">
23                            <!--利用分隔栏来显示日期，其中使用了气泡来记录新闻的数量-->
24                            <li data-role="list-divider">8 月 27 日  星 期 二 <span
class="ui-li-count">4</span></li>
25                            <!--使用一个新的li标签来显示正式内容-->
26                            <li><a href="#">
27                                    <img src="1.jpg" />           <!--图片默认显示在左侧-->
28                                    <h2>jQuery Mobile 实战发布</h2>    <!--栏目主要内容-->
29                                    <p>新版《jQuery Mobile 实战》</p><!--用小字体换行显示概要-->
30                                    <!--使用标签p进行又一次换行，其中的strong 标签标示粗体-->
31                                    <p class="ui-li-aside"><strong>6:24</strong>PM</p>
32                            </a></li>
33                            <!--中间的内容由于雷同且重复请读者自行添加-->
34                            <li><a href="#">
35                                    <img src="http://t3.baidu.com/it/u=679963009,
1204671046&fm=21&gp=0.jpg" />
36                                    <h2>jQuery Mobile 实战发布</h2>
37                                    <p>新版《jQuery Mobile 实战……》</p>
38                                    <p class="ui-li-aside"><strong>6:24</strong>PM</p>
39                            </a></li>
40                    </ul>
41            </div>
42            <!--底部栏-->
43            <div data-role="footer" data-position="fixed" data-fullscreen="true">
44                    <div data-role="navbar">
45                            <ul>
46                                    <li><a id="chat" href="#" data-icon="custom">今日新闻
</a></li>
47                                    <li><a id="email" href="#" data-icon="custom">国内新闻
</a></li>
48                                    <li><a id="skull" href="#" data-icon="custom">国际新闻
</a></li>
49                                    <li><a id="beer" href="#" data-icon="custom"> 设 置
</a></li>
50                            </ul>
51                    </div>
52            </div>
53        </div>
54    </body>
55    </html>
```

为了防止手机屏幕宽度不够而导致部分内容无法正常显示，建议设置 initial-scale 的值为 0.5

甚至更小，运行效果如图 8-19 所示。

> **提示** 可以在列表的分栏中加入消息气泡，显示该栏目中栏目的数量。另外，在使用时要充分考虑到列表内是否有足够的空间来显示全部的内容，必要时可对部分内容进行舍弃。

图 8-19　新设计的新闻列表

8.9　小结

　　无论是在 Web 应用还是 APP 中，都需要大量的重复格式的内容，这就保证了列表控件在开发中永远会占据非常重要的位置。除了作为一个单独的控件之外，它还具有布局的作用。学习本章的范例后，读者可能会注意到，列表中的许多格式是开发者无法控制的，如图片会默认显示在列表的左侧，而气泡则是默认显示在右侧。因此要求开发者必须发挥想象力，利用有限的样式开发出无限的创意来。

第 9 章

◀ jQuery Mobile的布局 ▶

本章将介绍 jQuery Mobile 除控件之外的另一个重要部分——布局。经过前面的学习，读者应该已经发现，jQuery Mobile 中的大多数控件都要占掉整整一行的位置，在大多数情况下，这样非常美观，可是很多时候这样却影响了用户的操作体验。针对此问题，jQuery Mobile 定义了专门的方法，将控件分栏或者折叠，以求在最小的空间内达到最佳的用户体验。

本章还会介绍利用 jQuery Mobile 的布局提高交互性的技巧，并利用这些技巧来完成一些实际案例。本章主要的知识点包括：

- 将页面元素并排放置的布局方法
- 利用折叠的方式对页面元素进行隐藏或展示的方法
- 利用元素折叠的方式实现手风琴效果的方法

9.1 改良后的 QQ 登录界面

前面第 7.1 节曾给出一个简单的 QQ 登录界面，如图 9-1 所示。

图 9-1　简单的 QQ 登录界面

手机 QQ 的登录界面除"登录"按钮以外，还会附带一个"忘记密码"按钮，与"登录"按钮并列一排。根据之前所学的 jQuery Mobile 知识来看，这种设计是无法实现的。但是接下来的范例 9-1 将利用 jQuery Mobile 所提供的功能实现这样的设计。

【范例 9-1　QQ 登录界面中并列的按钮】

```
01    <!DOCTYPE html>
02    <html>
03    <head>
04    <meta http-equiv="Content-Type" content="text/html; charset=utf-8" />
05    <title>QQ 登录界面</title>
06    <meta name="viewport" content="width=device-width, initial-scale=1">
07    <link rel="stylesheet" href="http://code.jquery.com/mobile/latest/jquery.
mobile.min.css" />
08    <script src="http://code.jquery.com/jquery-1.7.1.min.js"></script>
09    <script src="http://code.jquery.com/mobile/latest/jquery.mobile.min.js">
</script>
10    </head>
11    <body>
12        <div data-role="page">
13            <div data-role="content">
14            <!--设置企鹅图片显示的样式-->
15                <img src="QQ.png" style="width:50%; margin-left:25%;"/>
16                <form action="#" method="post">         <!--使用表单时先要加入 form 标
签-->
17                    <!--使用文本框来输入账号和密码-->
18                    <input type="number" name="zhanghao" id="zhanghao" value="
账号：" />
19                    <input type="text" name="mima" id="mima" value="密码：" />
20                    <!--使用 fieldset 标签进行分栏-->
21                    <fieldset class="ui-grid-a">
22                        <!--相对左侧的一栏-->
23                        <div class="ui-block-a">
24                            <a href="#" data-role="button" data-theme="b"
id="login">登录</a>
25                        </div>
26                        <!--相对右侧的一栏-->
27                        <div class="ui-block-b">
28                            <a href="#" data-role="button" data-theme="e"
id="forget">忘记密码</a>
29                        </div>
```

```
30                    </fieldset>
31                </form>
32            </div>
33        </div>
34    </body>
35 </html>
```

运行结果如图 9-2 所示。

因为这是在之前介绍过的例子上所做的修改，因此对于代码部分就不做过多讲解了，唯一需要注意的是代码第 21~30 行。

<fieldset>标签是 jQuery Mobile 专门用来为控件分栏的标签，因为移动设备的屏幕通常比较窄，所以这种多栏布局不被 jQuery Mobile 设计者所推荐。但许多时候又不得不这样做，读者可以尝试对本节范例中的代码做一些修改，将分栏排列的两个按钮改成两个按钮上下排列，运行后会发现这种设计简直难看得有些恐怖。另外，由于屏幕空间的限制，很多时候也不可能让一个无关紧要的按钮占用太多的空间，这时就该分栏布局发挥作用了。

在代码第 21 行，<fieldset>标签有一个属性 class="ui-grid-a"，该属性规定了一栏中所包含控件的数量，由于每栏中控件的数量最少是两个，因此就用 a 来代表 2 个，那么 class="ui-grid-b"就代表一行中包括 3 个控件。

在第 23 行和第 27 行的<div>标签中，分别有属性 class="ui-block-a"和 class="ui-block-a"，它们标识该标签占据了所在行中的第 1 个和第 2 个位置，假如分成了 3 栏甚至是 4 栏，那么就会有相应的 class="ui-block-c"和 class="ui-block-d"。

有时候会需要如图 9-3 所示的布局，此时代码如下：

```
<fieldset class="ui-grid-a">
    <div class="ui-block-a">
        <a href="#" data-role="button" data-theme="b" id="login">登录</a>
    </div>
    <div class="ui-block-b">
        <a href="#" data-role="button" data-theme="e" id="forget">忘记密码</a>
    </div>
</fieldset>
<a href="#" data-role="button" data-theme="e" id="forget">新加入一个按钮</a>
```

仔细观察会发现按钮的两侧并不是对齐的，这会让用户觉得不是非常完美，因此 jQuery Mobile 也定义了相应的方法来解决这一问题。

图 9-2　两个按钮并排排列的 QQ 登录界面　　　图 9-3　3 个按钮排列的一种布局

请阅读以下代码：

```
<fieldset class="ui-grid-a">
    <div class="ui-block-a">
        <a href="#" data-role="button" data-theme="b" id="login">登录</a>
    </div>
    <div class="ui-block-b">
        <a href="#" data-role="button" data-theme="e" id="forget">忘记密码</a>
    </div>
</fieldset>
<div class="ui-grid-solo">
    <div class="ui-block-a">
        <button type="button" data-theme="e">新加入一个按钮</button>
    </div>
</div>
```

代码运行后的界面如图 9-4 所示。仔细观察图 9-4 和图 9-3，会发现两者之间有一点细微的差别，在图 9-4 中上下按钮是整齐排列的。（说明：目测有 3 个像素的差别，可运行本书中提供的源代码来进行对比。）

在新的代码段中加入了一行：

```
<div class="ui-grid-solo">
```

它的作用就是声明一个空白的分栏，来使独立的按钮两侧增加一段较小的缩进，使其与分栏的按钮对齐，能够起到很好的美观效果。

图 9-4　上下按钮是对齐的

9.2　一种简洁的通讯录设计

上一节和各位一起学习了使用<fieldset>标签分栏显示内容的方法，可是上一节每一行中的各个栏目的宽度都是平均分配的，这一点仍然限制了开发者的自由。假如想在一行中插入不同宽度的内容，开发者就有些束手无策了。

难道真的没有办法吗？当然不是。jQuery Mobile 毕竟是一个基于 jQuery 的开源框架，它所做的只是让开发者省去了设计控件的苦恼，但是它对每一个控件的操作都是透明的，完全可以通过对 CSS 的修改来改变 jQuery Mobile 对原有控件的定义，以改变它们的外观。

下面就以一款简单的手机通讯录为例，来介绍利用 CSS 改变分栏布局的方法，具体请看范例 9-2。

【范例 9-2　利用 CSS 修改分栏布局】

```
01    <!DOCTYPE html>
02    <html>
03    <head>
04    <meta http-equiv="Content-Type" content="text/html; charset=utf-8" />
05    <title>利用 CSS 修改分栏布局 </title>
06    <meta name="viewport" content="width=device-width, initial-scale=1">
07    <link rel="stylesheet" href="http://code.jquery.com/mobile/latest/jquery.
mobile.min.css" />
08    <script src="http://code.jquery.com/jquery-1.7.1.min.js"></script>
09    <script src="http://code.jquery.com/mobile/latest/jquery.mobile.min.js">
</script>
10    <style>
11    .ui-grid-b .ui-block-a
12    {
13        width:20%;
14    }
15    .ui-grid-b .ui-block-b
16    {
17        width:60%;
18    }
19    .ui-grid-b .ui-block-c
20    {
21        width:20%;
22    }
23    .ui-bar-c
```

```
24    {
25        height:60px;
26    }
27    .ui-bar-c  h1
28    {
29        font-size:20px;
30        line-height:26px;
31    }
32    </style>
33    </head>
34    <body>
35        <div data-role="page">
36            <div data-role="content">
37                <fieldset class="ui-grid-b">
38                    <div class="ui-block-a">
39                        <div class="ui-bar ui-bar-c">
40                            <img src="images/head1.jpg" width="100%" height=
"100%"></img>
41                        </div>
42                    </div>
43                    <div class="ui-block-b">
44                        <div class="ui-bar ui-bar-c">
45                            <h1>擎天柱</h1>
46                            <p>18842681111</p>
47                        </div>
48                    </div>
49                    <div class="ui-block-c">
50                        <div class="ui-bar ui-bar-c">
51                            <img src="images/phone.jpg" width="100%" height=
"100%"></img>
52                        </div>
53                    </div>
54                    <!--重复性内容，请自行添加补全-->
55                    <div class="ui-block-c">
56                        <div class="ui-bar ui-bar-c">
57                            <img src="images/phone.jpg" width="100%" height=
"100%"></img>
58                        </div>
59                    </div>
```

```
60                     <div class="ui-block-a">
61                         <div class="ui-bar ui-bar-c">
62                             <img src="images/head4.jpg" width="100%" height=
"100%"></img>
63                         </div>
64                     </div>
65                     <div class="ui-block-b">
66                         <div class="ui-bar ui-bar-c">
67                             <h1>令狐冲</h1>
68                             <p>18842681111</p>
69                         </div>
70                     </div>
71                     <div class="ui-block-c">
72                         <div class="ui-bar ui-bar-c">
73                             <img src="images/phone.jpg" width="100%" height=
"100%"></img>
74                         </div>
75                     </div>
76                 </fieldset>
77             </div>
78         </div>
79     </body>
80     </html>
```

运行结果如图 9-5 所示。

上述代码将每一行分成了 3 栏，这 3 栏所占的比例分别为 20%、60% 和 20%，如代码第 11~22 行所示。通过阅读 HTML 部分代码（第 38、第 43 和第 49 行）可知，jQuery Mobile 通过读取 CSS 中 ui-block-a、ui-block-b 和 ui-block-c 3 处样式对 div 的样式进行渲染，可以重写这 3 处样式，由于目前对于样式没有太多的要求，因此仅仅重写了宽度。

jQuery Mobile 的分栏有一个不是非常完善的地方，读者可以试着去掉范例的第 23~26 行，运行后的效果如图 9-6 所示。从图中可以清楚地看出，在没有设置高度的情况下，各栏目仅仅使自己的高度适应其中的内容而不考虑与相邻的元素高度匹配。因此在使用分栏布局时，如果不是在各栏目中使用相同的元素（如各栏目均用来放置按钮），一定要设置栏目的高度。

图 9-5　利用 CSS 改变分栏布局　　　　图 9-6　jQuery Mobile 分栏布局的缺陷

第 23 行所重写的 ui-bar-c，是 c 主题下栏目的背景颜色以及边框等样式，不知道为什么，jQuery Mobile 给该样式所设计的效果不如其他控件那么华丽。因此建议在正式项目中尽量不用该样式或将该样式完全重写后再使用。

为了更好地呼应本节的主题，本例没有直接通过修改标签的 style 来设计样式，而是依旧采用修改 CSS 的方式来修改字体的样式，也希望读者们能仔细体会。

9.3　完美实现九宫格

不知道为什么，一向严谨的 jQuery Mobile 在分栏这一部分总是让笔者觉得有一点不够用心。比如在上一节就展示了一个 jQuery Mobile 分栏功能非常值得吐槽的一处缺陷。为了改变这一状态，本节决定介绍一个能够完美应用 jQuery Mobile 分栏效果的例子——九宫格。图 9-7 是手机人人网客户端的九宫格界面。

图 9-7　手机人人网的九宫格界面

相信对学习过分栏布局的各位来说，利用 jQuery Mobile 打造一款具有九宫格布局的界面不会很难，那么就动手尝试一下吧。如果现在还没有掌握分栏布局的知识点也不要紧，可以翻一翻前面的内容或直接通过范例 9-3 来重新学习分栏布局的知识。

【范例 9-3　利用 jQuery Mobile 实现九宫格界面】

```
01    <!DOCTYPE html>
02    <html>
03    <head>
04    <meta http-equiv="Content-Type" content="text/html; charset=utf-8" />
05    <title>九宫格</title>
06    <meta name="viewport" content="width=device-width, initial-scale=1">
07    <link rel="stylesheet" href="http://code.jquery.com/mobile/latest/jquery.
mobile.min.css" />
08    <script src="http://code.jquery.com/jquery-1.7.1.min.js"></script>
09    <script
src="http://code.jquery.com/mobile/latest/jquery.mobile.min.js"></script>
10    </head>
11    <body>
12        <div data-role="page">
13            <div data-role="header" data-position="fixed">
14                <a href="#">返回</a>
15                <h1>九宫格界面</h1>
16                <a href="#">设置</a>
17            </div>
18            <div data-role="content">              <!--使用内容栏保证两边不会太窄-->
19                <fieldset class="ui-grid-b">       <!--将每一行分成3栏-->
20                    <div class="ui-block-a">       <!--第1栏-->
21                        <img src="images/11.png" width="100%" height="100%"/>
22                    </div>
23                    <div class="ui-block-b">       <!--第2栏-->
24                        <img src="images/12.png" width="100%" height="100%"/>
25                    </div>
26                    <div class="ui-block-c">       <!--第3栏-->
27                        <img src="images/13.png" width="100%" height="100%"/>
28                    </div>
29                    <div class="ui-block-a">       <!-- 接下来只需要重复，jQuery
Mobile 会自动换行-->
30                        <img src="images/14.png" width="100%" height="100%"/>
31                    </div>
32                    <div class="ui-block-b">
```

```
33                          <img src="images/15.png" width="100%" height="100%"/>
34                      </div>
35                      <div class="ui-block-c">
36                          <img src="images/16.png" width="100%" height="100%"/>
37                      </div>
38                      <div class="ui-block-a">
39                          <img src="images/17.png" width="100%" height="100%"/>
40                      </div>
41                      <div class="ui-block-b">
42                          <img src="images/18.png" width="100%" height="100%"/>
43                      </div>
44                      <div class="ui-block-c">
45                          <img src="images/19.png" width="100%" height="100%"/>
46                      </div>
47                  </fieldset>                              <!--分栏结束-->
48              </div>
49          </div>
50      </body>
51  </html>
```

运行效果如图 9-8 所示。

图 9-8　利用 jQuery Mobile 实现的九宫格

代码部分非常简单，没有什么复杂的内容，仅当做是对分栏布局的复习。本例中由于每一个栏目仅仅包含一张图片，而每张图片的尺寸又都是一样的，因此没有必要通过设置栏目的高度来保证布局的完整。当然，也许会有读者认为各个栏目之间间距太小，可以通过在页面中重写 ui-block-a、ui-block-b 和 ui-block-c 3 处样式的方法来改变它们之间的间距，也可以通过修改图片的空白区域来使图标变小。

本例实现的界面效果非常完美，除 jQuery Mobile 确实适合开发这类界面之外，与本例所选用的图标也有莫大的关系。因此在开发时多借鉴网上的优秀素材也是一种聪明的做法。

9.4 可以折叠的 QQ 好友列表

除分栏之外，还有一种更强大的方式，可以让开发者在尽量小的空间内装下更多的内容，那就是折叠。说到折叠，一个经典的例子就是 QQ 上的好友列表，可以通过分组将好友分成不同的组，然后将所有的好友列表隐藏起来，只有当需要查找该组中的好友时才将它展开。图 9-9 为 QQ 的好友列表。

在几年前用 JavaScript 来实现类似的效果还是有一定难度的，但是用 jQuery Mobile 可以轻易地实现这样的效果。究其原因，自然还是 jQuery Mobile 为了方便开发者而提前为开发者定义好了相应的标签，这就是折叠组标记。

本节将利用 jQuery Mobile 的折叠组标记来实现一个类似 QQ 的可折叠好友列表，代码如范例 9-4 所示。

图 9-9　QQ 好友列表

【范例 9-4　实现可折叠的 QQ 好友列表】

```
01   <!DOCTYPE html>
02   <html>
03   <head>
04   <meta http-equiv="Content-Type" content="text/html; charset=utf-8" />
05   <title>可以折叠的好友列表</title>
06   <meta name="viewport" content="width=device-width, initial-scale=1">
07   <link rel="stylesheet" href="http://code.jquery.com/mobile/latest/jquery.
mobile.min.css" />
```

```
08    <script src="http://code.jquery.com/jquery-1.7.1.min.js"></script>
09    <script src="http://code.jquery.com/mobile/latest/jquery.mobile.min.
js"></script>
10    </head>
11    <style>
12    .ui-grid-a .ui-block-a
13    {
14        width:20%;                  /*第1栏的宽度为20%*/
15    }
16    .ui-grid-a .ui-block-b
17    {
18        width:80%;                  /*第2栏的宽度为80%*/
19    }
20    .ui-bar
21    {
22        height:60px;                /*每一栏的高度均为60px*/
23    }
24    .ui-block-b .ui-bar-c h1
25    {
26        font-size:20px;             /*设置每一栏中的字体样式*/
27        line-height:26px;
28    }
29    .ui-block-b .ui-bar-c p
30    {
31        line-height:20px;           /*设置字体行高*/
32    }
33    </style>
34    <body>
35        <div data-role="page">
36            <div data-role="content">
37                <div data-role="collapsible-set">    <!--此标签中的内容可以折叠
-->
38                    <div data-role="collapsible" data-collapsed="false">
39                        <h3>变形金刚</h3>
40                        <p>
41                            <fieldset class="ui-grid-a"><!--每1行分为两栏-->
42                                <div class="ui-block-a"><!--第1栏-->
43                                    <div class="ui-bar ui-bar-c">
44                                        <img src="images/head1.jpg" width=
```

```
"100%" height="100%" />
45                                        </div>
46                                    </div>
47                                    <div class="ui-block-b"><!--第2栏-->
48                                        <div class="ui-bar ui-bar-c">
49                                            <h1>擎天柱</h1>
50                                            <p>楼下的被我干掉了</p>
51                                        </div>
52                                    </div>
53                                    <div class="ui-block-a"><!--接下来重复即可-->
54                                        <div class="ui-bar ui-bar-c">
55                                            <img src="images/head2.jpg" width=
"100%" height="100%" />
56                                        </div>
57                                    </div>
58                                    <div class="ui-block-b">
59                                        <div class="ui-bar ui-bar-c">
60                                            <h1>霸天虎</h1>
61                                            <p>其实擎天柱根本打不过我</p>
62                                        </div>
63                                    </div>
64                                </fieldset>
65                            </p>
66                    </div>
67                    <div data-role="collapsible" data-collapsed="true"> <!--
又是一个折叠区块-->
68                        <h3>黑名单</h3>
69                        <p>
70                            <fieldset class="ui-grid-a">
71                                <div class="ui-block-a">
72                                    <div class="ui-bar ui-bar-c">
73                                        <img src="images/head3.jpg" width=
"100%" height="100%" />
74                                    </div>
75                                </div>
76                                <div class="ui-block-b">
77                                    <div class="ui-bar ui-bar-c">
78                                        <h1>大黄蜂</h1>
79                                        <p>你们慢慢打 我躲起来</p>
```

```
80                                        </div>
81                                    </div>
82                                    <div class="ui-block-a">
83                                        <div class="ui-bar ui-bar-c">
84                                            <img src="images/head4.jpg" width=
"100%" height="100%" />
85                                        </div>
86                                    </div>
87                                    <div class="ui-block-b">
88                                        <div class="ui-bar ui-bar-c">
89                                            <h1>令狐冲</h1>
90                                            <p>我的乔恩妹子在哪里</p>
91                                        </div>
92                                    </div>
93                                </fieldset>
94                            </p>
95                        </div>
96                    </div>
97                </div>
98            </div>
99        </body>
100    </html>
```

运行结果如图 9-10 所示。

图 9-10　可以折叠的好友列表

单击屏幕上的"变形金刚"或者"黑名单"，其中的内容就会自动展开，而另一栏中的内容则会自动折叠。虽然界面有一定的区别，但在功能上已经实现了类似 QQ 的好友列表。

第 11～33 行是本范例中会用到的一些样式，主要是分栏布局的设置，以使好友列表保持为左侧头像、右侧好友名和个性签名的两栏式布局。

第 37~93 行是本节的核心内容，其中第 37 行的<div data-role="collapsible-set">定义了该部分是可以折叠的，但并不是指此标签作为一个整体来折叠，而是将它作为一个容器。举例来说，范例中"变形金刚"和"黑名单"两个列表都是可以折叠的，而它们都是被包裹在<div data-role="collapsible-set"></div>中的。注意看第 38 行和第 67 行的<div data-role="collapsible" data-collapsed="true">，这两个标签内的内容才是作为最小单位被折叠的。

仅仅能折叠那也是不够的，因为当所有的内容都被折叠隐藏了，还需要一个标识来告诉用户被隐藏的是什么内容。这就需要为每一处折叠的内容做一个"标题"，这就是第 39 行和第 68 行<h3>标签的作用所在，当然使用<h1>~<h4>都是可以的。

另外，再观察范例中第 38 行和 67 行的代码，看能不能发现它们的不同。

```
38              <div data-role="collapsible" data-collapsed="false">
67              <div data-role="collapsible" data-collapsed="true">
```

为了便于观察，将这两句代码列在了上面，这样就可以轻易地发现原来它们的 data-collapsed 属性的值是不同的。将 data-collapsed 翻译成汉语大概就是"内容是否折叠"的意思，这样就非常好理解了。现在就把两个标签中的内容全部展示出来，将两组标签中的 data-collapsed 全部设置为 false。

实践之后发现这样是行不通的，尽管已经做出了修改，但仍然只有一组栏目是展开的，结合之前所提到的当单击另一组标题时，之前打开的内容会被隐藏，相信读者们已经有了结论。没错，同一时刻只有一组内容可以被展开。

是不是就没有办法将这些折叠项全部都展开了呢？其实是可以的。可以尝试将范例中第 37 行的<div data-role="collapsible-set">和第 96 行与之对应的</div>去掉，就会发现两个折叠项可以同时展开。这个道理很简单，因为 collapsible-set 并没有折叠内容的作用，它只是容器，它有两个作用：

- 将折叠的栏目按组容纳在其中。
- 保证其中的内容同时仅有一项是被展开的。

因此，只要将这部分内容删去，就可以让多个项同时展开了。

9.5　展开图标的设置

现在，回过头来看看图 9-8 中的好友列表标题，会发现在标题的左侧还有一个"+"或"-"样式的图标，用来标识当前列表展开或折叠的状态（如图 9-11 所示）。

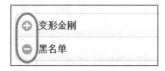

图 9-11　栏目标题的图标

然而，很多时候，开发者需要使用其他样式的图标，或者希望将图标转移到其他位置。下面就给出一个这样的例子。

【范例 9-5　展开项图标的设置】

```
01    <!DOCTYPE html>
02    <html>
03    <head>
04    <meta http-equiv="Content-Type" content="text/html; charset=utf-8" />
05    <title>折叠列表的图标</title>
06    <meta name="viewport" content="width=device-width, initial-scale=1">
07    <link rel="stylesheet" href="http://code.jquery.com/mobile/latest/jquery.
mobile.min.css" />
08    <script src="http://code.jquery.com/jquery-1.7.1.min.js"></script>
09    <script src="http://code.jquery.com/mobile/latest/jquery.mobile.min.js">
</script>
10    </head>
11    <body>
12        <div data-role="page">
13            <div data-role="content">
14                <div data-role="collapsible" data-mini="true"><!--声明可折叠区块-->
15                    <h4>这是一个小号的折叠标题</h4>            <!--区块的标题-->
16                    <ul data-role="listview">               <!--折叠区块中的内容-->
17                        <li>List item 1</li>
18                        <li>List item 2</li>
19                        <li>List item 3</li>
20                    </ul>
21                </div>
22                <!--可以通过属性 data-collapsed-icon 和 data-expanded-icon 修改区块
折叠和展开时的图标-->
23                <div  data-role="collapsible"  data-collapsed-icon="arrow-d"
data-expanded-icon="arrow-u">
24                    <h4>图标改变了</h4>
```

```
25                    <ul data-role="listview" data-inset="false">
26                        <li>list item 1</li>
27                        <li>list item 2</li>
28                        <li>list item 3</li>
29                    </ul>
30               </div>
31               <!--通过属性 data-iconpos 修改图标的位置-->
32               <div data-role="collapsible" data-iconpos="right">
33                    <h4>仔细看图标的位置</h4>
34                    <ul data-role="listview">
35                        <li>List item 1</li>
36                        <li>List item 2</li>
37                        <li>List item 3</li>
38                    </ul>
39               </div>
40          </div>
41     </div>
42 </body>
43 </html>
```

运行结果如图 9-12 所示。

本范例没有引用实际的例子，仅仅是利用折叠的知识将 3 组列表进行了折叠，但是可以看出它们有很大的不同。

首先来看第 1 组折叠内容，每一组折叠内容的标题被默认定义成了按钮的样式，但是通过比较第一组折叠内容的标题可以看出，它明显比其他两组在高度上小了许多。再回过头来看范例代码的第 14 行中 data-mini 属性被设置为 true，这个属性已经不是第一次遇到了，当页面元素被加入这一属性时大多会在尺寸上有所减小。

 data-mini 属性是 jQuery Mobile 许多控件所通用的属性。

第 2 组元素的标题虽然在大小上没有什么变化，但是它的图标却变了。按照以往的经验，要修改按钮上的图标会用到 button-icon 属性。注意，范例的第 23 行有属性 data-collapsed-icon="arrow-d"和 data-expanded-icon="arrow-u"，是为折叠内容准备了两组不同的图标，分别表示内容折叠和展开时的状态。

 实际上，不使用 button-icon 而继续沿用已经很熟悉的 data-icon 属性来定义图标也是可以的，只不过这样一来图标就无法标识内容折叠或展开的状态了。因此不建议这样使用。

再来看最后一组折叠内容的标题"仔细看图标的位置"。没错，在该标题中虽然样式没有改变但是图标的位置却被移到了右侧，这是因为代码第 32 行的 data-iconpos 被设置为了 right，即图标方向为右侧。这与按钮图标方位的设置仍然是一致的，甚至可以将图标位置设置为上方或者是下方。

当然，这 3 种效果不仅仅能单独使用，还可以将它们混合使用，再配上主题颜色等属性就能打造出华丽多变的界面效果。

图 9-12　折叠图标的高级设置

9.6　两种不同的 Metro 效果实现思路

在 9.3 节，笔者介绍了一种利用 jQuery Mobile 实现的九宫格效果，还有一种非常类似九宫格而且更加流行的手机界面 Metro，图 9-13 就是一个手机使用 Metro 界面的例子。

Metro 是微软从纽约交通站牌中获得灵感而创造的一种简洁的界面，它的本意是以文字的形式承载更多的信息，这一点在 Windows XP 和 Windows 7 的设计上均有所体现。然而，真正让 Metro 界面被国内设计所关注，还是 Windows 8 中以色块为主的排布方式，以及 WP（Windows Phone）系列手机的主界面。最近一段时间，Metro 界面也确实在移动开发领域比较流行，但是在利用 HTML 5 制作 Metro 界面时还是会遇到一点麻烦，本节将以两个例子来说明。

图 9-13　一个使用 Metro 界面的例子

9.6.1　完全利用分栏布局的方法

首先，在范例 9-6 中给了利用分栏布局的方式完成 Metro 界面效果的例子，请读者仔细思考。

【范例 9-6　一种实现 Metro 界面的思路】

```
01   <!DOCTYPE html>
02   <html>
03   <head>
04   <meta http-equiv="Content-Type" content="text/html; charset=utf-8" />
05   <title>九宫格</title>
06   <meta name="viewport" content="width=device-width, initial-scale=1">
07   <link rel="stylesheet" href="http://code.jquery.com/mobile/latest/jquery.
mobile.min.css" />
08   <script src="http://code.jquery.com/jquery-1.7.1.min.js"></script>
09   <script src="http://code.jquery.com/mobile/latest/jquery.mobile.min.js">
</script>
10   </head>
11   <style>
12   .ui-grid-a .ui-block-a
13   {
14       margin:1%;                /*利用分栏设置每个色块的宽度并用 margin 来设置间距*/
15       width:48%;
16   }
17   .ui-grid-a .ui-block-b
18   {
19       margin:1%;                /*第2栏的设置与第1栏相同*/
20       width:48%;
21   }
22   </style>
23   <body>
```

```
24      <div data-role="page">
25          <fieldset class="ui-grid-a">
26              <div class="ui-block-a">
27                  <!-- metro.png 是一个标准的正方形，这样就保证了每个色块都是正方形-->
28                  <img src="images/metro.png" width="100%" height="100%"/>
29              </div>
30              <div class="ui-block-b">
31                  <img src="images/metro.png" width="100%" height="100%"/>
32              </div>
33              <div class="ui-block-a">
34                  <img src="images/metro.png" width="100%" height="100%"/>
35              </div>
36              <div class="ui-block-b">
37                  <img src="images/metro.png" width="100%" height="100%"/>
38              </div>
39              <div class="ui-block-a">
40                  <img src="images/metro.png" width="100%" height="100%"/>
41              </div>
42              <div class="ui-block-b">
43                  <img src="images/metro.png" width="100%" height="100%"/>
44              </div>
45          </fieldset>
46      </div>
47  </body>
48  </html>
```

运行结果如图 9-14 所示。

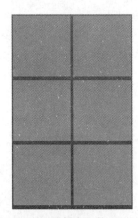

图 9-14　利用分栏实现的 Metro 布局

　　其思路非常简单，就是利用 jQuery Mobile 的分栏功能将每一行分为两部分，然后利用分栏时每一栏的高度恰好满足其中所填充内容高度这一特点，在其中放入一张大约是正方形的图片，这就形成了 Metro 的布局。在实际使用时还可以再通过修改每一栏所占的比例来调整色块所排列的位置。

　　看上去非常简单，但这样做其实有一个非常严重的问题，即色块的高度是不可调的，也就是说一旦固定了色块的数量，便无法再保证色块在高度上不会超出屏幕的范围。假如色块数量非常多，这也许不是什么问题，比如 WP 手机的主界面上往往有几十个甚至上百个色块，内容超出并没有什么不妥。可是在开发手机应用时，往往只需要 6 个或 8 个色块，这样一来，如果有一点点超出屏幕范围的内容就会让用户觉得不适应。因此，范例 9-6 中所用的方法虽然简单，却并不是一个好方法。

当然，如果不打算将应用封装成 apk 文件使用，而仅仅是作为 Web 应用的话，内容是否超出屏幕范围倒也不至于有太大的影响。

9.6.2　利用纯 CSS 调整色块尺寸的方法

上一小节中介绍了一种利用 jQuery Mobile 分栏实现 Metro 界面的效果，但是这种方法有极大的缺陷，即不能根据需要调整色块的高度。本小节将展示一种利用 CSS 实现 Metro 界面的方法。

【范例 9-7　另一种实现 Metro 界面的方法】

```
01  <!DOCTYPE html>
02  <html>
03  <head>
04  <meta http-equiv="Content-Type" content="text/html; charset=utf-8" />
05  <meta name="viewport" content="width=device-width, initial-scale=1">
06  <!--<script src="cordova.js"></script>-->
07  <link rel="stylesheet" href="jquery.mobile.min.css" />
08  <script src="jquery-1.7.1.min.js"></script>
09  <script src="jquery.mobile.min.js"></script>
10  <script type="text/javascript">
11  $(document).ready(function()
12  {
13      $top_height=$("div[data-role=header]").height();      //获取头部栏的高度
14      $bottom_height=$("div[data-role=footer]").height(); //获取底部栏的高度
15      $body_height=$(window).height()-$top_height-$bottom_height;
16      //获取屏幕减去头部栏和底部栏的高度
17      //将获取的高度设置到页面中
18      $body_height=$body_height-10;
19      $body_height=$body_height+"px";
20      $("div[data-role=metro_body]").width("100%").height($body_height);
21  });
22  </script>
23  <style type="text/css">
```

```
24      *{ margin:0px; padding:0px;}                    /*消除页面默认的间隔效果*/
25      .metro_color1{ background-color:#ef9c00;}        /*设置第1个色块的颜色*/
26      .metro_color2{ background-color:#2ebf1b;}        /*设置第2个色块的颜色*/
27      .metro_color3{ background-color:#00aeef;}        /*设置第3个色块的颜色*/
28      .metro_color4{ background-color:#ed2b84;}        /*设置第4个色块的颜色*/
29      .metro_rec{ width:48%; height:30%; float:left; margin:1%;}        /*设置色块
的宽度和高度*/
30      </style>
31      </head>
32      <body>
33          <div data-role="page" data-theme="a">
34            <div data-role="metro_body">
35                  <div class="metro_color1 metro_rec">      <!--第1个色块-->
36              </div>
37                  <div class="metro_color2 metro_rec">      <!--第2个色块-->
38              </div>
39                  <div class="metro_color3 metro_rec">      <!--第3个色块-->
40              </div>
41                  <div class="metro_color4 metro_rec">      <!--第4个色块-->
42              </div>
43                  <div class="metro_color5 metro_rec">      <!--第5个色块-->
44              </div>
45                  <div class="metro_color6 metro_rec">      <!--第6个色块-->
46              </div>
47          </div>
48        </div>
49      </body>
50      </html>
```

运行结果如图 9-15 所示。

在代码的第 25~29 行，为界面中的色块设计了 4 种颜色用来对它们加以区分。第 29 行规定了每个色块的宽度为整个屏幕宽度的 48%、高度为外侧容器的 30%。第 35~46 行在页面中加入了 6 个色块，接下来要做的就是根据需要设置色块的高度了，这部分通过 JavaScript 来实现（代码第 11~21 行）。

由于在第 13~15 行的代码中获得了页面可用部分的高度（屏幕高度减去头部栏和尾部栏所占的部分），可以直接将这个高度设置为 6 个色块外部容器的高度，如范例中第 20 行所示。然后根据 CSS 的设置，每个色块再自动占据其中的 30%，这就保证了屏幕中的色块始终不会超出屏幕的范围，并且在底部留有一定的空隙。

也可以混合使用分栏布局和 JavaScript 来达到这样的效果。

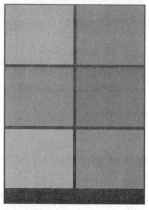

图 9-15　利用 CSS 实现的 Metro 界面

9.7　简洁的课程表

上一节通过两种方法实现了 Metro 效果的界面,相信读者们一定会暗地里比较它们的不同之处,不知道有没有得出什么结论。这里笔者有一个简单的结论,即分栏布局在仅需要限定宽度而对高度没有特殊要求的情况下是很有优势的。本节将通过这一优势实现一款简单的课程表。

【范例 9-8　简洁的课程表】

```
01    <!DOCTYPE html>
02    <html>
03    <head>
04    <meta http-equiv="Content-Type" content="text/html; charset=utf-8" />
05    <meta name="viewport" content="width=device-width, initial-scale=1">
06    <!--<script src="cordova.js"></script>-->
07    <link rel="stylesheet" href="jquery.mobile.min.css" />
08    <script src="jquery-1.7.1.min.js"></script>
09    <script src="jquery.mobile.min.js"></script>
10    </head>
11    <body>
12        <div data-role="page">
13          <div data-role="header">
14              <h1>课程表</h1>
15          </div>
```

```
16              <div data-role="content">
17                  <div class="ui-grid-d">          <!--因为一周有5天上课，因此分为5栏-->
18                      <div class="ui-block-a">
19                          <!--使用属性 ui-bar-a 为区块加入颜色，并设置高度-->
20                          <div class="ui-bar ui-bar-a" style="height:30px">
21                              <h1>周一</h1>
22                          </div>
23                      </div>
24                      <div class="ui-block-b">
25                          <div class="ui-bar ui-bar-a" style="height:30px">
26                              <h1>周二</h1>
27                          </div>
28                      </div>
29                      <div class="ui-block-c">
30                          <div class="ui-bar ui-bar-a" style="height:30px">
31                              <h1>周三</h1>
32                          </div>
33                      </div>
34                      <div class="ui-block-d">
35                          <div class="ui-bar ui-bar-a" style="height:30px">
36                              <h1>周四</h1>
37                          </div>
38                      </div>
39                      <div class="ui-block-e">
40                          <div class="ui-bar ui-bar-a" style="height:30px">
41                              <h1>周五</h1>
42                          </div>
43                      </div>
44                      <!--课程部分不加入颜色，与日期区分开-->
45                      <div class="ui-block-a"><div class="ui-bar ui-bar-c">
46                          <h1>数学</h1>
47                      </div></div>
48                      <div class="ui-block-b"><div class="ui-bar ui-bar-c">
49                          <h1>语文</h1>
50                      </div></div>
51                      <div class="ui-block-c"><div class="ui-bar ui-bar-c">
52                          <h1>英语</h1>
53                      </div></div>
54                      <div class="ui-block-d"><div class="ui-bar ui-bar-c">
```

```
55                        <h1>数学</h1>
56                    </div></div>
57                    <div class="ui-block-e"><div class="ui-bar ui-bar-c">
58                        <h1>英语</h1>
59                    </div></div>
60                    <!--下面重复一些课程内容，读者可自行添加-->
61                </div>
62            </div>
63        </div>
64  </body>
65  </html>
```

运行结果如图 9-16 所示。

课程表				
周一	周二	周三	周四	周五
数学	语文	英语	数学	英语
数学	化学	语文	英语	英语
物理	体育	生物	政治	数学
化学	语文	语文	数学	英语

图 9-16　简洁的课程表

本例为显示星期的栏目和显示课程的栏目设置了不同颜色的主题，以区分它们，其他地方基本上就按照默认的样式进行。通过图 9-16 可以看出，生成的课程表非常整齐并且非常接近原生界面。

> **提示**
>
> 本节的范例没有加入对于第几节课进行描述的栏目，因为一周正常情况有 5 天是要上课的，但是在 jQuery Mobile 中默认最多只能分成 5 栏，笔者只好做出一点舍弃。这也是 jQuery Mobile 分栏的缺陷所在。

9.8　小结

本章重点介绍了 jQuery Mobile 进行布局的方法，其中包括分栏和折叠两大内容。在学习的过程中，读者应该已经发现合理的布局可以让原本设计精美的 jQuery Mobile 控件再度增色不少。这也很好地证明了 jQuery Mobile 中布局的重要性。如果说在 jQuery Mobile 中控件是兵，那么布局就是指挥这些士兵的将军，通过合理的规划才能将一盘散沙的士兵集合起来打仗。同样，也只有合理的布局才能让每一个控件在各自的位置上各司其职，组合成精彩的应用。

第 10 章
◀ jQuery Mobile 的高级特性 ▶

本章将继续介绍一些 jQuery Mobile 的高级特性，包括 jQuery Mobile 中页面的转换、触发事件等内容。也许仅仅依靠前面的内容就能开发出非常优秀的应用，但是本章的内容会让每一个 jQuery Mobile 开发者获益良多。

本章将以 jQuery Mobile 的触发事件为引导，来介绍如何利用 jQuery Mobile 的事件属性提供更加强大的交互性和用户体验。本章主要的知识点包括：

- 页面的切换
- jQuery Mobile 中事件的原理和构成
- JQuery Mobile 中事件触发器的使用方法
- jQuery Mobile 的数据属性

10.1 jQuery Mobile 的多页面模板

本节本来是放在第 4 章讲解的内容，但是笔者为了让各位有更透彻的理解，将它挪到了这里。第 4 章介绍了 jQuery Mobile 中的 page 控件，还介绍了可以通过链接的方式来实现页面间的切换，但这实际是一种"错误"的方法。

 虽然这是一种错误的方法，但是在许多时候却不得不这样用。

因为在之前介绍过的所有范例中，每个页面均有且只有一个 page 控件，这可能会给读者造成一种错觉，以为一个页面中只能有一个 page 控件。而实际上每个页面中是可以有多个 page 控件存在的，如范例 10-1 所示。

【范例 10-1 在页面中加入多个 page 控件】

```
01    <!DOCTYPE html>
02    <html>
03    <head>
```

```
04    <meta http-equiv="Content-Type" content="text/html; charset=utf-8" />
05    <title>多个page的页面</title>
06    <meta name="viewport" content="width=device-width, initial-scale=1">
07    <link rel="stylesheet" href="http://code.jquery.com/mobile/latest/jquery.
mobile.min.css" />
08    <script src="http://code.jquery.com/jquery-1.7.1.min.js"></script>
09    <script src="http://code.jquery.com/mobile/latest/jquery.mobile.min.js">
</script>
10    </head>
11    <body>
12        <!--page 控件的 id 属性说明这是 page_1-->
13        <div data-role="page" data-theme="a" id="page_1" data-title="page_1">
14        <div data-role="header" data-position="fixed">
15            <a href="#">返回</a>
16            <h1>头部栏</h1>
17            <a href="#">设置</a>
18        </div>
19          <div data-role="content">
20                <a href="#page_1" data-role="button">第一页</a>        <!-- 指向
page_1的链接-->
21                <a href="#page_2" data-role="button">第二页</a>        <!-- 指向
page_2的链接-->
22                <a href="#page_3" data-role="button">第三页</a>        <!-- 指向
page_3的链接-->
23                <a href="#page_4" data-role="button">第四页</a>        <!-- 指向
page_4的链接-->
24                <a href="#page_5" data-role="button">第五页</a>        <!-- 指向
page_5的链接-->
25          </div>
26        <div data-role="footer" data-position="fixed">
27            <h1>第一页</h1>
28        </div>
29      </div>
30      <!--page_2-->
31      <div data-role="page" data-theme="b" id="page_2" data-title="page_2">
32          <div data-role="header" data-position="fixed">
33            <a href="#">返回</a>
34            <h1>头部栏</h1>
35            <a href="#">设置</a>
```

```
36              </div>
37          <div data-role="content">
38                  <a href="#page_1" data-role="button">第一页</a>
39                  <a href="#page_2" data-role="button">第二页</a>
40                  <a href="#page_3" data-role="button">第三页</a>
41                  <a href="#page_4" data-role="button">第四页</a>
42                  <a href="#page_5" data-role="button">第五页</a>
43          </div>
44          <div data-role="footer" data-position="fixed">
45                  <h1>第二页</h1>
46          </div>
47      </div>
48      <!--page_3-->
49      <div data-role="page" data-theme="c" id="page_3" data-title="page_3">
50          <div data-role="header" data-position="fixed">
51                  <a href="#">返回</a>
52                  <h1>头部栏</h1>
53                  <a href="#">设置</a>
54          </div>
55          <div data-role="content">
56                  <a href="#page_1" data-role="button">第一页</a>
57                  <a href="#page_2" data-role="button">第二页</a>
58                  <a href="#page_3" data-role="button">第三页</a>
59                  <a href="#page_4" data-role="button">第四页</a>
60                  <a href="#page_5" data-role="button">第五页</a>
61          </div>
62          <div data-role="footer" data-position="fixed">
63                  <h1>第三页</h1>
64          </div>
65      </div>
66      <!--page_4-->
67      <div data-role="page" data-theme="d" id="page_4" data-title="page_4">
68          <div data-role="header" data-position="fixed">
69                  <a href="#">返回</a>
70                  <h1>头部栏</h1>
71                  <a href="#">设置</a>
72          </div>
73          <div data-role="content">
74                  <a href="#page_1" data-role="button">第一页</a>
```

```
75                <a href="#page_2" data-role="button">第二页</a>
76                <a href="#page_3" data-role="button">第三页</a>
77                <a href="#page_4" data-role="button">第四页</a>
78                <a href="#page_5" data-role="button">第五页</a>
79            </div>
80          <div data-role="footer" data-position="fixed">
81                <h1>第四页</h1>
82        </div>
83      </div>
84      <!--page_5-->
85      <div data-role="page" data-theme="e" id="page_5" data-title="page_5">
86          <div data-role="header" data-position="fixed">
87              <a href="#">返回</a>
88              <h1>头部栏</h1>
89              <a href="#">设置</a>
90          </div>
91          <div data-role="content">
92              <a href="#page_1" data-role="button">第一页</a>
93              <a href="#page_2" data-role="button">第二页</a>
94              <a href="#page_3" data-role="button">第三页</a>
95              <a href="#page_4" data-role="button">第四页</a>
96              <a href="#page_5" data-role="button">第五页</a>
97          </div>
98          <div data-role="footer" data-position="fixed">
99                <h1>第五页</h1>
100         </div>
101     </div>
102 </body>
103 </html>
```

运行之后，默认显示如图 10-1 所示的界面。

也许有读者以为，一下子在页面中放进 5 个 page 控件，可能会出现 5 个 page 控件依次排列显示的样式，但很显然这样的结果并没有发生。只有第一个 page 中的内容被显示了出来（全黑主题）。可以通过点击页面中的 5 个按钮依次切换到其他 4 个页面中，显示效果如图 10-2、图 10-3、图 10-4 和图 10-5 所示。

范例 10-1 用 data-theme="a"来使第一个页面以全黑的主题显示，又使用其他几套主题来使其他页面分别显示不同的颜色。

仅仅通过这几副截图是无法领悟到其中精髓的，建议各位亲自实践一下。经过这么久的学习，不知道各位对 jQuery Mobile 有没有什么怨言，虽然它大大加快了开发的进度，但是它的运行速度也一直让人很不满意，尤其是在一个页面刚刚被加载的那段时间，常常会伴有屏幕闪烁的现象。

针对这一现象，不只是 jQuery Mobile，一切基于 HTML 5 的开发框架暂时都无法解决，但是却可以想办法避免。不知道读者在实践时有没有发现，本例在页面间进行切换时速度明显比之前所用到的那种在多个 HTML 文件之间切换的方式快了许多。

这是因为本例将多个 page 控件放在同一个 HTML 文件中，虽然仅仅显示了一个 page，但实际上其他 page 早已经在后台完成了渲染，另外，由于不需要再重复读取 HTML 文件，因此切换的速度加快了许多。

图 10-1　默认显示第一个 page

接下来介绍怎样使用这种方法来加快 jQuery Mobile 的速度，首先请各位读者仔细地把范例再浏览一遍。经过阅读后应该会发现（事实上大多数读者应该早就发现了），该范例不过是将之前的几个本该放在不同文件中的页面内容拼凑在一起而已。没错，就是这样，可是又有一点不同。

在范例 10-1 的第 13、第 31、第 49、第 67 和第 85 行中，分别为 page 控件加入了两个属性 id 和 data-title。id 应该是所有开发者都非常熟悉的属性，在这里它的作用就是区分各个 page。按照 jQuery Mobile 的官方说明文档，当一个页面中有多个 page 控件时，将会优先显示 id 为 home 的那一个，如果没有则会按照代码中的先后顺序，对第一个 page 中的内容进行渲染。

再看页面中各个按钮的链接，如代码第 92 行：

```
<a href="#page_1" data-role="button">第一页</a>
```

链接指向的内容是"#page_1"，首先它并不是一个 HTML 文件，其次在 HTML 中以"#"开头的通常都是指 id。因此可以断定，此处一定是用来确定点击后页面会转向哪一个 page 控件（这种用法其实在原生 HTML 中已经存在了）。

虽然这种方法非常好，但是在之后的项目实战中笔者还是会采取传统的在多个文件间切换的方式，这样做有两点原因。一是由于篇幅有限，一个完整的项目往往需要上千行代码，一下子列出来恐怕读者会很难接受；其次是页面一多，难免逻辑会混乱。

另外，还有一个 data-title 属性，它相当于原生 HTML 中的<title>标签，这里不过是为页面中的每一个 page 都建立了一个 title 而已。

图 10-2　page_2

图 10-3　page_3

图 10-4　page_4

图 10-5　page_5

10.2　jQuery Mobile 中的事件

前面几乎全是围绕 jQuery Mobile 静态的一面来进行讲解的。实际上，jQuery Mobile 也有动态的一面，而它的动态主要是依靠 jQuery Mobile 的各种事件来实现的。下面将以一幅图来说明 jQuery Mobile 中的一些主要事件，如图 10-6 所示。

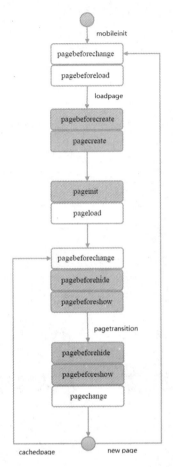

图 10-6　jQuery Mobile 中的事件

首先，当手机浏览器加载一个 jQuery Mobile 文件时（其实就是 HTML），便触发了一个 mobile 事件，可以简单地将它理解为一个初始化。初始化完成之后便会链接到一个页面，这时页面即将发生改变，因此就有了事件 pagebeforechange。改变之前自然首先要加载一些资源，因此在图中 pagebeforechange 和事件 pagebeforeload 是紧密联系在一起的。

完成这些之后要对页面进行加载，加载完成后，首先要做一些简单的初始化，之后便可以正式创建页面了，这就是事件 pagebeforecreate 和 pagecreate 的作用。创建完成之后要加载 pageinit 和 pageload 两个事件。在这之前虽然页面已经被创建了，但这时创建的仅仅是一个空页面，只有完成了这两个页面，才算是真正获得了一个有内容的页面。

之后的 3 个事件，pagebeforechange、pagebeforehide、pagebeforeshow 是在为页面改变做预处理。在前面的步骤里，页面已经完成了渲染工作，这里所要做的就是将它们显示出来，或者说页面内容发生了改变需要重新显示。

最后一个 pagechange 想必不需要过多解释了，另外，下方还有两条箭头分别指向了 cachedpage

和 newpage，这两种不同的页面刷新就说明为什么在上一节中将多个 page 放在同一页面中的跳转会比较迅速。

为了便于读者理解，下面将图 10-6 的内容做成了一个表格，如表 10-1 所示。

表 10-1　jQuery Mobile 生命周期中的各种事件

页面改变事件	说明
pagebeforechange	页面改变之前对页面进行检查和更新
Pagechange	页面改变
Pagechangefailed	页面改变失败
页面载入事件	说明
Pagebeforeload	页面预加载
Pageload	页面加载
Pageloadfailed	页面加载失败
页面初始化事件	说明
Pagebeforecreate	页面创建之前的准备
Pagecreate	创建页面
Pageinit	初始化页面
页面转换事件	说明
Pagebeforehide	页面转换时准备隐藏当前页面
Pagebeforeshow	转换时准备显示新页面
Pagehide	隐藏页面
Pageshow	显示页面

10.3　jQuery Mobile 中的触发事件

上一节中曾经提到，页面会出现中途改变的情况，而页面的改变往往是由于接受了来自用户的某种输入，而触发事件则是为了获取用户的这些输入而准备的。

表 10-2 列出了 jQuery Mobile 中的一些触发事件，希望对读者有一些帮助。

表 10-2　jQuery Mobile 中的触发事件

触摸事件	说明
Tap	快速点击屏幕触发该事件
taphold	按住屏幕不放触发该事件

（续表）

触摸事件	说明
Swipe	手指在屏幕上水平滑动触发该事件
Swipeleft	手指在屏幕上向左滑动
Swiperight	手指在屏幕上向右滑动
方向改变事件	说明
Orientationchange	设备方向改变（重力感应）
滚动事件	说明
Scrollstart	滚动开始时触发
Scrollstop	滚动结束时触发
页面显示/隐藏事件	说明
Pagebeforeshow	页面正在显示，但动画效果还没有开始
Pagebeforehide	页面正要被隐藏，但动画效果还没有开始
Pageshow	页面显示
Pagehide	页面隐藏
页面初始化事件	说明
Pagebeforecreate	页面正要进行初始化时
Pagecreate	页面初始化完成

对比表 10-1，会发现有许多重复的内容，事实正是这样的，只不过是将一些事件从另外一个角度来进行了新的解释而已。其区别在于，表 10-1 中的事件大多是由浏览器所控制的，而表 10-2 中的事件则是用来接收来自用户的输入，是可以被用户所决定的。但是这就不免有了一些交叉的领域，如页面显示/隐藏事件和页面初始化事件。

10.4 触发事件的简单应用

前面两节内容都是纯理论的，不仅学着累，写的时候也是一样累。本节还是和以往一样，举一个简单的例子供各位读者学习。

【范例 10-2 触发事件的简单应用】

```
01    <!DOCTYPE html>
02    <html>
03    <head>
04    <meta http-equiv="Content-Type" content="text/html; charset=utf-8" />
```

```
05    <meta name="viewport" content="width=device-width, initial-scale=1">
06    <!--<script src="cordova.js"></script>-->
07    <link rel="stylesheet" href="jquery.mobile.min.css" />
08    <script src="jquery-1.7.1.min.js"></script>
09    <script src="jquery.mobile.min.js"></script>
10    <script>
11        $( "#mypanel1" ).trigger( "updatelayout" );          //声明一个面板
12        $( "#mypanel2" ).trigger( "updatelayout" );          //声明另一个面板
13    </script>
14    <script type="text/javascript">
15        //触发事件"向右滑动"
16        $(document).ready(function(){
17         $("div").bind("swiperight", function(event) {
18          $( "#mypanel1" ).panel( "open" );        //在这里写入响应操作，显示面板
19         });
20        });
21        //触发事件"向左划动"
22        $(document).ready(function(){
23         $("div").bind("swipeleft", function(event) {
24          $( "#mypanel2" ).panel( "open" );        //在这里写入响应操作，显示面板
25         });
26        });
27    </script>
28    </head>
29    <body>
30        <div data-role="page" data-theme="c">
31            <div data-role="panel" id="mypanel1" data-theme="a">
32                    <h1>向右滑动屏幕</h1>
33            </div>
34            <div data-role="panel" id="mypanel2" data-theme="a" data-position=
"right">
35            <h1>向左滑动屏幕</h1>
36            </div>
37            <div data-role="content">
38                    <h1>请尝试着对屏幕做些什么</h1>
39            </div>
40        </div>
41    </body>
42    </html>
```

运行结果如图 10-7 所示。

本例看上去非常简单，按照提示在屏幕上胡乱划了几下，结果就看到如图 10-8 和图 10-9 所示的界面（图 10-8 为向右滑动图，图 10-9 为向左滑动）。

本节的范例用到了之前介绍过的面板控件，第 11 行和第 12 行是对它们的声明。再往下看会发现代码第 14~26 行有点陌生。首先看第 17 行有一个 bind 方法，其作用就是监听，那么就来看一下它到底监听了什么内容：

```
$("div").bind("swiperight", function(event)
```

在前面的触发事件中曾经提到过 swiperight，这部分内容就是当屏幕被向右滑动时运行该脚本，再看下面脚本的内容：

```
$( "#mypanel1" ).panel( "open" );
```

打开一个 id 为 mypanel1 的面板，正好与刚刚运行程序所看到的结果相符合，于是就基本可以断定它的功能了。至此，相信读者已经开始了解事件的作用了，这时再回过头去看前面的内容又会有新的体会。

事实上，笔者曾经想过在本节的范例中加入更多事件的例子，但是请读者根据范例 10-3 对该页面做一点修改，然后再尝试按照与范例 10-2 相同的方法去操作。

图 10-7　范例 10-2 运行后的界面　　图 10-8　向右滑动屏幕后面板弹出　　图 10-9　向左滑动屏幕后面板仍旧弹出

【范例 10-3　在页面中加入更多的事件】

```
01    <!DOCTYPE html>
02    <html>
13    <head>
14    <meta http-equiv="Content-Type" content="text/html; charset=utf-8" />
15    <meta name="viewport" content="width=device-width, initial-scale=1">
16    <!--<script src="cordova.js"></script>→
17    <link rel="stylesheet" href="jquery.mobile.min.css" />
18    <script src="jquery-1.7.1.min.js"></script>
19    <script src="jquery.mobile.min.js"></script>
20    <script>
21        $( "#mypanel1" ).trigger( "updatelayout" );        //声明一个面板
```

```
22        $( "#mypanel2" ).trigger( "updatelayout" );              //声明另一个面板
23    </script>
24    <script type="text/javascript">
25        //监听"向右滑动"事件的触发器
26        $(document).ready(function(){
27          $("div").bind("swiperight", function(event) {
28            $("#mypanel1").panel("open");                //向右滑动后，显示面板
29          });
30        });
31        //监听"向左滑动"事件的触发器
32        $(document).ready(function(){
33          $("div").bind("swipeleft", function(event) {
34            $("#mypanel2").panel("open");                //向左滑动后，显示面板
35          });
36        });
37        //监听"屏幕被点击"事件的触发器
38        $(document).ready(function(){
39          $("div").bind("tap", function(event) {
40            alert("屏幕被点击了");                        //屏幕被点击后，弹出警告
41          });
42        });
43        //监听"屏幕被长按"事件的触发器
44        $(document).ready(function(){
45          $("div").bind("taphold", function(event) {
46            alert("屏幕被长按");                          //长按屏幕，弹出对话框
47          });
48        });
49    </script>
50    </head>
51    <body>
52        <div data-role="page" data-theme="c">
53          <div data-role="panel" id="mypanel1" data-theme="a">
54              <h1>向右滑动屏幕</h1>
55          </div>
56          <div data-role="panel" id="mypanel2" data-theme="a" data-position=
"right">
57              <h1>向左滑动屏幕</h1>
58          </div>
59          <div data-role="content">
60            <h1>请尝试着对屏幕做些什么</h1>
61          </div>
62        </div>
63    </body>
64    </html>
```

运行后得到了看似与图 10-7 相同的界面。

为什么说是看似呢？因为在运行之后，笔者尝试向左滑动屏幕，结果出现了如图 10-10 所示的界面。点击"确定"按钮，然后进行操作使面板弹回，于是又弹出如图 10-11 所示的界面。由此得出结论：事件之间可能会产生冲突。

具体原因在这里笔者就不分析了，但是从简单的行为上进行分析可知，滑动这一行为本身就要求先点击屏幕，于是 swipe 就与 tap 产生了冲突，而完成滑动之时实际上也完成了一段连续按在屏幕上的行为（只不过位置产生了移动），于是就产生了冲突。

在使用 jQuery Mobile 事件时，一定要考虑事件之间是否会产生冲突。像 tap 这样的操作在大多数情况下完全可以靠 jQuery 自带的 click（虽然也会造成冲突，但是可以限定一部分范围）方法来实现。

图 10-10　向左滑动屏幕

图 10-11　将面板隐藏后又弹出对话框

10.5　jQuery Mobile 的属性

之前提到某个控件的某一种用法是依靠对某个属性的设置而实现的，但是本书不可能每一个属性都涉及，这就导致大多读者学完之后，还有很多 jQuery Mobile 的功能不曾了解。因此，本节又总结了 jQuery Mobile 中的大多数属性，虽然仅仅给出了属性名和简单的介绍（如表 10-3 所示），但起码让读者知道有这样一个属性。当需要用到某项功能的时候就可以自行去查阅了。

表 10-3　jQuery Mobile 中的属性

属性名	描述
data-ajax	该属性可以在链接、按钮和表单元素中使用，默认情况下该属性的值为 true。当该值为 false 时，页面中将不支持 Ajax 功能（绕过 Ajax 和页面转换）。 举例：\<a href="#" data-role="button" data-ajax="false"\>按钮\</a\>
data-add-back-btn	该属性被应用在 page 控件中，默认值为 false。当该属性为 true 时，页面中会自动出现一个"返回"按钮，用于实现返回之前页面的功能。 举例：\<div data-role="page" data-add-back-btn="true"\>

（续表）

属性名	描述
data-back-btn-next	与属性 data-add-back-btn 类似，但是当使用了"返回"键之后，将会在原本显示"返回"键的位置覆盖掉返回之前页面的按钮。 举例：\<div data-role="page" data-back-btn-next ="true">
data-collpased	该属性可以设置页面中的折叠区块是折叠还是展开（当该属性值为 true 时，区块折叠，否则为展开）。在默认情况下该值为 false。 举例：\<div data-role="collapsiable" data-collpased="true">\</div>
data-corners	在 jQuery Mobile 中按钮默认是带有一定圆角的，但是当该属性值被设为 false 之后，按钮中的圆角效果将被移除。 举例：\<a href="#" data-role="button" data-corners="false">按钮\</a>
data-count-theme	该属性可以用于给列表中计数气泡添加相应的主题样式。 举例：\<ul data-role="listview" data-count-theme ="a">
data-direction	该属性用来设置不同页面间的转场效果，当它为默认值时，若由页面 A 切换到页面 B，将会产生一个简单的过渡动画。而当它的值为 reverse 时，该过渡动画的方向将和默认方向相反。 举例：\<a href="#" data-role="button" data-direction="reserve">按钮\</a>
data-divider-theme	在列表中常常会根据内容的不同对列表进行分栏，在不同的栏目之间会有分割线的存在。该属性用来为栏目的分割线设置主题。 举例：\<li data-role="list-divider" data-divider-theme="a">
data-dom-cache	该属性用来决定是否允许用户在 DOM 中缓存页面，默认值为 false。这时 jQuery Mobile 仅会在 DOM 中缓存打开过的页面。jQuery Mobile 的开发者表示，虽然给出了该属性，但是为了保证页面加载速度尽量不要对它进行修改。 举例：\<div data-role="page" data-dom-cache="false">
data-filter	该属性在列表控件中使用，默认为 false。当该值设置为 true 时，列表上方会显示一个针对列表内容的搜索框。 举例：\<ul data-role="listview" data-filter="true" >
data-filter-placehol der	当列表中有搜索框时，显示在搜索框中的提示文本，默认为"Filer items…" 举例：\<ul data-role="listview" data-filter=true data-filter-placeholder="请输入数字">
data-filter-theme	设置列表搜索框（也称为搜索过滤器）的主题。 举例：\<ul data-role="listview" data-filter=true data-filter-placeholder="请输入数字" data-filter-theme ="c">
data-fullscreen	默认为 false，当控件设置该属性为 true 时，控件会全屏显示，一般可以将该属性用于 video 控件中。 举例：\<video data-fullscreen="true">
data-icon	用于设置 jQuery Mobile 按钮的图标。 举例：\<a data-role="button" data-icon="home">按钮\</>

（续表）

属性名	描述
data-iconpos	用来设置按钮中图标相对于按钮的位置，默认为 right，有 left、top、bottom、right 和 notext 5 个值可选。 举例：<a data-role="button" data-iconpos="left" data-icon="home">按钮</>
data-iconshadow	与 data-icon 一同使用，用来设置 jQuery Mobile 图标按钮的阴影图案，默认为 true。 举例：<a data-role="button" data-icon="home" data-iconshadow="false">按钮</>
data-id	该属性常常被附加到底部栏中与标签页一同使用，可以让底部栏在页面转换时停留在适当的位置。为了达到这一效果，必须保证底部栏该属性的值始终不变且 data-position 的值为 fixed。 举例：<div data-role="footer" data-id="test" data-position="fixed"></div>
data-inline	当将该属性设置为 true 后，页面中的元素将不再独占一行而以"块"的形式显示，并且它们会与相邻的元素排列在同一行中，直到占满为止。 举例：<a data-role="button" data-inline="true" >按钮</>
data-native-menu	该属性默认为 false，用来设置选择器的样式。当该属性为 true 时，将把选择器变为 iOS 风格。 举例：<select data-native-menu="true">
data-rel	该属性用来附加在链接或者按钮上，如使用 data-rel="back" 之后，按钮的功能将会变为"返回"。 举例：<a data-rel="back" data-role="button">按钮</a>

10.6 小结

本章实际上是在对之前遗漏的部分知识进行补充，起到辅助和深入的作用。虽然内容繁琐且枯燥，却也正是大多数开发者容易忽略的，因此本章对实战开发来说非常重要。另外，本章的内容大部分涉及 jQuery Mobile 的原理，因此读者要认真学习，在学会使用各种控件的同时，还要知道它们与用户之间是如何交互的。

第 11 章
◀ 在jQuery Mobile中使用插件 ▶

　　本章将介绍在 jQuery Mobile 开发中使用插件的方法。由于 jQuery Mobile 本质上也是一款基于 jQuery 的轻量级插件，因此大多数基于 jQuery 的插件都可以直接应用在 jQuery Mobile 的开发实践中。

　　本章还将介绍如何获取自己所需要的插件，这也是 jQuery Mobile 开发者所必须具备的能力。本章主要的知识点包括：

- 在 jQuery Mobile 中使用插件的方法
- jQuery Mobile 常用的插件都有哪些
- 如何选择和获取自己所需要的插件

11.1　jQuery Mobile 插件概述

　　作为一款基于 HTML 5 和 jquery 的跨平台开发环境，jQuery Mobile 具有非常强大的可拓展性，有许多针对 jQuery Mobile 移动开发的插件可供开发者选用。针对 jQuery Mobile 产生的这些插件大多依赖于 jQuery Mobile 的主文件存在，因而与 jQuery Mobile 的功能和样式不会产生冲突。除此之外，这些插件大多集成了 jQuery Mobile 的轻量和高效的特点，使得开发者能够在极短的时间内获得良好的体验。

　　jQuery Mobile 的插件主要分为 4 类：移动相册（如图 11-1 所示）、移动菜单（如图 11-2 所示）、选择器（如图 11-3 所示）和其他（如图 11-4 所示）。

　　人类总是会比较喜欢看得见的东西，因此拥有诸多特效的相册类插件自然要比其他插件抢眼许多，如各类图片焦点图、幻灯片效果等，无一不给开发者和用户一种赏心悦目的美感。

　　相比之下，菜单类的插件就逊色一些，因为 jQuery Mobile 原生的导航栏等控件已经足够掌控手机那小小的屏幕。不过在一些大屏幕设备商（如平板电脑）上，这类插件的优势就非常明显了，尤其是最近不少开发者直接利用 jQuery Mobile 开发 PC 端的网页。

图 11-1　jQuery Mobile 相册插件

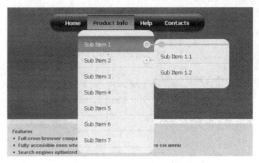

图 11-2　jQuery Mobile 的菜单插件

至于选择类的插件，地位则有些尴尬，因为开发者平时很少会需要这一类插件，可是到了真正需要的时候就会发现，这类插件无论是重要程度还是开发的难度都远超其他类型的插件。因此这类插件是常常被忽略的王者。

图 11-3　jQuery Mobile 的一款日期选择器插件

另外还有一些不知道该如何归类的插件，如一些表单验证程序、页面对话框的主题，还有图 11-4 中展示的谷歌地图定位插件，干脆将它们统称为其他插件。

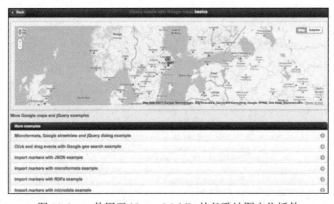

图 11-4　一款用于 jQuery Mobile 的谷歌地图定位插件

11.2　相册类插件

相册类插件是各种 Web 应用中最常使用的一类插件，包括图片滑动、过渡、自动切换、幻灯片展示，甚至具有作为页面的背景等功能，常见的有 PhotoSwipe、Touch Gallery 和 TN3 Gallery 等。

11.2.1　PhotoSwipe 的使用

PhotoSwipe 是一款基于 HTML 5 和 JavaScript 的应用于移动 Web 的图片浏览插件。它能被很容易地集成到各种 Web 应用之中。它名字中有 swipe，也就表示它能够支持用户以滑动的方式切换页面中的图片，非常适合作为相册使用，并且它集成了图片轮播的功能，可以说非常实用。

在 PhotoSwipe 的官方网站 http://www.photoswipe.com/ 上可以获取该插件，并且下载的压缩包中包含许多 demo 可供开发者参考。本节就拿其中的一个 demo 作为例子，介绍这款插件的用法。在下载的压缩包中有一个名为 04-jquery-mobile.html 的页面，用 Notepad++ 打开后，能看到源代码如范例 11-1 所示。

【范例 11-1　在 jQuery Mobile 中使用 PhotoSwipe】

```
01    <!DOCTYPE html>
02    <html>
03    <head>
04        <title>PhotoSwipe</title>
05        <meta name="author" content="Ste Brennan - Code Computerlove -
http://www.codecomputerlove.com/" />
06        <meta content="width=device-width, initial-scale=1.0, maximum-scale=1.0,
user-scalable=0;" name="viewport" />
07        <meta name="apple-mobile-web-app-capable" content="yes" />
08        <!--引用所需的样式文件-->
09        <link href="http://code.jquery.com/mobile/1.0rc2/jquery.mobile-1.0rc2.
min.css" rel="stylesheet" />
10        <link href="jquery-mobile.css" type="text/css" rel="stylesheet" />
11        <link href="../photoswipe.css" type="text/css" rel="stylesheet" />
12        <script type="text/javascript" src="../lib/klass.min.js"></script>
13        <!--引用所需的js文件-->
14        <script type="text/javascript" src="http://code.jquery.com/jquery-
1.6.4.min.js"></script>
15        <script type="text/javascript" src="http://code.jquery.com/mobile/
1.0rc2/jquery.mobile-1.0rc2.min.js"></script>
16        <script type="text/javascript" src="../code.photoswipe.jquery-
3.0.5.min.js"></script>
17        <!--插件用于显示图片的脚本-->
18        <script type="text/javascript">
19            (function(window, $, PhotoSwipe){
```

```
20              $(document).ready(function(){
21                  $('div.gallery-page')              //选择器，选中 gallery-page 元素
22                      .live('pageshow', function(e){
23                          var
24                              currentPage = $(e.target),
25                              options = {},
26                              photoSwipeInstance = $("ul.gallery a",
    e.target).photoSwipe(options, currentPage.attr('id'))
27                          return true;
28                      })
29                      .live('pagehide', function(e){          //使内容隐藏
30                          var
31                              currentPage = $(e.target),
32                              photoSwipeInstance = PhotoSwipe.getInstance
    (currentPage.attr('id'));
33                          if (typeof photoSwipeInstance != "undefined" &&
    photoSwipeInstance != null) {
34                              PhotoSwipe.detatch(photoSwipeInstance);
35                          }
36                          return true;
37                      });
38                  });
39              }(window, window.jQuery, window.Code.PhotoSwipe));     //生成图片的滑
    动效果
40      </script>
41   </head>
42   <body>
43   <!--第一个页面，id 属性值为 page-->
44   <div data-role="page" id="Home">
45       <div data-role="header">
46           <h1>PhotoSwipe</h1>
47       </div>
48       <div data-role="content" >
49           <p>These examples show PhotoSwipe integrated with jQuery Mobile:</p>

50           <ul data-role="listview" data-inset="true">
51               <li><a href="#Gallery1">First Gallery</a></li>
52               <li><a href="#Gallery2">Second Gallery</a></li>
53           </ul>
54           <p>PhotoSwipe has also been designed to run stand-alone and can be
    easily integrated into your non jQuery / jQuery mobile websites:</p>
55           <ul data-role="listview" data-inset="true">
56               <li><a href="01-default.html" target="_blank">Code Computerlove
    </a></li>
57           </ul>
58       </div>
59       <div data-role="footer">
60           <h4>&copy; 2012 Code Computerlove</h4>
61       </div>
62   </div>
63   <!--相册-->
```

```
64      <div data-role="page" data-add-back-btn="true" id="Gallery1" class=
"gallery-page">
65          <div data-role="header">
66              <h1>First Gallery</h1>
67          </div>
68          <div data-role="content">
69              <!--gallery 元素会被脚本获取-->
70              <ul class="gallery">
71                  <!--每一对<li>标签中可以包含一幅图片-->
72                  <li><a href="images/full/001.jpg" rel="external"><img src=
"images/thumb/001.jpg" alt="Image 001" /></a></li>
73                  <li><a    href="images/full/002.jpg"    rel="external"><img
src="images/thumb/002.jpg" alt="Image 002" /></a></li>
74                  <li><a href="images/full/003.jpg" rel="external"><img src=
"images/thumb/003.jpg" alt="Image 003" /></a></li>
75                  <li><a href="images/full/004.jpg" rel="external"><img src=
"images/thumb/004.jpg" alt="Image 004" /></a></li>
76                  <li><a href="images/full/005.jpg" rel="external"><img src=
"images/thumb/005.jpg" alt="Image 005" /></a></li>
77                  <li><a href="images/full/006.jpg" rel="external"><img src=
"images/thumb/006.jpg" alt="Image 006" /></a></li>
78                  <li><a href="images/full/007.jpg" rel="external"><img src=
"images/thumb/007.jpg" alt="Image 007" /></a></li>
79                  <li><a href="images/full/008.jpg" rel="external"><img src=
"images/thumb/008.jpg" alt="Image 008" /></a></li>
80                  <li><a href="images/full/009.jpg" rel="external"><img src=
"images/thumb/009.jpg" alt="Image 009" /></a></li>
81              </ul>
82          </div>
83          <div data-role="footer">
84              <h4>&copy; 2012 Code Computerlove</h4>
85          </div>
86      </div>
87      <!--相册二-->
88      <div data-role="page" data-add-back-btn="true" id="Gallery2" class=
"gallery-page">
89          <div data-role="header">
90              <h1>Second Gallery</h1>
91          </div>
92          <div data-role="content">
93          <ul class="gallery">
94              <li><a href="images/full/010.jpg" rel="external"><img src=
"images/thumb/010.jpg" alt="Image 010" /></a></li>
95              <li><a href="images/full/011.jpg" rel="external"><img src=
"images/thumb/011.jpg" alt="Image 011" /></a></li>
96          <li><a href="images/full/012.jpg" rel="external"><img src=
"images/thumb/012.jpg" alt="Image 012" /></a></li>
96              <li><a href="images/full/013.jpg" rel="external"><img src=
"images/thumb/013.jpg" alt="Image 013" /></a></li>
            <li><a href="images/full/014.jpg" rel="external"><img src=
"images/thumb/014.jpg" alt="Image 014" /></a></li>
```

```
 97          <li><a          href="images/full/015.jpg"          rel="external"><img
src="images/thumb/015.jpg" alt="Image 015" /></a></li>
 98          <li><a          href="images/full/016.jpg"          rel="external"><img
src="images/thumb/016.jpg" alt="Image 016" /></a></li>
 99          <li><a          href="images/full/017.jpg"          rel="external"><img
src="images/thumb/017.jpg" alt="Image 017" /></a></li>
100          <li><a          href="images/full/018.jpg"          rel="external"><img
src="images/thumb/018.jpg" alt="Image 018" /></a></li>
101      </ul>
102      </div>
103      <div data-role="footer">
104          <h4>&copy; 2012 Code Computerlove</h4>
105      </div>
106  </div>
107  </body>
108  </html>
```

运行之后点击页面中的 First Gallery 或 Second Gallery，可以看到如图 11-5 所示的图片列表。然后继续点击任意图片，可以进入如图 11-6 所示的界面，通过底部的面板可以实现轮播开始/暂停，以及切换图片的功能。在屏幕上左右滑动可以看到图片间切换的动画非常流畅。

现在看看范例 11-1 中的源码，第 8~16 行引用了许多 JS 或 CSS 文件，其中一部分读者应该很熟悉，因为那些都是 jQuery Mobile 所引用的文件，至于其他则是插件 photoswipe 所需要的。

第 17~40 行才是关键，第 21 行有$('div.gallery-page')，再看第 64 行和第 88 行的内容：

```
<div data-role="page" data-add-back-btn="true" id="Gallery1" class="gallery-
page">
<div data-role="page" data-add-back-btn="true" id="Gallery2" class="gallery-
page">
```

此处用来设置该 page 元素中的内容将以相册的形式展示，而在相应的 page 中以一个 class 属性为 gallery 的<ul>标签作为标识，其中的内容就可以实现相册的效果了。

图 11-5　图片列表

图 11-6　PhotoSwipe 的图片轮播界面

事实上，该插件还有一些可以自定义的属性，注意看第 25 行的 options = {}，在该处可以修改相册显示的一些属性，这些选项的功能和用法列在表 11-1 中，供读者参考。

表 11-1　options 的可选项目

属性	描述	默认值
allowUserZoom	是否允许用户放大图片	True
autoStartSlideshow	浏览图片时是否默认打开幻灯片模式	False
backButtonHideEnable	当用户点击后退按钮时界面是否隐藏	True
captionAndToolbarAutoHideDelay	设置自动隐藏工具栏的延迟时间	5000
captionAndToolbarHide	是否隐藏工具栏	False
captionAndToolbarOpacity	工具栏的透明度	0.8
enableDrag	是否允许图片被拖动	True
fadeInSpeed	图片淡入的速度	250
fadeOutSpeed	图片淡出的速度	250
slideshowDelay	自动切换图片的间隔时间	3000

 由于本例是本书中第一次接触到插件的例子，因此介绍得比较详细。在后面的章节中，将不会再给出 demo 的源代码，请读者自行下载 demo 参考。

11.2.2　Camera 的使用

与 PhotoSwipe 一样，Camera 同样是一款可用于 jQuery Mobile 开发的插件。它可以让开发者轻易地实现图片轮播的功能，同时还可以让用户在欣赏图片时查看每一张图片的主体信息。除此之外，该插件还拥有快速预览的功能，让用户有更多的方式实现对图片的浏览。图 11-7 是该插件的效果图。

It uses a light version of jQuery mobile, navigate the slides by swiping with your fingers

图 11-7　Camera 的效果

读者可以在网站 http://www.pixedelic.com/plugins/camera/下载这款插件。在下载该插件时，也许会弹出对话框询问用户是否愿意为这款插件捐款。如果不想捐款的话，输入 0 即可。下载后，解压所下载的压缩包，有一个名为 demo 的文件夹，可以参考其中的文件进行学习。

使用该插件首先要引用所需要的 CSS 和 JS 文件，然后在页面内创建元素，在页面中添加图片的格式如下：

```
<div data-thumb="../images/slides/thumbs/leaf.jpg" data-src="../images/slides/leaf.jpg">
    <div class="camera_caption fadeFromBottom">
    这里是对图片的描述</em>
    </div>
</div>
```

可以通过重复在页面内加入这样的内容来达到向页面中加入更多图片的目的，这与通常图片轮播插件以<li>标签来作为标识的方式略有不同。

与 PhotoSwipe 一样，该插件也有 option 属性可以修改，其属性如表 11-2 所示。

表 11-2　camera 中的 option 属性

属性	描述	默认值
alignment	图片轮播的对齐方式	Center
barPosition	文字说明所在的位置	Bottom
height	图片的长宽比	50%
loader	加载时用于显示进度的图例	Pie
loaderStroke	加载时显示进度边框的大小	7
pagination	是否显示分页标识	True
slideOn	轮播图片显示的顺序，随机/顺序/逆序等	Random
time	图片轮播的间隔时间	7000

当页面中的这些属性被修改之后，图片会以更加复杂的形式展示出来，如图 11-8 所示就是在加入 loader 属性后产生的效果。

图 11-8　高级的 Camera 插件例子

Camera 插件与其他图片插件相比的一个优点在于，它提供了 API 让开发者可以控制对图片的轮播，这些 API 如下：

```
jQuery('YOUR_TARGET').cameraStop();          //停止轮播
jQuery('YOUR_TARGET').cameraPlay();          //开始轮播
jQuery('YOUR_TARGET').cameraPause();         //暂停轮播
jQuery('YOUR_TARGET').cameraResume();        //重新开始轮播
```

可以通过 jQuery 调用它们来实现对图片轮播的控制。

11.3　菜单类插件

这类插件不是为 jQuery Mobile 专门开发的，它们大多数都是收费的。在网上能够找到太多类似的例子，因此笔者在此仅仅列出几个比较喜欢的菜单插件，剩下的就交给读者自学。

网站 http://jquerymenuexamples.com/ 上提供了许多可以应用在 Web 页面上的菜单样式。它们都是基于同一种模式，仅仅是在外观上有所区别。图 11-9 是一部分菜单样式的截图，图 11-10 是该网站所推荐的一款菜单主题，非常适合 jQuery Mobile 风格。

 不幸的是，这款插件是收费的，虽然有免费的版本可供试用，但是却会在页面上显示一些该网站的广告。不过不知道读者有没有想起 jQuery Mobile 的一个特点，即它会默认不显示一些不符合 jQuery Mobile 语法规则的元素，也就是说它所显示的那些广告在 jQuery Mobile 开发的应用上是无效的。

图 11-9　一些菜单的样式

图 11-10　一款非常适合 jQuery Mobile 主题样式的菜单

再比如，jQuery Mobile 开发时经常会通过手势来滑出隐藏在一侧的面板控件，而这些空间如果仅仅使用 jQuery Mobile 自带的样式有时会略显枯燥，如图 11-11 所示，即使使用了菜单插件仍然觉得不大合适。这时候就可以使用这款名为 jQuerymmenu 的菜单插件了，该插件效果如图 11-12 所示。

图 11-11　这是一款菜单插件　　　　图 11-12　jQuerymmenu 的使用效果

此界面让人感觉非常舒服，会有一种想去使用的欲望。事实证明，这种空间上的层叠的确比单纯的排布更能够吸引用户，因为它利用了人类的猎奇思想。因此，在合适的时候建议尽量使用这类插件。

11.4　选择器插件以及其他插件

这类插件与移动相册插件、菜单插件相比，有很大的不同，就是它在静态的时候往往看不出来。例如 AutoComplete，它的作用是自动完成在文本框中输入的内容（如图 11-13 所示）。这绝对是一款非常强大的插件，但是当用户没有进行输入操作时，它不会有任何作用。因此，新手在开发时常常忽略它的重要性，直到真正需要它时这一观念才会改变。

类似的插件还有 At.js，在使用 jQuery Mobile 开发 PC 端 Web 应用或适合平板电脑浏览的应用时比较常用，如图 11-14 所示。

 实际上，jQuery Mobile 的列表控件也有类似的自动完成功能，只是自动完成的内容有些受限，只能完成列表中的内容。

另外，一些表单验证插件也和自动完成类插件有相同的问题，它们的作用是通过脚本来确认用户的输入是否符合规范，这对一款应用来说非常重要。

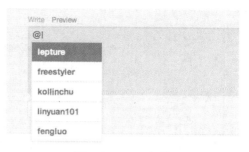

图 11-13　AutoComplete 插件　　　　　　　　图 11-14　At.js 插件

另外，还有一款 jBox，它可以生成类似于 PC 端的对话框效果，如图 11-15 所示。笔者过去常常将它的颜色改成蓝色，在一些应用中模仿 Windows XP 中的对话框。

图 11-15　jBox 插件

这类插件与相册类插件还有一个不同点，即这类插件在真实开发中需求度比较高，而且需要比较强的自定义性。这就需要开发者根据插件的功能做一些简单的修改，网上有这样的教程，可供参考。

11.5　如何获取 jQuery Mobile 插件

这些工具的用法都非常简单，唯一让初学者感到困惑的是，这些工具都是在哪里找到的。笔者决定将"独家秘笈"分享给各位。

由于 jQuery Mobile 与 jQuery 所能使用的插件大多是互通的，所以可以直接通过搜索"jQuery 插件"来查找所需要的资源，本章所介绍的插件几乎都是笔者在开源中国社区的 jQuery 插件板块找到的，如图 11-16 所示。

另外，要注意平时的积累。如 CSDN 上经常有一些文章介绍常用的一些插件或工具，闲暇时可以浏览一下，新建一个 Word 文档将自己认为好玩的或可能用到的插件名称记录下来，最好再配上简单的截图。

另外，也可以直接在百度上查找自己所需要的资源，如搜索"jQuery Mobile 插件"，通过图 11-17 可以看出网络上还是有很多资源的。

找到了所需要的资源后又如何使用呢？一般来说，可以直接百度搜索找到插件的名称，这样就能找到该插件的官方网站（多数介绍插件的文章都会带有官方网站地址）。在它们的官方网站上往往有相应的使用方法，许多优秀的插件会直接将使用方法打包在插件的压缩包中，学起来非常方便。

图 11-16　开源中国社区

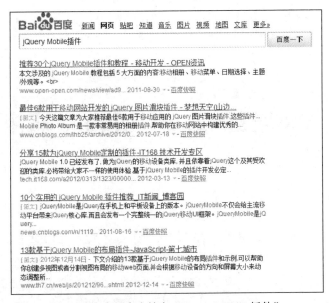

图 11-17　在百度上搜索"jQuery Mobile 插件"

11.6　小结

　　本章是介绍 jQuery Mobile 基础知识的最后一章，内容非常简单，完全可以以一种阅读小说或浏览画报的心态来阅读。掌握灵活使用插件的方法非常重要，能让你拥有提高几倍的开发效率，尤其是对个人开发者来说这非常重要。另外，对于一部分学生读者来说，通过插件可以让你提前使用一些自己还不是完全理解的特效，这是非常吸引人的。

第 12 章

◀ jQuery Mobile界面综合实战 ▶

前面的章节完整地介绍了 jQuery Mobile 中各个控件的使用方法和在 jQuery Mobile 中布局的方法。本章将不再介绍新的内容，而是以几个实例来练习使用 jQuery Mobile 进行开发的方法。虽然不涉及具体的知识点，但是这些例子相比之前的范例将更加复杂，读者可以将它们作为练习阶梯，为接下来进行实际项目的开发做基础。

本章主要的知识点包括：

- 利用 jQuery Mobile 进行开发的方法
- 开发实战中的技巧
- 什么样的应用可以用 jQuery Mobile 开发

12.1　清爽的电子书阅读器

经常坐地铁的人都喜欢用手机看小说，因此网络上出现了各种各样的电子书阅读器。电子书阅读器是最基础的一种界面，只需要将内容堆叠在屏幕中就可以实现阅读的功能。本例将把章节列表以及阅读内容放在同一个页面中，使读者熟悉页面中有多个 page 控件的使用方法。

【范例 12-1　清爽的电子书阅读器】

```
01    <!DOCTYPE html>
02    <html>
03    <head>
04    <meta http-equiv="Content-Type" content="text/html; charset=utf-8" />
05    <meta name="viewport" content="width=device-width, initial-scale=1">
06    <link rel="stylesheet" href="http://code.jquery.com/mobile/latest/jquery.
mobile.min.css" />
07    <script src="http://code.jquery.com/jquery-1.7.1.min.js"></script>
08    <script src="http://code.jquery.com/mobile/latest/jquery.mobile.min.js">
</script>
```

```
09    </head>
10    <body>·
11        <!--用属性 id="home 表明该 page 在首页显示-->
12        <div data-role="page" id="home" data-title="首页">
13            <!--这里是头部栏-->
14            <div data-role="header" data-position="fixed">
15                <a href="#">返回</a>
16                <h1>电子书阅读器</h1>
17                <a href="#">设置</a>
18            </div>
19            <!--这里是内容栏-->
20            <div data-role="content">
21                <ul data-role="listview">
22                    <!--使用列表链接到各个章节的内容页中-->
23                    <li><a href="#page_1">jQuery Mobile 实战 第一章</a></li>
24                    <li><a href="#page_2">jQuery Mobile 实战 第二章</a></li>
25                    <li><a href="#page_3">jQuery Mobile 实战 第三章</a></li>
26                    <li><a href="#page_4">jQuery Mobile 实战 第四章</a></li>
27                    <li><a href="#page_5">jQuery Mobile 实战 第五章</a></li>
28                    <li><a href="#page_6">jQuery Mobile 实战 第六章</a></li>
29                    <li><a href="#page_7">jQuery Mobile 实战 第七章</a></li>
30                    <li><a href="#page_8">jQuery Mobile 实战 第八章</a></li>
31                    <li><a href="#page_9">jQuery Mobile 实战 第九章</a></li>
32                    <li><a href="#page_10">jQuery Mobile 实战 第十章</a></li>
33                </ul>
34            </div>
35            <!--这里是尾部栏-->
36            <div data-role="footer" data-position="fixed">
37                <h1>书籍列表</h1>
38            </div>
39        </div>
40        <!--首页-->
41        <div data-role="page" id="page_1" data-title="第一章">
42            <div data-role="header" data-position="fixed">
43                <a href="#home">返回</a>
44                <h1>第一章</h1>
45                <a href="#">设置</a>
46            </div>
47            <div data-role="content">
```

```
48              <h1>jQuery Mobile 实战第一章</h1>
49              <h4>
50              <!--第一章的内容，笔者已省略，请读者自由发挥-->
51              </h4>
52          </div>
53          <div data-role="footer" data-position="fixed">
54              <h1>jQuery Mobile 实战</h1>
55          </div>
56      </div>
57      <!--以下省略了部分内容，请读者仿照 page_1 的内容自行补充 page_2~page_10 的页面-->
58 </body>
59 </html>
```

本例运行结果如图 12-1 和图 12-2 所示。

当需要将应用借助 PhoneGap 进行打包时，这种在一个页面中加入多个 page 控件的方式，能够有效地提高应用运行的效率。但是在开发传统的 Web 应用时不推荐使用这种方法，第一是因为从服务端读取数据的时间远比页面加载的时间要长，因此提高的效率完全可以忽略；另外，对于新手来说，多个 page 嵌套就意味着更加复杂的逻辑，尤其是一些需要频繁对数据库进行读取的应用，很容易使初学者手忙脚乱。

 不过，可以用这种方法来实现主题的切换，比如可以在一个页面内分别加入 5 个 page，保持它们的内容相同，但是设为不同的 data-theme。这样就可以简单地实现切换主题的效果了。

另外，还有一个小技巧，就是当一个页面中有多个 page 时可以利用注释来区分它们，比如可以在两个相邻的 page 控件之间加入空白注释：

```
<div data-role="page" id="page_1">
 <!--此处正常插入内容-->
</div>
<!---->                    <!--左侧的注释用来当作两个 page 控件之间的分隔符使用-->
<div data-role="page" id="page_2">
 <!--此处正常插入内容-->
</div>
```

这样就不会因为页面中内容太多而造成混乱了。

图 12-1　基于 jQuery Mobile 的电子书阅读器——列表　图 12-2　基于 jQuery Mobile 的电子书阅读器——内容

12.2　华丽的计算器

计算器通常是许多开发者在学习 HTML 或 VB、Delphi 时用来练习布局入门的一个例子，这一方法同样适用于 jQuery Mobile 的学习。本节将模仿 Windows 7 自带的计算器（如图 12-3 所示）来实现一款简单的计算器界面。

图 12-3　Windows 7 自带的计算器

【范例 12-2　jQuery Mobile 实现的计算器】

```
01    <!DOCTYPE html>
02    <html>
03    <head>
04    <meta http-equiv="Content-Type" content="text/html; charset=utf-8" />
05    <meta name="viewport" content="width=device-width, initial-scale=1">
06    <link rel="stylesheet" href="http://code.jquery.com/mobile/latest/jquery.
mobile.min.css" />
07    <script src="http://code.jquery.com/jquery-1.7.1.min.js"></script>
08    <script src="http://code.jquery.com/mobile/latest/jquery.mobile.min.js">
</script>
```

231

```
09    <style>
10    .ui-grid-d .ui-block-a
11    {
12        width:20%;          //第1栏的样式
13    }
14    .ui-grid-d .ui-block-b
15    {
16        width:20%;          //第2栏的样式
17    }
18    .ui-grid-d .ui-block-c
19    {
20        width:20%;          //第3栏的样式
21    }
22    .ui-grid-d .ui-block-d
23    {
24        width:20%;          //第4四栏的样式
25    }
26    .ui-grid-d .ui-block-e
27    {
28        width:20%;          //第5栏的样式
29    }
30    </style>
31    </head>
32    <body>
33        <!--声明一个page,用属性data-theme="a"给页面加入黑色背景-->
34        <div data-role="page" data-theme="a">
35            <!--头部栏-->
36            <div data-role="header" data-position="fixed">
37                <h1>计算器</h1>
38            </div>
39            <!--内容栏-->
40            <div data-role="content">
41                <form>
42                    <input type="text">              <!--文本框，显示数字-->
43                </form>
44                <fieldset class="ui-grid-d">
45                    <div class="ui-block-a">
46                        <a href="#" data-role="button" >MC</a>   <!--第1栏显示
一个按钮-->
47                    </div>
48                    <div class="ui-block-b">
49                        <a href="#" data-role="button" >MR</a>   <!--第2栏显示
一个按钮-->
50                    </div>
51                    <div class="ui-block-c">
52                        <a href="#" data-role="button" >MS</a>   <!--第3栏显示
一个按钮-->
53                    </div>
54                    <div class="ui-block-d">
55                        <a href="#" data-role="button" >M+</a>   <!--第4栏显示
一个按钮-->
```

```
56                    </div>
57                    <div class="ui-block-e">
58                        <a href="#" data-role="button" >M-</a>    <!--第5栏显示
一个按钮-->
59                    </div>
60                    <!--重复使用 fieldset 控件用来显示面板上的其他按钮-->
61                    <!--------------------->
62                </fieldset>
63            </div>
64            <div data-role="footer" data-position="fixed">
65                <h1>计算器</h1>
66            </div>
67        </div>
68    </body>
69    </html>
```

运行之后的效果如图 12-4 所示。

图 12-4   jQuery Mobile 实现的计算器

本例利用 jQuery Moile 的布局功能，可以实现平均分配各个按键的大小和位置，也可以利用按钮分组的方式来实现类似的效果。

本例实际上暴露了 jQuery Mobile 一个非常大的弱点，即在某些特定场合缺乏灵活性。如在图 12-3 中的计算器布局中，按钮 "0" 和按钮 "=" 分别占用了两个键位，这也扰乱了整个页面的布局，如果纯粹使用 HTML 来实现这样的布局非常麻烦，但是一旦实现之后就很容易理解。但是在 jQuery Mobile 中如果想实现这样的布局不但麻烦（经过实践之后才会发现这基本是不可行的），而且还会大大降低代码的可读性（也许最终能够勉强实现这样的布局，但是 jQuery Mobile 布局的完整性也应该被破坏得差不多了，有兴趣的读者可以试着实践一下）。

 使用 jQuery Mobile 进行页面布局时，建议一定要尽量保证页面各元素的平均和整齐。

12.3 移动 BBS 模板

PhoneGap 非常适合与 jQuery Mobile 搭配使用，除了 PhoneGap 确实能够很好地将 jQuery Mobile 写出的页面生成可运行的文件之外，还有一个理由，那就是 PhoneGap 中文社区的论坛使用的是 jQuery Mobile 写成的模板（如图 12-5 所示）。

经过笔者的研究，它应该使用的是 Discuz X2.5 的后台，只是对前端的页面进行了修改，这一页面也确实非常简洁、漂亮，而且借助 jQuery Mobile 的帮助非常容易实现。因此本节的任务就是使用 jQuery Mobile 实现一个类似的页面。

首先，新建一个页面，命名为 index.html，然后仿照图 12-5 中的样式和内容对页面进行编写，具体实现方法如范例 12-3 所示。

图 12-5　PhoneGap 中文论坛

【范例 12-3　利用 jQuery Mobile 实现的论坛页面】

```
01    <!DOCTYPE html>
02    <html>
03    <head>
04    <meta http-equiv="Content-Type" content="text/html; charset=utf-8" />
05    <meta name="viewport" content="width=device-width, initial-scale=1">
06    <link rel="stylesheet" href="http://code.jquery.com/mobile/latest/jquery.
mobile.min.css" />
```

```
07      <script src="http://code.jquery.com/jquery-1.7.1.min.js"></script>
08      <script src="http://code.jquery.com/mobile/latest/jquery.mobile.min.js">
</script>
09      </head>
10      <body>
11          <div data-role="page" >
12              <!--声明一个头部栏-->
13              <div data-role="header" data-position="fixed">
14                  <a href="#" data-icon="info">关于</a>
15                  <!--使用标签 a 给标题加入链接-->
16                  <h1>jQuery Mobile 实战<a href="#">网页版</a></h1>
17                  <a href="#" data-icon="home">主页</a>
18              </div>
19              <div data-role="content">
20                  <!--使用列表显示论坛的各个栏目-->
21                  <ul data-role="listview" data-filter="true" data-filter-
placeholder="Search fruits..." data-inset="true">
22                      <!--用分隔符作为栏目名称，分隔各个栏目-->
23                      <li data-role="list-divider">jQuery Mobile 开发资源共享区
</li>
24                      <!--每一个 li 标签是列表中的一项-->
25                      <li>
26                          <a href="#">新手入门与知识百科</a>
27                      </li>
28                      <li>
29                          <a href="#">jQuery Mobile 开发资料共享</a>
30                      </li>
31                      <li>
32                          <a href="#">jQuery Mobile 实例教程</a>
33                      </li>
34                      <li>
35                          <a href="#">jQuery Mobile 扩展插件</a>
36                      </li>
37                      <li>
38                          <a href="#">jQuery Mobile 书籍推荐</a>
39                      </li>
40                      <li>
41                          <a href="#">jQuery Mobile 界面布局研究</a>
42                      </li>
43                      <!--仿照之前的内容自行添加其他栏目的内容-->
44                      <!--·················-->
45                  </ul>
46              </div>
47              <!--底部栏-->
48              <div data-role="footer" data-position="fixed">
49                  <!--导航栏中只保留一项，形成底部的大按钮-->
50                  <div data-role="navbar">
51                      <ul>
52                          <li><a href="#" data-icon="check">登录</a></li>
53                      </ul>
54                  </div>
```

235

```
55              </div>
56      </div>
57      </body>
58      </html>
```

运行结果如图 12-6 所示。

图 12-6 jQuery Mobile 实现的 BBS 模板

笔者一向比较偏爱 jQuery Mobile 中的黑色主题，不过本范例笔者尝试几种配色之后发现，如果作为 BBS 模板或者是单纯的文章网站，还是使用默认主题会比较好。这大概是因为国内论坛大多采用白色主题导致的心理暗示。

另外，还可以通过重写 CSS 的方法为列表中的文字添加下划线效果。

12.4 基于 jQuery Mobile 的简单记事本

最近非常流行印象笔记，它为开发者提供了开放的 API，本节决定用 jQuery Mobile 和 PhoneGap 来实现一款简单的记事本应用，这里仅仅给出它的部分前端页面的实现。

【范例 12-4 基于 jQuery Mobile 的简单记事本】

```
01      <!DOCTYPE html>
02      <html>
03      <head>
04      <meta http-equiv="Content-Type" content="text/html; charset=utf-8" />
05      <meta name="viewport" content="width=device-width, initial-scale=1">
06      <link rel="stylesheet" href="http://code.jquery.com/mobile/latest/jquery.
mobile.min.css" />
07      <script src="http://code.jquery.com/jquery-1.7.1.min.js"></script>
```

```
08    <script src="http://code.jquery.com/mobile/latest/jquery.mobile.min.js">
</script>
09    </head>
10    <body>
11        <!--第一个页面-->
12        <div data-role="page" id="home" data-title="我的记事本">
13            <div data-role="header" data-position="fixed">
14                <h1>我的记事本</h1>
15                <a href="#new" data-icon="custom">新建</a>
16            </div>
17            <!--显示记事列表-->
18            <div data-role="content">
19                <ul data-role="listview">
20                    <li><a href="#">
21                        <h1>记事本一</h1>                <!--显示记事本题目-->
22                        <p>2013/11/3 星期日</p>         <!--换行显示日期-->
23                    </a></li>
24                    <!--……………--->
25                    <!--模仿第一个 li 标签实现列表中的其他项-->
26                </ul>
27            </div>
28            <div data-role="footer" data-position="fixed">
29            </div>
30        </div>
31        <!----->
32        <div data-role="page" id="new" data-title="新建记事本">
33            <!--头部栏-->
34            <div data-role="header" data-position="fixed">
35                <h1>新建记事本</h1>
36                <a href="#home" data-icon="back">返回</a>
37            </div>
38            <div data-role="content">
39                <form>                <!--form 标签-->
40                    <!--使用 for 属性与文本框进行绑定-->
41                    <label for="note">请输入内容:</label>
42                    <textarea name="note" id="note"></textarea>
43                </form>
44            </div>
45            <div data-role="footer" data-position="fixed">
46                <div data-role="navbar">
47                    <ul>
48                        <li><a href="#" data-icon="arrow-u">提交</a></li>
49                    </ul>
50                </div>
51            </div>
52        </div>
53    </body>
54    </html>
```

　　运行结果如图 12-7 和图 12-8 所示。图 12-8 底部设计了"提交"按钮，有需要设计页面中提交数据或者类似功能的读者可以参考一下。

 其实已经有不少应用在使用类似的界面了，QQ 2011 就采用了类似的"退出"按钮。

图 12-7　记事本列表页面　　　　　　　　图 12-8　新建记事本界面

12.5 基于 jQuery Mobile 的全键盘界面

前面 12.2 小节利用 jQuery Mobile 的分栏布局实现了一个非常整齐的计算器界面，在本书第 6 章中实现了一个简单的 QWER 键盘样式。当时提到可以用分栏布局的方式来实现类似的效果，但是现实中的键盘往往并不是整齐排列的，而是有一定的交叉，如图 12-9 所示。

图 12-9　一款键盘的俯视图

这样的布局是用分栏布局无法实现的（虽然勉强也可以实现，但非常麻烦），因此就要依靠按钮本身的特性来实现，比如为按钮加入宽度的属性。

本节将带领读者一起实现一个类似图 12-9 中键位排布效果的 QWER 键盘。

【范例 12-5　基于 jQuery Mobile 的 QWER 键盘】

```
01   <!DOCTYPE html>
02   <html>
03   <head>
04   <meta http-equiv="Content-Type" content="text/html; charset=utf-8" />
05   <meta name="viewport" content="width=device-width, initial-scale=1">
06   <link rel="stylesheet" href="http://code.jquery.com/mobile/latest/jquery.mobile.min.css" />
07   <script src="http://code.jquery.com/jquery-1.7.1.min.js"></script>
```

```
08      <script
src="http://code.jquery.com/mobile/latest/jquery.mobile.min.js"></script>
09      </head>
10      <body>
11          <div data-role="page" data-theme="a">
12              <div data-role="header">
13                  <h1>简单的 QWER 键盘</h1>
14              </div>
15              <div data-role="content">
16                  <!--第1排-->
17                  <a href="#" data-role="button" data-inline="true">~</a>
18                  <!--包含了数字1~9的按钮, 请读者自行添加-->
19                  <a href="#" data-role="button" data-inline="true">0</a>
20                  <a href="#" data-role="button" data-inline="true">-</a>
21                  <a href="#" data-role="button" data-inline="true">+</a>
22                  <a href="#" data-role="button" data-inline="true">Del</a>
23                  <br/><!--第2排-->
24                  <a href="#" data-role="button" data-inline="true">Tab</a>
25                  <!--已省略的按钮, 内容分别为键盘上 "Q" ~ "]" 按键-->
26                  <a href="#" data-role="button" data-inline="true">\</a>
27                  <br/><!--第3排-->
28                  <a href="#" data-role="button" data-inline="true">Caps Lock</a>
29                  <!--已省略的按钮, 内容分别为键盘上 "A" ~ "L" 按键-->
30                  <a href="#" data-role="button" data-inline="true">;</a>
31                  <a href="#" data-role="button" data-inline="true">'</a>
32                  <a href="#" data-role="button" data-inline="true">Enter</a>
33                  <br/><!--第4排-->
34                  <a href="#" data-role="button" data-inline="true" data-icon=
"arrow-u" style="width:130px;">
35                      Shift
36                  </a>
37                  <!--已省略的按钮, 内容分别为键盘上 "Z" ~ "M" 按键-->
38                  <a href="#" data-role="button" data-inline="true"><<</a>
39                  <a href="#" data-role="button" data-inline="true">>></a>
40                  <a href="#" data-role="button" data-inline="true">/</a>
41                  <!--通过为按钮加入图标来增大按钮宽度-->
42                  <a      href="#"      data-role="button"      data-inline="true"
data-icon="arrow-u" style="width:130px;">
43                      Shift
44                  </a>
45                  <br/><!--最后一排-->
46                  <!--直接设置按钮宽度为130px-->
47                  <a href="#" data-role="button" data-inline="true" style=
"width:130px;">Ctrl</a>
48                  <a href="#" data-role="button" data-inline="true">Fn</a>
49                  <a href="#" data-role="button" data-inline="true">Win</a>
50                  <a href="#" data-role="button" data-inline="true">Alt</a>
51                  <!--直接设置按钮宽度为300px-->
52                  <a href="#" data-role="button" data-inline="true" style=
"width:300px;">Space</a>
53                  <a href="#" data-role="button" data-inline="true">Alt</a>
54                  <a href="#" data-role="button" data-inline="true">Ctrl</a>
55                  <a href="#" data-role="button" data-inline="true">PrntScr</a>
56              </div>
57          </div>
58      </body>
59      </html>
```

运行结果如图 12-10 所示。

图 12-10　jQuery Mobile 实现的 QWER 键盘

本例使用了 3 种方式来调节按钮的宽度：

- 利用按钮标题的长度来控制按钮的宽度，如第 22 行的 Del 按钮由于有 3 个字母，因此按钮宽度明显比单个数字或字母要大一些。
- 通过增设按钮图标来增加按钮宽度，如第 35 行的 Shift 键加入了图标，因此就比其他按钮要多出一块。
- 通过直接修改 CSS 来修改按钮宽度，如第 52 行中直接将 Space 键的宽度设置为 300px。
- 对比本例与范例 12-2，笔者整理出使用自定义样式和分栏布局的区别，如表 12-1 所示。

表 12-1　自定义样式和分栏布局的对比

	自定义样式	分栏布局
灵活度	高，可按照自己的喜好设计各元素的尺寸	低，仅能将元素以一定的规律进行排列
整齐度	低	高
屏幕适应性	低，当屏幕空间被占满后自动换行	高，具有较好的屏幕自适应功能
适合范围	有一定秩序但总体布局杂乱，如全尺寸键盘、瀑布流的结构等	整齐的网状结构，如表格、棋盘等

通过这些对比可以看出，分栏布局与自定义样式分别有着自己的适应领域，作为开发者，需要根据自己的需求来决定到底应该使用哪一种方法。

12.6　小结

本章主要通过一些使用 jQuery Mobile 进行界面设计的例子，来帮助读者熟悉之前介绍的知识，只要掌握了这些例子，基本上就具备了独立开发 jQuery Mobile 应用的能力。尤其是在本章的最后，笔者选取了一个利用 jQuery Mobile 模仿键盘样式的例子，来说明在 jQuery Mobile 开发中绝对没有唯一的解决方案，只有不断思考，并对每一种方法的优劣做出取舍，才能够立于开发的不败之地。

第三篇

跨平台APP实战

第 13 章

◀ 大学移动校园实战项目 ▶

本章将以简化的实际项目来讲解使用 jQuery Mobile 进行实际开发的方法。本章将用笔者过去为某高校设计的手机版校园指南为例，带领读者进一步熟悉 jQuery Mobile 中布局的设计，以及如何将按钮和导航这些基础控件应用到实战中。

本章所涉及的知识点大多都是在前面内容中介绍过的，因此遇到不懂的地方要及时复习。本章主要的知识点包括：

- jQuery Mobile 界面设计的方法
- 利用 jQuery Mobile 开发应用的流程
- 怎样结合 jQuery Mobile 和 JavaScript 实现设计的界面效果
- 插件与 APP 的完美结合

13.1 项目背景

在 2011 年，移动开发最火的时候，我受某高校委托，开发一款用于为新生进行入学教育而使用的 APP，就是将一整本新生手册放到手机上。技术上没什么难度，但是在设计上当时还是费了一番苦心的。

首先要分析怎样设计，笔者拿到一本该校的新生手册，还没来得及翻看。最先的想法是既然是新生入学，最重要的还是先来介绍一下校史，以及学校的规模和专业等信息，这样第一个模块就明确下来了。

第二个模块自然要讲校规之类的内容，简单翻阅了一下新生手册，发现这两个模块已经差不多可以涵盖手册上的大多数内容了。但是，一款应用要么只有一个模块要么就有多个模块，只有两个模块不是很好看。于是决定再为它添加一些模块。

笔者认为，再加入一个校园生活的模块是非常必要的。

既然还剩下一块，那就再弄一点图片进去吧，就叫做校园风光，这样一来功能就大体规划好了。笔者将这款应用分为 4 个模块，分别是"学校简介"、"校规校纪"、"校园生活"和"校园风光"。

13.2　界面设计

经过前面的分析可以发现，该项目的内容非常简单，就是做一款读取文本类的 APP，简单来说就是一个复杂点的 hello world。

不过，即便是这样简单的内容也是能够显示出水平的，当时的主界面设计如图 13-1 所示。上方灰色的圆圈处放的是该校的校徽，下面平行排列 4 个按钮，虽然很粗糙但是非常简洁。界面看上去比较丑，不过毕竟那时候做安卓的比较少、竞争压力小。

现在笔者重新设计了新的界面，如图 13-2 所示。可以看出，相比原先的界面要好看了许多，上方和下方紫色的部分是导航条，顶部的导航条可以放一些栏目名称，底部的导航条则以 Tab 选项卡的方式作为真正的导航来使用。

图 13-1　最初设计的主界面

图 13-2　新版主界面

页面内容顶部的图片是用来展示校园风光的，下面 4 个色块分别用来作为 4 个模块启动的按钮。最好上下两部分是成比例的，如上面的大图占了页面的一半，4 个色块又占了另一半。

 笔者在设计图上使用的图标均是在网上搜集的 Metro 图标，由于 Metro 界面的背景均为纯色，所以抠图时比较容易。

接下来是内容页的设计，原本的想法是直接用一排按钮排下来，不过现在看来似乎不是很合适了，因为跟主界面不是很协调，于是干脆就继续采用这种 Metro 界面，只是省略了上方的大图。

打开之后会需要一个显示文章的界面，这就更简单了，可直接把页面上的内容全部去掉，就是颜色比较讲究一点而已。

至于校园风光的部分，笔者打算直接使用在第 11 章所介绍的 PhotoSwipe 插件，这样就可以方便又完美地实现图片浏览的效果。

13.3 框架设计

由于在这款应用中只需将所谓的"学生手册"真实地复制在一款 APP 中，而没有必要加入许多交互的操作，因此本项目实际上就是实现几个静态的 HTML 5 页面。即使这样，也要讲究先后顺序，避免做无用功。

经过分析，在这款应用中，几乎每个页面都要用到相同的头部栏和尾部栏，因此最好能先把它实现出来。为了提高开发速度，可以直接使用前面给出的例子，不过要稍微做一下修改。

按照原本的需求应该再设计 4 个图标，笔者这里将它省略掉了，仅仅使用了 4 个默认的图标来代替。

【范例 13-1　项目整体框架的设计】

```
01    <html>
02    <head>
03    <meta http-equiv="Content-Type" content="text/html; charset=utf-8" />
04    <meta name="viewport" content="width=device-width, initial-scale=1">
05    <!--<script src="cordova.js"></script>-->
06    <link rel="stylesheet" href="jquery.mobile.min.css" />
07    <script src="jquery-1.7.1.min.js"></script>
08    <script src="jquery.mobile.min.js"></script>
09    </head>
10    <body>
11        <div data-role="page">
12            <!--头部栏-->
13            <div data-role="header" data-position="fixed">
14                <h1>高校入学指南</h1>
15            </div>
16            <div data-role="content">
17                <!--这里面加入内容-->
18            </div>
19            <!--尾部栏-->
20            <div data-role="footer" data-position="fixed">
21                <div data-role="navbar">
22                    <ul>
23                        <li><a id="chat" href="#" data-icon="custom">校园简介
</a></li>
24                        <li><a id="email" href="#" data-icon="custom">校规校史
</a></li>
```

```
25                           <li><a id="skull" href="#" data-icon="custom">校园生活
</a></li>
26                           <li><a id="beer" href="#" data-icon="custom">校园风光
</a></li>
27                       </ul>
28                   </div>
29               </div>
30           </div>
31       </body>
32   </html>
```

运行效果如图 13-3 所示。

下方的 4 个选项卡与原本的设计不一样，但实际开发中常常会为了便捷等原因对原有的设计做出改动，尤其当设计图是本人亲自设计时，更是拥有对它完整的解释权。

之后即将设计几个静态页面，来包含它们需要的内容，首先将完成主界面的制作。

图 13-3　设计好的框架

13.4　主界面的制作

本节应该是本章的重点，关键在于利用 jQuery 来为每个模块指定相应的位置。这里先来介绍一下思路。

首先是获得页面的宽度和高度，然后将它分为两段，宽度可以在 CSS 中直接利用百分比给出，重点在于获取页面元素的高度。为了保证色块的总高度不会超出页面的范围，必须先获得页面的总高度，之后还要用页面的总高度减去头部栏和尾部栏所占据的高度。具体实现方法如范例 13-2 所示。

【范例 13-2　主界面的布局】

```
01    <!DOCTYPE html>
02    <html>
03    <head>
04    <meta http-equiv="Content-Type" content="text/html; charset=utf-8" />
05    <meta name="viewport" content="width=device-width, initial-scale=1">
06    <!--<script src="cordova.js"></script>-->
07    <link rel="stylesheet" href="jquery.mobile.min.css" />
08    <script src="jquery-1.7.1.min.js"></script>
09    <script src="jquery.mobile.min.js"></script>
10    <script type="text/javascript">
11    $(document).ready(function()
12    {
13        $top_height=$("div[data-role=header]").height();       //获取头部栏的高度
14        $bottom_height=$("div[data-role=footer]").height(); //获取尾部栏的高度
15        $body_height=$(window).height()-$top_height-$bottom_height;        // 获
取页面空白区域的高度
16
17        $pic_height=$body_height/2;                         //设置顶部大图的高度
18        $pic_height=$pic_height+"px";
19        $("div[data-role=main_pic]").width("100%").height($pic_height);
    //将计算结果进行应用
20
21        $body_height=$body_height/2-15;                     //获取每个色块的高度
22        $body_height=$body_height+"px";
23        $("div[data-role=metro_body]").width("100%").height($body_height);
    //将结果应用到色块上
24    });
25    </script>
26    <style type="text/css">
27    *{ margin:0px; padding:0px;}                          /*清除页面自带间距*/
28    .metro_color1{ background-color:#ef9c00;}             /*色块颜色*/
29    .metro_color2{ background-color:#2ebf1b;}             /*色块颜色*/
30    .metro_color3{ background-color:#00aeef;}             /*色块颜色*/
31    .metro_color4{ background-color:#ed2b84;}             /*色块颜色*/
32    .metro_rec{ width:48%; height:49%; float:left; margin:1%;}    /*设置色块间的间距*/
```

```
33    </style>
34    </head>
35    <body>
36        <div data-role="page">
37            <div data-role="header" data-position="fixed">
38                <h1>高校入学指南</h1>
39            </div>
40            <div data-role="main_pic">                    <!--首页顶部大图-->
41                <img src="top.jpg" width="100%" height="100%"/>
42            </div>
43          <div data-role="metro_body">                   <!--里面有4个色块-->
44          <div class="metro_color1 metro_rec"></div>
45          <div class="metro_color2 metro_rec"></div>
46          <div class="metro_color3 metro_rec"></div>
47          <div class="metro_color4 metro_rec"></div>
48          </div>
49            <div data-role="footer" data-position="fixed">
50                <div data-role="navbar">
51                    <ul>
52                        <li><a id="chat" href="#" data-icon="custom">校园简介
</a></li>
53                        <li><a id="email" href="#" data-icon="custom">校规校史
</a></li>
54                        <li><a id="skull" href="#" data-icon="custom">校园生活
</a></li>
55                        <li><a id="beer" href="#" data-icon="custom">校园风光
</a></li>
56                    </ul>
57                </div>
58            </div>
59        </div>
60    </body>
61    </html>
```

运行结果如图 13-4 所示。

图 13-4　主界面的布局

先来讲解一下代码。布局非常简单，因为两边需要占满整个屏幕，因此笔者果断舍弃了 content 部分。将原有的 content 部分分为两栏，分别是上方的大图和下方的 4 个色块。

基本上两部分各占一半的面积，宽度直接设置为 100%，高度则需要经过简单的计算。如范例第 13~15 行：

```
13          $top_height=$("div[data-role=header]").height();
14          $bottom_height=$("div[data-role=footer]").height();
15          $body_height=$(window).height()-$top_height-$bottom_height;
```

$("div[data-role=header]")这种选择方式在第 2 章中已经介绍过，获取顶部工具栏后，使用 height()方法获取了工具栏的高度，然后又利用同样的方法获取底部栏的高度，最后用整个屏幕的高度减去它们，就得到了页面剩余可用部分的高度$body_height。

再看范例第 17~19 行，这部分规定了大图所占的面积：

```
17          $pic_height=$body_height/2;
18          $pic_height=$pic_height+"px";
19          $("div[data-role=main_pic]").width("100%").height($pic_height);
```

第 17 行取得了图片应该具有的高度，但是在 height()方法中所接受的参数应该是一个以 px 结尾的字符串，因此需要靠第 18 行来做出强制转换。第 19 行则是将计算出的结果设置到元素中去。

第 41 行是引入的图片，由于已经限定了 div 容器的高度和宽度，因此可以直接将图片的高度和宽度设置为 100%。

笔者在最初完成这一步时，发现图片与页面边框仍有较大的距离，在去除 content 元素后问题仍然存在。考虑到可能是 jQuery Mobile 中默认样式的缘故，因此在第 27 行规定默认内外边距均为 0 就解决了该问题。

下面部分的布局与大图大体一致，但是有一点区别，在第 21 行可以看到笔者在原有高度的基础上减去了 15 个像素，这是为什么呢？

很大的一个原因在于，为了防止意外发生，比如小数进位之后导致页面内容超出页面宽度，笔者决定将这一部分的高度保守地减小，以保证在任何屏幕中都可以正常显示。

类似的技巧非常有用，为了整体的布局经常会在页面的一些部分留出空白。

虽然主界面的布局已经完成，但是现在还有一个问题，即界面不够友好，具体体现在下方的 4 个色块让用户见了都不知道是做什么用的，因此需要在色块上加入文字，但是这里就又引出了新的问题，即 CSS 中是不支持文字上下居中的，有什么办法呢？

之前笔者看到过一种方法，说是可以用 jQuery 操作 CSS 的 line-height 属性，这样做倒也不是不可以，但是使用起来太麻烦，而且一堆 jQuery 代码看着太讨厌了，于是笔者采用了另一种方法，如范例 13-3 所示。

【范例 13-3　在色块中加入文字】

```
01    <!DOCTYPE html>
02    <html>
03    <head>
04    <meta http-equiv="Content-Type" content="text/html; charset=utf-8" />
05    <meta name="viewport" content="width=device-width, initial-scale=1">
06    <!--<script src="cordova.js"></script>-->
07    <link rel="stylesheet" href="jquery.mobile.min.css" />
08    <script src="jquery-1.7.1.min.js"></script>
09    <script src="jquery.mobile.min.js"></script>
10    <script type="text/javascript">
11    $(document).ready(function()
12    {
13        $top_height=$("div[data-role=header]").height();      //获取头部栏的高度
14        $bottom_height=$("div[data-role=footer]").height(); //获取尾部栏的高度
15        $body_height=$(window).height()-$top_height-$bottom_height; //获取页面
空白区域的高度
16
17        $pic_height=$body_height/2;                          //设置顶部大图的高度
18        $pic_height=$pic_height+"px";
19        $("div[data-role=main_pic]").width("100%").height($pic_height);
     //将计算结果进行应用
20
21        $body_height=$body_height/2-15;                       //获取每个色块的高度
22        $body_height=$body_height+"px";
23        $("div[data-role=metro_body]").width("100%").height($body_height);
     //将结果应用到色块上
24    });
25    </script>
```

```
26    <style type="text/css">
27    *{ margin:0px; padding:0px;}                        /*清除页面自带间距*/
28    .metro_color1{ background-color:#ef9c00;}           /*色块颜色*/
29    .metro_color2{ background-color:#2ebf1b;}           /*色块颜色*/
30    .metro_color3{ background-color:#00aeef;}           /*色块颜色*/
31    .metro_color4{ background-color:#ed2b84;}           /*色块颜色*/
32    .metro_rec{ width:48%; height:49%; float:left; margin:1%;} /*设置色块间的间距*/
33    </style>
34    </head>
35    <body>
36        <div data-role="page">
37          <div data-role="header" data-position="fixed">
38              <h1>高校入学指南</h1>
39          </div>
40          <div data-role="main_pic">              <!--首页顶部大图-->
41              <img src="top.jpg" width="100%" height="100%"/>
42          </div>
43          <div data-role="metro_body">            <!--4个色块,其中加入了 img 标签-->
44             <div class="metro_color1 metro_rec">
45                 <img src="images/icon_1.png" width="100%" height="100%"/>
46             </div>
47             <div class="metro_color2 metro_rec">
48                 <img src="images/icon_2.png" width="100%" height="100%"/>
49             </div>
50             <div class="metro_color3 metro_rec">
51                 <img src="images/icon_3.png" width="100%" height="100%"/>
52             </div>
53             <div class="metro_color4 metro_rec">
54                 <img src="images/icon_4.png" width="100%" height="100%"/>
55             </div>
56        </div>
57          <div data-role="footer" data-position="fixed">
58            <div data-role="navbar">
59                <ul>
60                    <li><a id="chat" href="#" data-icon="custom">校园简介
</a></li>
61                    <li><a id="email" href="#" data-icon="custom">校规校史
</a></li>
62                    <li><a id="skull" href="#" data-icon="custom">校园生活
</a></li>
63                    <li><a id="beer" href="#" data-icon="custom">校园风光
</a></li>
64                </ul>
65            </div>
66          </div>
67        </div>
68    </body>
```

范例 13-2 的第 44~47 行与范例 13-3 的第 44~55 行有些不同,其实就是添加了一个格式为 png 的图片,效果如图 13-5 所示。

最初使用这种做法的时候还有些担心会变形,但是拖动浏览器试验了几次后发现影响不大,如图 13-6 和图 13-7 所示。

事实上,正方形的手机屏幕与长宽比超过 1:2 的屏幕几乎是不可能出现的,而在图中可以看到,在没有对比的情况下,几乎无法发现文字是变形的。因此就可以认为这种方案是合理的。

图 13-5　加入了文字的主界面

图 13-6　正方形的屏幕

图 13-7　很窄的屏幕

13.5　二级栏目的制作

二级栏目依然使用 Metro 风格的界面,这里给出一个大概的样式,如图 13-8 所示。

这部分比较简单,可以直接在上一节的主界面基础上进行修改,这里有一个小技巧,就是为了保证界面的美观,一定要想办法凑足 8 个栏目。

这里以栏目校园简介为例,其他与之类似,读者可以自行发挥。校园简介的内容主要来自于该校校园网,经过归类分解出以下几个栏目。

- 学校概况:其中包括该校的历史、地理位置、专业设置等信息。
- 领导团队:主要是校长、校党委书记、各学院领导学科带头人的简介。
- 历史沿革:讲述该校自建校以来的变迁以及重要人物。
- 机构设置:包含学校各部分的作用以及联系方式,是对新生非常实用的资料。
- 科学研究:包含学校比较著名的科研成果以及几个重点实验室的介绍。
- 学校文化:包含对校训的诠释以及历史积淀的解读。

- 校园映像：对校内重要景点的解读。
- 招生就业：对各个专业的前景做出分析。

 可以在固有栏目的基础上进行细分，比如校规可以分为奖励措施和惩罚措施两部分。

图 13-8 一个大概布局

根据上面所展示的信息就可以开始着手制作二级页面了，如范例 13-4 所示。

【范例 13-4 实现二级页面】

```
01   <!DOCTYPE html>
02   <html>
03   <head>
04   <meta http-equiv="Content-Type" content="text/html; charset=utf-8" />
05   <meta name="viewport" content="width=device-width, initial-scale=1">
06   <!--<script src="cordova.js"></script>-->
07   <link rel="stylesheet" href="jquery.mobile.min.css" />
08   <script src="jquery-1.7.1.min.js"></script>
09   <script src="jquery.mobile.min.js"></script>
10   <script type="text/javascript">
11   $(document).ready(function()
12   {
13       $top_height=$("div[data-role=header]").height();      //获取头部栏高度
14       $bottom_height=$("div[data-role=footer]").height();  //获取底部栏高度
15       $body_height=$(window).height()-$top_height-$bottom_height;
     //获取页面空白区域高度
16
17
18       $body_height=$body_height-10;                        //设置页面高度
19       $body_height=$body_height+"px";
```

```
20        $("div[data-role=metro_body]").width("100%").height($body_height);
//设置色块高度
21    });
22    </script>
23    <style type="text/css">
24    *{ margin:0px; padding:0px;}                          /*清除页面默认边距*/
25    .metro_color1{ background-color:#ef9c00;}             /*设置色块颜色*/
26    .metro_color2{ background-color:#2ebf1b;}             /*设置色块颜色*/
27    .metro_color3{ background-color:#00aeef;}             /*设置色块颜色*/
28    .metro_color4{ background-color:#ed2b84;}             /*设置色块颜色*/
29    .metro_rec{ width:48%; height:22%; float:left; margin:1%;}
/*设置色块尺寸*/
30    </style>
31    </head>
32    <body>
33        <!--声明页面-->
34        <div data-role="page" style="background-color:#666">
35            <!--头部栏-->
36            <div data-role="header" data-position="fixed">
37                <h1>高校入学指南</h1>
38            </div>
39        <div data-role="metro_body">
40        <!--声明各个色块-->
41        <div class="metro_color1 metro_rec">
42            <img src="images/p1.png" width="100%" height="100%"/>
43        </div>
44          <div class="metro_color2 metro_rec">
45            <img src="images/p2.png" width="100%" height="100%"/>
46          </div>
47          <div class="metro_color3 metro_rec">
48            <img src="images/p3.png" width="100%" height="100%"/>
49          </div>
50          <div class="metro_color4 metro_rec">
51            <img src="images/p4.png" width="100%" height="100%"/>
52          </div>
53          <div class="metro_color1 metro_rec">
54            <img src="images/p5.png" width="100%" height="100%"/>
55          </div>
56          <div class="metro_color2 metro_rec">
57            <img src="images/p6.png" width="100%" height="100%"/>
58          </div>
59          <div class="metro_color3 metro_rec">
60          <img src="images/p7.png" width="100%" height="100%"/>
```

```
61              </div>
62              <div class="metro_color4 metro_rec">
63                <img src="images/p8.png" width="100%" height="100%"/>
64              </div>
65          </div>
66          <div data-role="footer" data-position="fixed">
67              <div data-role="navbar">
68                  <ul>
69                      <li><a id="chat" href="#" data-icon="custom">校园简介
</a></li>
70                      <li><a id="email" href="#" data-icon="custom">校规校史
</a></li>
71                      <li><a id="skull" href="#" data-icon="custom">校园生活
</a></li>
72                      <li><a id="beer" href="#" data-icon="custom">校园风光
</a></li>
73                  </ul>
74              </div>
75          </div>
76      </div>
77  </body>
78  </html>
```

运行结果如图 13-9 所示。相信经过上一节的学习，各位读者已经可以理解上面的代码了。由于没有了顶部的大图，反而本节的例子更加简单。

图 13-9　二级栏目页面

为了体现该页面来自对上一节范例的修改痕迹，本例并没有对色块的颜色作出更改，读者可自行去百度搜索配色表，找到喜欢的颜色自行使用。

254

13.6　内容页的制作

　　是不是觉得上一节的内容非常简单？本节的内容更简单，甚至可能会让习惯编写复杂程序的读者有些手足无措，这是为什么呢？读者亲自动手就知道了。

　　本节的任务是做一个展示内容的页面，它需要实现的功能仅仅是在页面中展示出多行文字，实现方法如范例 13-5 所示。

【范例 13-5　实现内容页】

```
01  <!DOCTYPE html>
02  <html>
03  <head>
04  <meta http-equiv="Content-Type" content="text/html; charset=utf-8" />
05  <meta name="viewport" content="width=device-width, initial-scale=1">
06  <!--<script src="cordova.js"></script>-->
07  <link rel="stylesheet" href="jquery.mobile.min.css" />
08  <script src="jquery-1.7.1.min.js"></script>
09  <script src="jquery.mobile.min.js"></script>
10  </head>
11  <body>
12      <!--声明一个页面-->
13      <div data-role="page" style="background-color:#666">
14          <!--头部栏-->
15          <div data-role="header" data-position="fixed">
16              <h1>高校入学指南</h1>
17          </div>
18          <!--内容栏-->
19          <div data-role="content">
20              <h1>jQuery Mobile</h1>
21              <h4>
22                  <!--页面中的内容，读者可自行添加-->
23              </h4>
24          </div>
25          <!--底部栏-->
26          <div data-role="footer" data-position="fixed">
27              <div data-role="navbar">
28                  <ul>
29                      <li><a id="chat" href="#" data-icon="custom">校园简介
```

```
</a></li>
  30                    <li><a id="email" href="#" data-icon="custom">校规校史
</a></li>
  31                    <li><a id="skull" href="#" data-icon="custom">校园生活
</a></li>
  32                    <li><a id="beer" href="#" data-icon="custom">校园风光
</a></li>
  33                </ul>
  34            </div>
  35        </div>
  36      </div>
  37    </body>
  38  </html>
```

运行结果如图 13-10 所示。只是在 content 中加入了一个<h1>作为标题，剩下的就全都是内容，但是看上去依然非常精致。

图 13-10　内容页

13.7 校园风光模块

到此为止，基本上已经完成本项目的绝大多数内容，实际上还剩下一个非常重要的模块就是校园风光。

这里图片的数量非常多，主要是营造一种风光无限的景象，笔者将采用一种异步加载的方式，因此需要用到插件 PhotoSwipe。

具体的实现方法可以参考范例 11-1 的代码，这里不再赘述。

 另外推荐一款适用于制作这类界面的插件 Endless Scroll，有兴趣的读者可以自行在网址 http://www.beyondcoding.com/demos/endless-scroll/查看该插件的效果。另外，有余力的读者也可以试着实现近几年比较流行的瀑布流界面效果。

13.8　小结

本章是本书的第一个项目实例，好像没有用到太多属于 jQuery Mobile 的内容。这是因为 jQuery Mobile 只是一个非常轻量级的开发框架，还不足以完全应对多元化的开发需求，因此与其说是使用 jQuery Mobile 进行开发，倒不如说是使用 HTML 5 更合适。

但这也并不意味着 jQuery Mobile 就没有用了，本章项目的框架依旧是使用 jQuery Mobile 进行开发，另外，框架是死的，利用框架的思想来影响自己的应用才是开发的精髓所在。

第 14 章

◀ 个人博客项目实战 ▶

本章将介绍一个个人博客系统，实际上是对上一章内容的扩充，目的是使原本静态的内容升级，可以抓取来自于网络的信息，为应用增加更多的交互性。除新增加的网络功能之外，本章还将实现更加复杂的布局样式。

本章主要的知识点包括：

- 在 jQuery Mobile 中使用 PHP 的方法
- 使用 PHP 连接数据库的方法
- 使用 jQuery Mobile 开发应用的基本流程

14.1 项目规划

严格来说，本项目并不是一款针对安卓的应用，而是一款不折不扣的 Web 应用，由于笔者的喜好原因，本书一直没有提到 jQuery Mobile 原本是用来开发 Web 应用的，而本章的项目则主要是开发一款手机版的博客系统。

由于是 Web 系统，因此需要更多的背景知识，笔者在这里选择了 PHP 语言。由于 PHP 并不是本书的重点，笔者就假设读者已经有了现成的后台管理程序，本章仅展示如何利用 jQuery Mobile 和 PHP 显示数据库中文章的部分。

本项目是一套个人博客系统，因此文章列表是必不可少的一部分，于是在开始该项目之前，首先参考一些同类型的应用，如 QQ 空间的日志模块，如图 14-1 所示。

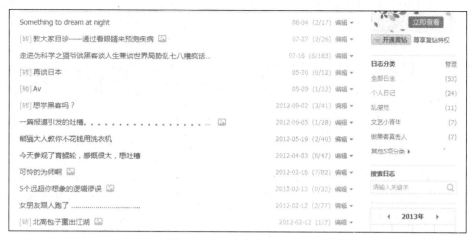

图 14-1　QQ 空间的日志模块

再如前面介绍的斯坦福大学手机版新闻网页的文章列表，如图 14-2 所示，还有新浪体育 wap 版的部分列表，如图 14-3 所示。

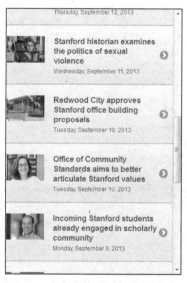

图 14-2　斯坦福大学手机版新闻网页　　　　图 14-3　新浪体育网 wap 版新闻列表

类似的网站实在是太多了，这里就不一一列举了。在人机交互可用性上来说，QQ 空间的文章列表无疑是最好的，有一个很重要的原因是，PC 端 Web 所包含的信息量更人，且较大的屏幕能够包含更多的内容。最差的无疑是新浪体育的 wap 端了，这倒不是因为新浪水平低或不肯投入精力，主要在于 wap 端确实无法承载太多的信息，为了节省用户流量而不得不放弃其部分美观性。

再看斯坦福大学新闻网的图片，无疑美观得多，甚至比 QQ 空间的列表还要漂亮，可是为什么感觉仍然有很大不足呢？

注意，图 14-1 右侧部分有一个文章列表的项目，笔者猜测差距应该在这里。那么本章就模仿 QQ 控件在文章列表的一侧加入一个文章列表项，由于移动设备屏幕空间有限，因此该模块必须是可隐藏的，而具体文章页可以仍然像上一章中的内容页一样，仅仅使用简单的内容显示即可。

除此之外，还应该有一个主页面，单击主页面可以进入文章列表，在文章列表界面可以呼出侧面的文章分类。

14.2 主界面设计

在完成项目的规划之后，开始对页面的前端进行设计，首先是主界面的设计。主界面的设计比较简单，可以将屏幕分为上下两部分，头部显示一张大图，大图下面则是栏目列表，如图 14-4 所示。

图 14-4　主界面的设计

由于是 Web 版，因此不需要过多考虑纵向高度与屏幕的关系。

实际上，许多优秀的应用还是需要考虑这一点的，只不过在本例中，由于文章列表的数量是未知的，因此无法对此做过多要求。如果一定要对此做要求的话，可以限制栏目的数量，如规定本博客中仅有 4 个栏目，或者是在有限数目的栏目中加入二级栏目。

顶部大图相信读者已经比较熟悉了，首先获取屏幕的宽度使大图的宽度与屏幕宽度相同，然后按照一定比例设置图片的高度。下方的栏目列表可以使用列表控件来实现，实现方法如范例 14-1 所示。

【范例 14-1　个人博客项目首页前端】

```
01    <!DOCTYPE html>
02    <html>
03    <head>
04    <meta http-equiv="Content-Type" content="text/html; charset=utf-8" />
05    <meta name="viewport" content="width=device-width, initial-scale=1">
06    <!--<script src="cordova.js"></script>-->
```

```
07    <link rel="stylesheet" href="jquery.mobile.min.css" />
08    <script src="jquery-1.7.1.min.js"></script>
09    <script src="jquery.mobile.min.js"></script>
10    <script type="text/javascript">
11    $(document).ready(function()
12    {
13        $screen_width=$(window).width();                //获取屏幕宽度
14        $pic_height=$screen_width*2/3;                  //图片高度为屏幕宽度的倍数
15        $pic_height=$pic_height+"px";
16        $("div[data-role=top_pic]").width("100%").height($pic_height);
//设定顶部图片尺寸
17    });
18    </script>
19    </head>
20    <body>
21        <div data-role="page" data-theme="c">            <!--使用C主题-->
22          <!--顶部图片-->
23          <div data-role="top_pic" style="background-color:#000; width:100%;">
24            <!--使用宽度和高度都为外部格子的100%来填充-->
25            <img src="images/top.jpg" width="100%" height="100%"/>
26          </div>
27          <div data-role="content">
28            <ul data-role="listview" data-inset="true">
29              <!--栏目列表-->
30              <li><a href="#"><h1>jQuery Mobile 实战1</h1></a></li>
31              <li><a href="#"><h1>jQuery Mobile 实战2</h1></a></li>
32              <li><a href="#"><h1>jQuery Mobile 实战3</h1></a></li>
33            </ul>
34          </div>
35        </div>
36    </body>
37    </html>
```

运行结果如图 14-5 所示。

本例假设访问该博客的人均使用 Wi-Fi 而不用担心流量的困扰，如果纯粹为了节省流量，那么还是使用简单的 wap 最为实惠。因为无论是大图还是纯粹的 jQuery Mobile，均会在页面加载时产生大量的流量。

这一次非常幸运，因为 3 个栏目正好可以使布局完整，而且显得非常有条理，可是在实际使用时就不一定是这样了，如图 14-1 中的 QQ 空间就包含了 9 个栏目。想一想，一个屏幕一定是装不下它们的，但是读者可以尝试一下，这并不影响页面的和谐，就像图 14-2 那样。

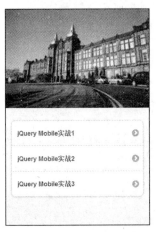

图 14-5   项目主页的设计

14.3 文章列表的设计

前面 14.1 节已经给出文章列表的设计思路，这里不再重复，仅仅画出布局样式，如图 14-6 和图 14-7 所示。从图 14-6 可以看出，单纯的文章列表只使用了一个列表控件将文章标题平铺下来，非常简单。图 14-7 则展示了当栏目列表被呼出时的样子，依然使用了列表控件，但由于界面中并没有多余的空间来放置按钮使该面板显示，因此必须使用 jQuery Mobile 的滑动事件将其呼出。由于使用习惯，本例选择了当手指向右滑动时，将面板呼出。

实际上，目前更流行的是使用底部的选项卡来实现栏目间的切换，但是笔者经过认真思考后决定舍弃这一方案。虽然使用 jQuery Mobile 可以非常容易地在底部栏中实现选项卡的样式，但是却也限制了底部最多仅能容纳 5 项栏目，并且一些栏目会由于字数过多而无法正常显示，因此不得不舍弃。

在一些复杂的博客项目中使用选项卡其实也是一个不错的思路，因为这样的博客系统通常包含日志、图片、留言板等不同的功能，可以依照这些来对栏目进行分类。

实现代码如范例 14-2 所示。

图 14-6　单纯的文章列表

图 14-7　隐藏的栏目列表弹出

【范例 14-2　文章列表的实现】

```
01   <!DOCTYPE html>
02   <html>
03   <head>
04   <meta http-equiv="Content-Type" content="text/html; charset=utf-8" />
05   <meta name="viewport" content="width=device-width, initial-scale=1">
06   <!--<script src="cordova.js"></script>-->
07   <link rel="stylesheet" href="jquery.mobile.min.css" />
08   <script src="jquery-1.7.1.min.js"></script>
09   <script src="jquery.mobile.min.js"></script>
10   <script>
11       $( "#mypanel" ).trigger( "updatelayout" );        <!-- 生命面板控件
"#mypanel"-->
12   </script>
13   <script type="text/javascript">
14       $(document).ready(function(){
15         $("div").bind("swiperight", function(event) {    //监听向右滑动事件
16           $( "#mypanel" ).panel( "open" );                //向右滑动时，面板展开
17         });
18       });
19   </script>
20   </head>
21   <body>
22       <div data-role="page" data-theme="c">
23           <!--面板控件，使用黑色主题 "A"，增强与背景的对比度-->
24           <div data-role="panel" id="mypanel" data-theme="a">
25               <ul data-role="listview" data-inset="true" data-theme="a">
```

```
26                    <li><a href="#">jQuery Mobile 实战1</a></li>
27                    <li><a href="#">jQuery Mobile 实战2</a></li>
28                    <li><a href="#">jQuery Mobile 实战3</a></li>
29              </ul>
30            </div>
31            <!--内容栏-->
32          <div data-role="content">
33              <ul data-role="listview" data-inset="true">
34              <!--章节内容列表-->
35                  <li><a href="#">jQuery Mobile 实战1</a></li>
36                  <li><a href="#">jQuery Mobile 实战2</a></li>
37                  <li><a href="#">jQuery Mobile 实战3</a></li>
38                  <!--重复列表中各项笔者已省略，请自行添加-->
39                  <li><a href="#">jQuery Mobile 实战21</a></li>
40                  <li><a href="#">jQuery Mobile 实战22</a></li>
41              </ul>
42          </div>
43        </div>
44    </body>
45    </html>
```

运行效果如图 14-8 所示。在页面中向右滑动屏幕即可呼出栏目列表，如图 14-9 所示。这里特意多加了一些内容使页面看上去更充实一些。

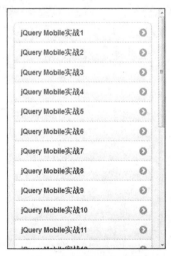

图 14-8　纯粹的文章列表

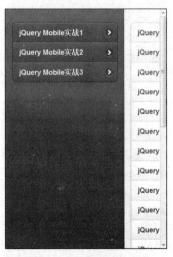

图 14-9　弹出的栏目列表

刚完成时笔者发现了一个问题，即如果栏目列表使用了和文章列表相同的颜色会产生混淆，无法突出重点，因此笔者给栏目列表加入了另一种主题，使之显示为黑色。

　　本例使用 swiperight 来监听向右滑动屏幕的事件，按照原本的设计还应当有相应的 swipeleft 事件来使栏目面板再度消失，但是在实际使用中笔者发现，在面板弹出状态下，单击右侧内容自动就能使面板隐藏。

　　虽然这里特意多加了许多行的内容，使内容超出了屏幕范围，但是由于每行中仅包含标题，因此远远不够完美，下面对该页面做出新的修改，如范例 14-3 所示。

【范例 14-3　对文章列表做一点修改】

```
01    <!DOCTYPE html>
02    <html>
03    <head>
04    <meta http-equiv="Content-Type" content="text/html; charset=utf-8" />
05    <meta name="viewport" content="width=device-width, initial-scale=1">
06    <!--<script src="cordova.js"></script>-->
07    <link rel="stylesheet" href="jquery.mobile.min.css" />
08    <script src="jquery-1.7.1.min.js"></script>
09    <script src="jquery.mobile.min.js"></script>
10    <script>
11        $( "#mypanel" ).trigger( "updatelayout" ); <!--生命面板控件"#mypanel"-->
12    </script>
13    <script type="text/javascript">
14      $(document).ready(function(){
15       $("div").bind("swiperight", function(event) {    //监听向右滑动事件
16        $( "#mypanel" ).panel( "open" );                //向右滑动时，面板展开
17       });
18      });
19    </script>
20    </head>
21    <body>
22      <div data-role="page" data-theme="c">
23            <!--面板控件，使用黑色主题"A"，增强与背景的对比度-->
24            <div data-role="panel" id="mypancl" data-theme="a">
25                <ul data-role="listview" data-inset="true" data-theme="a">
26                    <li><a href="#">jQuery Mobile 实战1</a></li>
27                    <li><a href="#">jQuery Mobile 实战2</a></li>
28                    <li><a href="#">jQuery Mobile 实战3</a></li>
29                </ul>
30            </div>
31        <div data-role="content">
```

```
32              <ul data-role="listview" data-inset="true">
33                <li>
34                    <a href="#"><h4>jQuery Mobile 实战1</h4>
35                    <p>一本介绍 jQuery Mobile 实际项目开发的书</p>
36                    </a>
37                </li>
38                <!--为节约篇幅，省略列表中部分项目，读者可自行添加-->
39                <li>
40                    <a href="#"><h4>jQuery Mobile 实战10</h4>
41                    <p>一本介绍 jQuery Mobile 实际项目开发的书</p>
42                    </a>
43                </li>
44              </ul>
45          </div>
46        </div>
47    </body>
48    </html>
```

运行结果如图 14-10 和图 14-11 所示。

这样看上去就舒服多了，当然也可以再在列表的左侧插入一些图片，但是本例只想开发一个轻量级的博客系统，因此不准备加入太复杂的功能。仅仅是纯文字的文章就能够达到目的，更复杂的功能还要靠读者自己去摸索。

图 14-10　单纯的文章列表

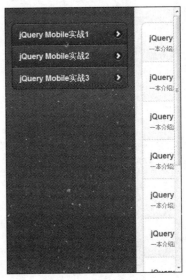

图 14-11　呼出栏目列表

14.4　文章内容页的实现

与文章列表的设计与实现相比，文章内容的页面就简单多了。首先是本身没有太多内容要加载（可参见第 13 章的内容页），其次是有上一节完成的内容作参考。

完全照搬第 13 章中的内容页倒是一个偷懒的好方法，但是考虑到要添加一点东西，所以本例决定还是在范例 14-4 的基础上进行修改。首先是给文章页的头部栏加入一个"返回"按钮，然后在尾部栏中加入"上一篇"和"下一篇"两个按钮，最后需要在阅读文章时可以随时呼出文章列表，这就又用到了上一节的面板控件。修改设计方案如图 14-12 所示。

 有没有发现用到的知识全是之前的范例组合起来的呢？

与上一节一样，当在屏幕上向右滑动时会有文章列表从左侧滑出，由于这里仅仅需要题目，因此列表的副标题可以省略，这样看上去比较简洁。

另外，还需要附加一项功能就是文章的作者和发布时间。由于手机屏幕空间有限，如果单独为它们留出两行空间的话，未免有些太奢侈了，于是本例决定只用一行，在一个空间中将它们全部显示出来。

 在移动应用开发时，要时刻考虑到内容与屏幕面积的关系，并从中寻找平衡点。

下面给出内容页的代码，如范例 14-4 所示。

图 14-12　文章内容页的设计

【范例 14-4　文章内容页的前端实现】

```
01  <!DOCTYPE html>
02  <html>
03  <head>
04  <meta http-equiv="Content-Type" content="text/html; charset=utf-8" />
05  <meta name="viewport" content="width=device-width, initial-scale=1">
06  <!--<script src="cordova.js"></script>-->
07  <link rel="stylesheet" href="jquery.mobile.min.css" />
08  <script src="jquery-1.7.1.min.js"></script>
09  <script src="jquery.mobile.min.js"></script>
10  <script>
11      $( "#mypanel" ).trigger( "updatelayout" );
12  </script>
13  <script type="text/javascript">
14      $(document).ready(function(){
15        $("div").bind("swiperight", function(event) {
16          $( "#mypanel" ).panel( "open" );
17        });
18      });
19  </script>
20  </head>
21  <body>
22      <div data-role="page" data-theme="c">
23          <div data-role="panel" id="mypanel" data-theme="a">
24              <ul data-role="listview" data-inset="true" data-theme="a">
25                  <li><a href="#">jQuery Mobile 实战1</a></li>
26                  <li><a href="#">jQuery Mobile 实战2</a></li>
27                  <li><a href="#">jQuery Mobile 实战3</a></li>
28                  <li><a href="#">jQuery Mobile 实战4</a></li>
29                  <li><a href="#">jQuery Mobile 实战5</a></li>
30                  <li><a href="#">jQuery Mobile 实战6</a></li>
31                  <li><a href="#">jQuery Mobile 实战7</a></li>
32                  <li><a href="#">jQuery Mobile 实战8</a></li>
33                  <li><a href="#">jQuery Mobile 实战9</a></li>
34              </ul>
35          </div>
36          <div data-role="header" data-position="fixed" data-theme="c">
37              <a href="#" data-icon="back">返回</a>
```

```
38              <h1>文章题目</h1>
39          </div>
40           <div data-role="content">
41          <h4 style="text-align:center;"><small>作者：李柯泉 发表日期：2013/9/18
19:27</small></h4>
42               <h4>这里是内容……这里是内容</h4>
43           </div>
44           <div data-role="footer" data-position="fixed" data-theme="c">
45          <div data-role="navbar">
46               <ul>
47                   <li><a  id="chat"  href="#"  data-icon="arrow-l"> 上 一 篇
</a></li>
48                   <li><a  id="email"  href="#"  data-icon="arrow-r"> 下 一 篇
</a></li>
49               </ul>
50           </div>
51       </div>
52   </div>
53   </body>
54   </html>
```

这样很容易就实现了非常华丽的效果，运行结果如图 14-13 和图 14-14 所示。打开之后将会直接看到文章的内容，当内容超出屏幕范围时可以通过上下拖动来进行阅读，利用底部的"上一篇"和"下一篇"按钮来进行文章的切换，也可以单击顶部的"返回"按钮，回到上一节所完成的页面。

在代码第 22 行与第 44 行中，专门为头部栏和尾部栏设置了主题 c，这样是为了文章内容页的颜色能够与侧面板的黑色形成对比，以便能够更好地加以区分。

为了让文章内容能够以统一的字体来展示，本例统一为它们加入了 h4 标签，这样既能保证字体不会太大又能保证字体在任何设备上都能被肉眼清楚地辨认。为了让日期和作者信息更加突出，本例为这两项设置了小字体（如第 41 行的<small>标签）。

同样，这些内容应当是居中展示的，因此又加入了 text-align 属性。

虽然在传统前端开发时，将属性全部写在 CSS 中是一个非常好的习惯，但是当使用像 jQuery Mobile 这样的插件进行开发时，如果仅需要使用极少量的 CSS 样式，将它们直接用 style 属性写在 HTML 中会大大降低阅读代码的难度。

至此，该个人博客系统的前端制作就可以先告一段落了，在下一节中将进行功能的实现。

图 14-13　文章内容页

图 14-14　向右滑动屏幕呼出文章列表

14.5　文章类的设计

本章的个人博客虽然称为一个"项目"，但它在本质上也仅仅是一个利用 PHP 读取数据库内容，再用 jQuery Mobile 美化的小小 demo。因此即使之前从来没有接触过 PHP，也没什么好害怕的，因为本章的分析足够详细，以至于没有接触过 PHP 和数据库的人也能够轻松看懂。本项目原理如图 14-15 所示。

对于之前没有接触过数据库的读者，如果图 14-15 的内容看不懂也没关系，请先硬着头皮跳过这里，然后想一想一篇文章都包括哪些内容。一篇文章首先要有标题和作者，还要有内容。如果有相同名称的文章，还需要有一个 id 来区分它们，这就好比有人姓名、年龄甚至生日都一模一样，但是他们的身份证号却一定不同。另外，还有一个之前提到过的内容，就是文章的发布日期 date。

这样就设计出一个类，这里用中文拼音称为 wenzhang。该类包括以下属性，即编号 id、文章题目 title、作者 author、文章内容 neirong、发布日期 date。考虑到 date 可能是保留字，因此改为 pubdate。为了使维护更加便利，还应创建几个相应的方法，即 get_id、get_title、get_author、get_pubdate 和 get_neirong，用来获取属性的值。另外，在设计时还考虑到应将文章分类为各个不同的栏目，因此还要加入一个 pid 属性。

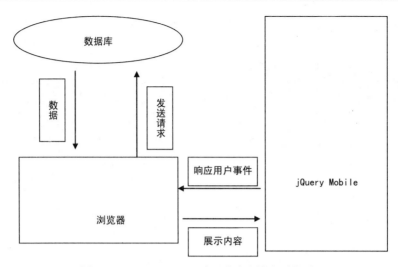

图 14-15　jQuery Mobile 实现的个人博客系统原理

新建一个文件 wenzhang.php，内容如范例 14-5 所示。

【范例 14-5　wenzhang 类的实现】

```php
<?php
class WENZHANG
{
 public $id;                          //文章编号
 public $pid;                         //栏目编号
 public $title;                       //文章题目
 public $author;                      //作者
 public $neirong;                     //文章内容
 public $pubdate;                     //发布日期

 public function get_id()             //获取文章编号
 {
    return $this->id;
 }
 public function get_pid()            //获取栏目编号
 {
    return $this->pid;
 }
 public function get_title()          //获取文章题目
 {
    return $this->title;
 }
 public function get_author()         //获取作者名称
 {
    return $this->author;
```

```
}
public function get_neirong()          //获取文章内容
{
    return $this->neirong;
}

    public function get_pubdate()       //获取发布日期
{
    return $this->pubdate;
}


}
?>
```

14.6   测试环境的搭建

让新手去配置一台 Apache+PHP 的服务器还是有一定难度的,现在有一款叫做 XAMPP 的软件可以解决配置难题。为了方便读者配置,这里给出一个下载地址: http://www.onlinedown.net/soft/50127.htm。

许多人从以往的经验认识到安装 Apache 服务器是一件不容易的事儿,如果想添加 MySQL、PHP 和 Perl,那就更难了。XAMPP 是一个易于安装且包含 MySQL、PHP 和 Perl 的 Apache 发行版。XAMPP 的确非常容易安装和使用,只需下载、解压缩、启动即可。到目前为止,XAMPP 共支持 Windows、Linux、Mac OS X、Solaris 4 种版本。

有了 XAMPP 这样的软件确实方便了不少,下面介绍如何安装 XAMPP。

步骤 01   下载完 XAMPP 后就可以开始安装了,双击压缩包中的文件开始安装,如图 14-16 所示。

图 14-16   开始安装 XAMPP

步骤 02   直接单击 OK 按钮,得到如图 14-17 所示的安装界面。

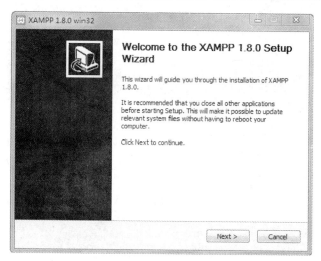

图 14-17　安装界面

步骤 03　下面可以一直单击 Next 按钮，其中还要选择安装路径，不过随便将安装路径设置在哪里都，不影响最后的结果，但是要注意不要用中文路径。

步骤 04　如图 14-18 所示的界面中，将每一个选项都勾上（默认 SERVICE SECTION 中的 3 项是没有被选中的），单击 Install 按钮进行安装。

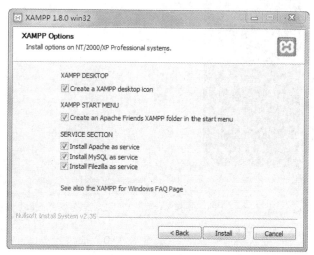

图 14-18　在安装选项设置中将每一项都勾选

步骤 05　接下来就是短暂的等待，如图 14-19 所示。对 Apache 比较了解的读者可以从窗口中看到正在安装的是哪一部分的组件，当然即使完全不了解也没有关系。

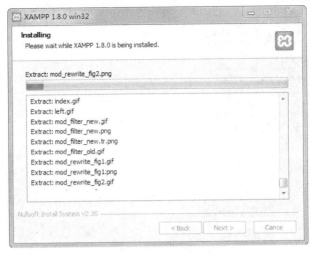

图 14-19　XAMPP 在安装中

步骤 06　安装完成后会弹出一个控制台窗口，一定不要对它进行操作，过一会儿它会自动关闭。
然后就可以看到安装完成的界面，如图 14-20 所示。

步骤 07　单击 Finish 按钮后又会弹出一个控制台窗口，依然不要对它进行操作，稍等一会儿会弹
出如图 14-21 所示的对话框。

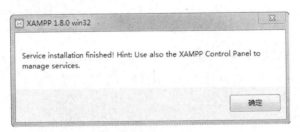

图 14-21　安装成功

步骤 08　单击"确定"按钮接着又弹出一个对话框，如图 14-22 所示。

图 14-22　XAMPP 表示祝贺

步骤 09　这里祝贺用户安装成功，询问要不要现在打开 XAMPP 的控制面板。单击"是"按钮，打开的面板界面如图 14-23 所示。

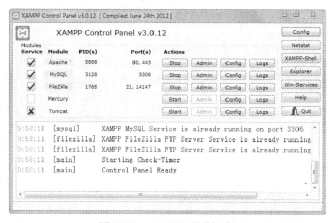

图 14-23　XAMPP 控制面板

步骤 10　左侧的绿色对勾和红色的叉叉表示紧随其后的服务是否被安装，首先要确定 Apache 和 MySQL 前面是否为对勾，如果不是的话，要单击中间 Actions 一栏中对应的 Start 按钮来启动服务。

步骤 11　单击 Apache 对应的 Admin 按钮或者直接在浏览器中输入 127.0.0.1 即可进入管理页面，如图 14-24 所示。

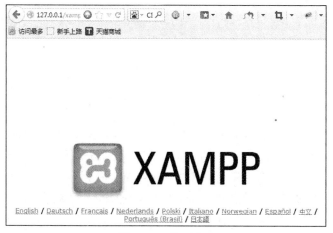

图 14-24　管理界面

步骤 12 可以看到界面下面有两排橙色的文字链接，可以通过它们选择进入系统使用的语言。单击"中文"链接后的界面如图 14-25 所示。

图 14-25　进入中文管理界面

这里只用到数据库的操作，单击图 14-25 中圈出的 phpMyAdmin，进入 phpMyAdmin 的管理界面，如图 14-26 所示，可以在圈出的地方设置语言，这里依然选择中文。

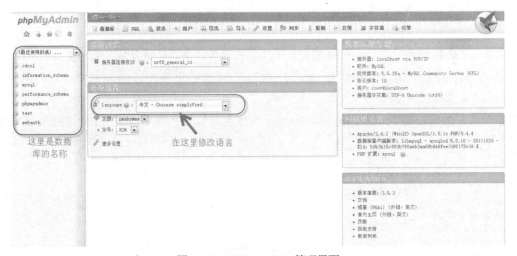

图 14-26　phpMyAdmin 管理界面

现在还有一个重要的任务需要完成，即将做好的页面放到 Apache 的 www 目录中。

首先要找到 Apache 的根目录，笔者将 XAMPP 装在了路径 D:\xampp 中，那么 Apache 的根目录为 D:\xampp\htdocs，在其中新建一个文件夹 myblog，将 14.2 节的范例命名为 index.html 放入其中，在浏览器中打开链接 http://127.0.0.1/myblog/index.html，发现这样做与直接运行该页面效果相同，如图 14-27 所示，即可认为是成功了（这一步骤的关键在于新手如何找到站点的根目录）。

图 14-27　通过 Apache 运行与直接运行完全一样

在编写本书时，曾经有人质疑为什么不测试 PHP 脚本能否正常运行呢？实际上前面测试的 phpMyAdmin 就是利用 PHP 脚本写成的，既然它都可以正常运行，就说明 PHP 脚本是正常的，不需要再多费功夫。

14.7　数据库的设计

上一节的内容主要还是为了介绍本节的数据库做铺垫，要使用数据库，首先要新建一个数据库。

在浏览器中输入网址 http://127.0.0.1/phpmyadmin/打开 phpMyAdmin。找到数据库选项，新建一个名为 myblog 的数据库，如图 14-28 所示。

图 14-28　创建一个数据库

单击"创建"按钮会提示创建成功，在左侧的面板中多出一个名为 myblog 的选项，如图 14-29 所示。

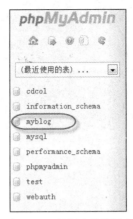

图 14-29　新创建的数据库

单击 myblog，出现如图 14-30 所示的界面，在"新建数据表"一栏的"名字"处填入 WENZHANG，"字段数"处填入 4，单击"执行"按钮，出现如图 14-31 所示的界面，按照图中的内容填入数据。

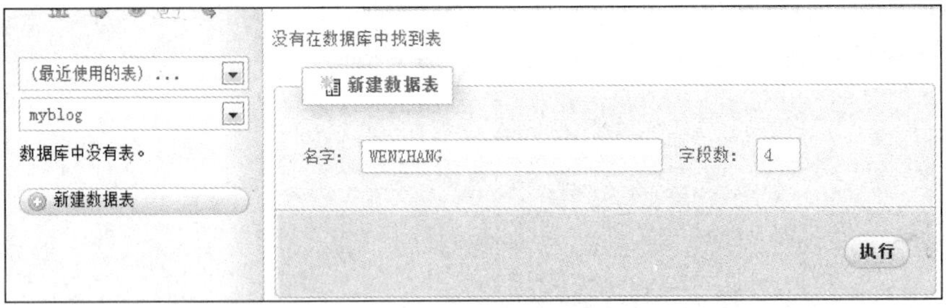

图 14-30　新建一个表

图 14-31　为数据库加入字段

这些字段是哪里来的呢？前面 14.5 节曾经用 PHP 实现了一个 wenzhang 类，在这个类中有 5 个属性，而这 4 个字段名就是其中的 4 个属性，为什么忘记了 date 属性呢？那是因为后面要演示一下如何向数据库中添加字段。

　　按照图 14-31 所示填入内容，单击"执行"按钮，如图 14-32 所示。但是单击之后会弹出一个警告："这不是一个数字"。这是为什么呢？因为还没有设置表中内容的长度，在图 14-32 所示的长度栏中全部填入 20，neirong 一栏对应的长度中填入 2000，之后再单击"保存"按钮发现终于成功了。

名字	类型 ⓘ	长度/值 ¹	默认 ²	整理	属性	空	索引
id	INT	20	无	utf8_bin	UNSIGNED		INDEX
title	VARCHAR	20	无	utf8_bin			---
author	VARCHAR	20	无	utf8_bin			---
neirong	TEXT	2000	无	utf8_bin			---
date	DATE	20	无	utf8_bin			---

图 14-32　新插入的 date 表

　　可单击上方的"执行"按钮，为这个数据库插入内容，如图 14-33 所示。单击"执行"按钮保存成功。但是一组数据是远远不够的，所以还要再插入几组数据。

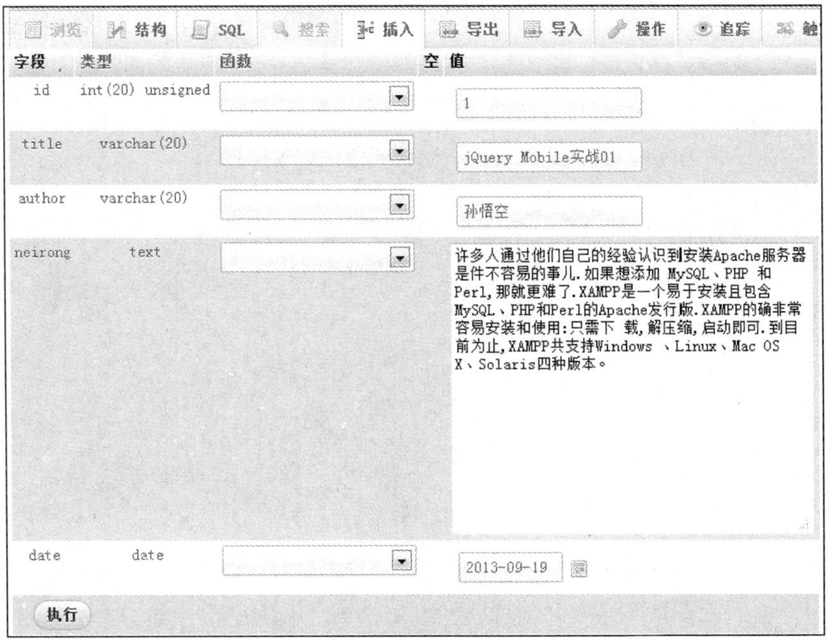

图 14-33　向数据库中插入内容

　　另外，由于还需要实现栏目的功能，因此还要创建一个新的名为 lanmu 的表，其中有两个字段分别为 pid 和 name。在其中插入 3 组数据，id 的值分别为 1、2 和 3，name 字段的内容读者可以自行添加。

本例在其中插入了 4 组数据，导入的文件列在范例 14-6 中。

【范例 14-6　测试用的数据】

```
01    -- phpMyAdmin SQL Dump
02    -- version 3.5.2
03    -- http://www.phpmyadmin.net
04    --
05    -- 主机: localhost
06    -- 生成日期: 2013 年 09 月 19 日 09:06
07    -- 服务器版本: 5.5.25a
08    -- PHP 版本: 5.4.4
09
10    SET SQL_MODE="NO_AUTO_VALUE_ON_ZERO";
11    SET time_zone = "+00:00";
12    --创建表 " " 栏目
13    CREATE TABLE IF NOT EXISTS `lanmu` (
14      `pid` int(10) unsigned NOT NULL,
15      `name` varchar(20) CHARACTER SET utf8 COLLATE utf8_bin NOT NULL,
16      KEY `pid` (`pid`)
17    ) ENGINE=InnoDB DEFAULT CHARSET=latin1;
18    --将数据插入到表中
19    INSERT INTO `lanmu` (`pid`, `name`) VALUES
20    (1, '栏目1'),
21    (2, 'jQuery 很厉害'),
22    (3, '火车头');
23    CREATE TABLE IF NOT EXISTS `wenzhang` (
24      `id` int(20) unsigned NOT NULL,
25      `title` varchar(20) CHARACTER SET utf8NOT NULL,
26      `author` varchar(20) CHARACTER SET utf8 NOT NULL,
27      `neirong` text CHARACTER SET utf8 NOT NULL,
28      `date` date NOT NULL,
29      KEY `id` (`id`)
30    ) ENGINE=InnoDB DEFAULT CHARSET=latin1;
31    --插入一些文章的内容
32    INSERT INTO `wenzhang` (`id`, `title`, `author`, `neirong`, `date`) VALUES
33    (1, 'jQuery Mobile 实战01', '孙悟空', '许多………版本。', '2013-09-19'),
34    (2, 'jQuery Mobile 实战02', '黑猫警长', '现如……一个问题。', '2013-09-18'),
35    (3, 'jQuery Mobile 实战03', '乱入小五郎', 'PHP …… 平台。\r\n\r\n', '2013-09-17'),
36    (4, '测试用的题目', '其实我是作者', 'HTML ……负起了 HTML 标准化的使命，并在 HTML 4.0
之外创造出样式37    (Style)。\r\n\r\n 所有的主流浏览器均支持层叠样式表。\r\n', '2013-09-06');
```

之所以将这么一大段内容发出来，是因为有一点读者必须了解，即在数据库中保存的文章内容只是字符串，它们本身是不带有任何样式的，但是为什么网站上（如 QQ 空间的日志）会存有许多样式呢？

再回头来看范例的最后几行，能看到一些标签，如\r\n\r\n 或者<h1>这样的内容，这些内容将会与 HTML 一样在页面上被显示出来，因此在本章的开头假设读者已经有了可用的后台编辑器，这里对此不再深究。

数据库名可能比较好理解，那字段名又是什么呢？

不知读者对上学时的成绩单还有没有印象。成绩单的第一行会写有如学号、数学成绩、语文成绩这样的内容，而竖着的一行，如学号以及它下面许多学生的学号就组成了一个字段，那么学号这两个字就是这个字段的字段名，而数据库名就是这张成绩单的名称。

 利用数据库的特性可以实现一些有趣的小 bug，在本章的最后将会展示出来。

完成数据库之后，本节的内容还没有结束，最后再来学习一下用 PHP 连接数据库的方法。

数据库并不是建好了就能用的，在使用它之前首先要进行连接，这就用到了一个函数：

```
mysql_connect(servername,username,password);
```

在本例中由于都是使用的 XAMPP 的默认配置，因此默认的 servername 为 loaclhost、用户名为 root，而密码则为空。

 这一步非常重要，假如没有这一步就可以直接连接数据库的话，想一想如果随便一个人就能查到你的银行账号和余额，甚至能进行修改，这是一件多么恐怖的事情。

在连接上数据库之后还要选择已经创建的数据库，如本节创建的 myblog。具体实现方法如范例 14-7 所示。

【范例 14-7　连接到数据库】

```
01    <!DOCTYPE html>
02    <html>
03    <head>
04    <meta http-equiv="Content-Type" content="text/html; charset=utf-8" />
05    <meta name="viewport" content="width=device-width, initial-scale=1">
06    </head>
07    <body>
08        <?php
09            $con=mysql_connect("localhost","root","");        //建立到数据库的连接命令
10            mysql_query("set names utf8");                     //执行连接命令
11            if(!$con)
12            {
13                echo "failed connect to database";             //如果连接失败则输出信息
14            }else
15            {
16                echo "succeed connect to database";            //连接成功
17                echo "</br>";
18                mysql_select_db("myblog", $con);               //选择数据库
19                //从表 wenzhang 中读取数据
20                $result=mysql_query("SELECT * FROM `wenzhang`",$con);
21                //将读取到的数据进行整理
22                while($row = mysql_fetch_array($result))
23                {
24                    echo "id==>";                              //输出文章编号
```

```
25                    echo $row[0];
26                    echo "</br>";
27
28                    echo "题目    ==>";              //输出文章题目
29                    echo $row[1];
30                    echo "</br>";
31
32                    echo "作者    ==>";              //输出文章作者
33                    echo $row[2];
34                    echo "</br>";
35
36                    echo "内容    ==>";              //输出文章内容
37                    echo $row[3];
38                    echo "</br>";
39
40                    echo "日期    ==>";              //输出文章发表日期
41                    echo $row[4];
42                    echo "</br>";
43                }
44            mysql_close($con);                      //终止对数据库的连接
45        }
46      ?>
47  </body>
48  </html>
```

运行结果如图 14-34 所示。

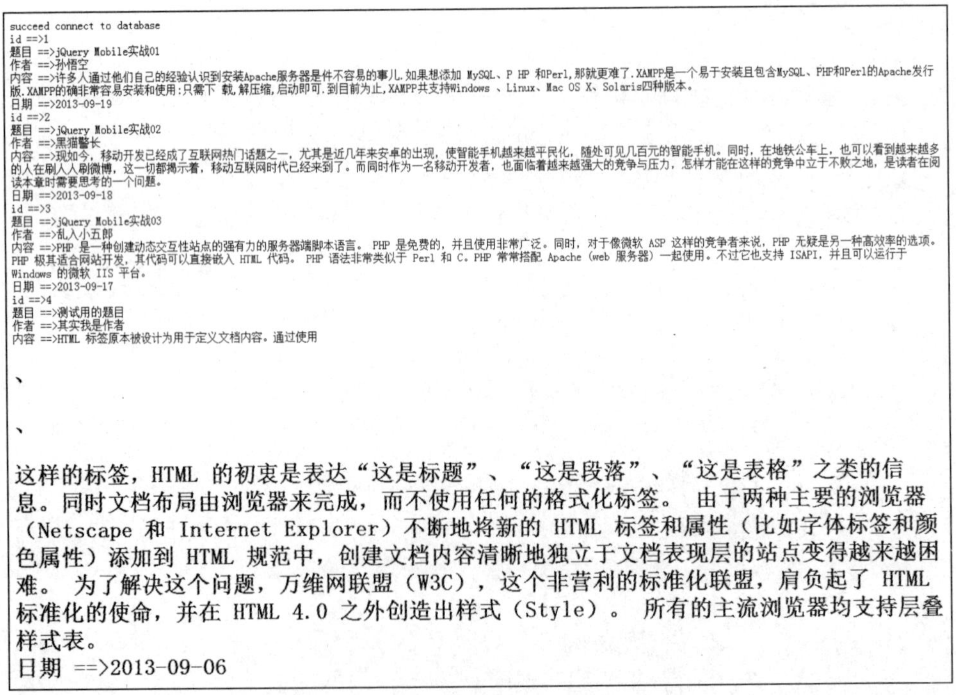

图 14-34 PHP 读出数据库中的内容

代码第 9 行在前面已经介绍过，使用 mysql_connect()函数连接到数据库，但是由于不知道能不能成功，如可能因为密码被改掉等原因而无法连接，因此需要第 11 行的 if 语句来判断是否成功连接。如果不成功就会输出连接失败的信息，如果成功则继续操作，在图 14-34 的第 1 行处可以看到 succeed connect to datebase，就说明已经连接成功。

成功后就要进行下一步的操作，第 18 行中选择了刚刚创建的 myblog 数据库。在第 20 行的 SELECT * FROM wenzhang 也许让许多读者摸不到头绪。其实只要看字面意思就很容易理解了。"*"表示任何字符，SELECT 是选择的意思，wenzhang 是数据库的表名，那么合起来的意思就是在一个叫做 wenzhang 的表格中选择所有内容。

再看第 22 行的 while($row = mysql_fetch_array($result))。Fetch 是取来、拿来的意思，array 是数组的意思，再结合前面可知$result 中包含了表中的所有内容，那么此句代码的含义可能是取一个数组中的内容，即每次取数组中的一个元素，在第 23~43 行中将它们显示出来，如果还有下一条则继续取，直到全部取完为止。

第 44 行的作用是关闭数据库。这就好比打开了一个 Excel 表格要查看自己学习 jQuery Mobile 的成绩，但是查完之后却没有关上它，到了下一次想查的时候又重新打开一个，结果打开了无数个 Excel 表格，总有将电脑内存耗尽的一天。在 PHP 中也是一样，PHP 是不会自动断开与 MySQL 的连接的，而当重新刷新页面的时候则会又建立一个连接，服务器总有崩溃的一天，因此及时地与 MySQL 断开连接是一个好习惯。

还有一个问题，不知道有没有读者发现第 4 组数据中的文字变大了呢？回顾一下本节前面的内容，记不记得在一组数据中多出了一组<h1>标签？没错，是它被浏览器解析成样式显示出来了。为什么会后面所有文字都变大了呢？因为插入的文字中仅有一个<h1>，而没有相应的</h1>与它对应，这就导致浏览器解析为使用<h1>的样式直至结尾。

为了保证页面的和谐，可以先将那个<h1>以及一些其他标签都删掉。

> 本节没有在数据库中加入 pid 这一项，请读者自行尝试，并为数据库中的第 1 项和第 2 项数据指定 pid=1，数据库中的第 3 项和第 4 项分别指定 pid=2 与 pid=3。

14.8　内容页功能的实现

经过上一节的学习，读者应该已经掌握了利用 PHP 在数据库中读出并显示数据的方法，那么本节将要开始实现这个博客系统的功能了。

找到范例 14-4，将它改名为 neirong.php，并在 Apache 中打开，然后按照范例 14-8 做出修改。

【范例 14-8　内容页功能的实现】

```
01    <!DOCTYPE html>
02    <html>
```

```
03    <head>
04    <meta http-equiv="Content-Type" content="text/html; charset=utf-8" />
05    <meta name="viewport" content="width=device-width, initial-scale=1">
06    <!--<script src="cordova.js"></script>-->
07    <link rel="stylesheet" href="jquery.mobile.min.css" />
08    <script src="jquery-1.7.1.min.js"></script>
09    <script src="jquery.mobile.min.js"></script>
10    <script>
11        $( "#mypanel" ).trigger( "updatelayout" );          <!--声明一个面板控件-->
12    </script>
13    <script type="text/javascript">
14      $(document).ready(function(){
15       $("div").bind("swiperight", function(event) {        //监听向右滑动操作
16         $( "#mypanel" ).panel( "open" );                   //面板展开
17       });
18      });
19    </script>
20    </head>
21    <body>
22    <?php include("wenzhang.php"); ?>
23    <?php
24        $id=$_GET["id"];                                    //获取来自URL的选择
25        $pid=$_GET["pid"];
26        //连接到数据库
27        $con=mysql_connect("localhost","root","");
28        if(!$con)
29        {
30            echo "failed";                                  //连接失败
31        }else
32        {
33            mysql_query("set names utf8");                  //设置页面编码方式
34            mysql_select_db("myblog", $con);
35            //生成数据库查询指令
36            $sql_query="SELECT * FROM wenzhang WHERE id=$id";
37            $result=mysql_query($sql_query,$con);
38            //获取查询到的数据
39            $row = mysql_fetch_array($result);
40            //将查询到的内容封装到 wenzhang 类中
41            $show=new wenzhang();
```

```
42              $show->id=$row["id"];
43              $show->pid=$row["pid"];
44              $show->title=$row["title"];
45              $show->neirong=$row["neirong"];
46              $show->pubdate=$row["date"];
47              $show->author=$row["author"];
48          //文章显示部分
49      }
50  ?>
51      <div data-role="page" data-theme="c">
52          <div data-role="panel" id="mypanel" data-theme="a">
53              <ul data-role="listview" data-inset="true" data-theme="a">
54              <?php
55                  $sql_query="SELECT * FROM wenzhang WHERE pid=$pid";
56                  $result=mysql_query($sql_query,$con);
57                  while($row = mysql_fetch_array($result))
58                  {
59                  echo "<li><a href='neirong.php?id=";
60                  echo $row["id"];
61                  echo "&pid=";
62                  echo $row["pid"];
63                  echo "'>";
64                  echo $row["title"];
64                  echo "</a></li>";
66                  }
67              ?>
68              </ul>
69          </div>
70          <div data-role="header" data-position="fixed" data-theme="c">
71              <a href="list.php?pid=<?php echo $show->get_pid(); ?>" data-
icon="back">返回</a>
72          <h1><?php echo $show->get_title(); ?></h1>
73          </div>
74          <div data-role="content">
75              <h4 style="text-align:center;"><small>作者: <?php echo $show->
get_author(); ?> 发表日期: <?php echo $show->get_pubdate(); ?></small></h4>
76          <h4>
77              <?php echo $show->get_neirong(); ?>
78          </h4>
```

```php
79          </div>
80          <div data-role="footer" data-position="fixed" data-theme="c">
81              <div data-role="navbar">
82                  <ul>
83                  <?php
84                      //选择id小的因此要逆序排列
85                      $sql_query="SELECT * FROM wenzhang WHERE pid=$show->pid
and id<$show->id ORDER BY id DESC";
86                      $result=mysql_query($sql_query,$con);
87                      $row = mysql_fetch_array($result);
88
89                      if(!$row)
90                      {
91                          echo "<li><a id='chat' href='#' data-icon=
'arrow-l'>没有上一篇</a></li>";
92                      }else
93                      {
94                          echo "<li><a id='pre' href='neirong.php?id=";
95                          echo $row["id"];
96                          echo "&pid=";
97                          echo $row["pid"];
98                          echo "' data-icon='arrow-l'>上一篇</a></li>";
99                      }
100                 ?>
101                 <?php
102                     //选择id大的因此要顺序排列
103                     $sql_query="SELECT * FROM wenzhang WHERE pid=$show->pid
and id>$show->id ORDER BY id";
104                     $result=mysql_query($sql_query,$con);
105                     $row = mysql_fetch_array($result);
106
107                     if(!$row)
108                     {
109                         echo "<li><a id='chat' href='#' data-icon=
'arrow-l'>没有下一篇</a></li>";
110                     }else
111                     {
112                         echo "<li><a id='pre' href='neirong.php?id=";
113                         echo $row["id"];
```

```
114                              echo "&pid=";
115                              echo $row["pid"];
116                              echo "' data-icon='arrow-r'>下一篇</a></li>";
117                          }
118                      ?>
119                  </ul>
120              </div>
121          </div>
122      </div>
123  </body>
124  </html>
```

在浏览器中输入网址 http://127.0.0.1/myblog/neirong.php?id=1&pid=1，结果如图 14-35 和图 14-36 所示。

图 14-35　文章内容页面　　　　　　　　　图 14-36　文章内容列表

本节范例给出的代码比较长，所实现的功能也相对难度较大，因此要格外仔细。大多数介绍在之前的介绍中已经涉及，只是稍作了一点改动。唯一没有介绍过的是代码第 24 行和第 25 行。还记得之前要在浏览器中输入的地址吗？后面加了一串奇怪的字符 id=1&pid=1。这两行的作用就是获取 id 和 pid 两个参数的值。

第 27 行的作用是连接数据库，如果正常则继续进行。第 41~47 行是利用之前建立好的类wenzhang 实例化一个对象，并将数据库中取出的一条数据的内容填充到这个对象中。

第 72 行的<?php echo $show->get_title(); ?>则是引用建立好的对象来将内容显示出来。其他与之类似，都是将数据库中的内容读出并显示。

稍微复杂的内容在第 83~118 行之间，由于要用按钮操纵上一篇和下一篇的链接，又要保证文章在同一栏目下，这就导致了两篇文章的 id 很有可能并不是连续的，因此就构造了这样的 SQL

语句（第 85 行）：

```
$sql_query="SELECT * FROM wenzhang WHERE pid=$show->pid and id<$show->id ORDER BY
id DESC";
```

$show->pid 和$show->id 是当前页面所显示文章的 id 和 pid，由于要查找前一篇文章，那么它的 id 一定是小于当前文章的，而又应当在同一栏目下，那么就必然要有相同的 pid，但是后面的 ORDER BY id DESC 又是什么呢？

举个例子，假如栏目一中有 4 篇文章，它们的 id 分别是 1、2、4、13。如果要在数据库中查找 id 为 13 的这篇文章前面的文章，则会查到 id 为 1、2、4 的 3 篇文章。显然首先会取到 id 为 1 的那一篇，但事实上 id=13 的这篇文章的上一篇 id 为 4，这明显是不对的。ORDER BY id DESC 的意思是逆序排列，这样取到的就是 id 为 4 的这篇文章了。

第 103 行的 SQL 语句也是类似的道理，只不过由于是正序排列，因此默认省略了排序关键字而已。

另外，在第 71 行：

```
<a href="list.php?pid=<?php echo $show->get_pid(); ?>
```

连接到了一个地址 list.php?pid=XXX，这是文章列表所用的地址，此处的内容将在下一节给出。

14.9　文章列表的实现

上一节实现了文章的显示功能，在前端设计时，文章内容的显示页是最简单的，但是在实现功能时，它却是最复杂的一部分，而本节要实现的文章列表模块就显得非常简单了。

将范例 14-2 的内容另存为 list.php，放置于 Apache 根目录下。

【范例 14-9　文章列表的实现】

```
01    <!DOCTYPE html>
02    <html>
03    <head>
04    <meta http-equiv="Content-Type" content="text/html; charset=utf-8" />
05    <meta name="viewport" content="width=device-width, initial-scale=1">
06    <!--<script src="cordova.js"></script>-->
07    <link rel="stylesheet" href="jquery.mobile.min.css" />
08    <script src="jquery-1.7.1.min.js"></script>
09    <script src="jquery.mobile.min.js"></script>
10    <script>
```

```
11            $( "#mypanel" ).trigger( "updatelayout" );          <!--声明一个面板控件-->
12      </script>
13      <script type="text/javascript">
14          $(document).ready(function(){
15              $("div").bind("swiperight", function(event) {     //监听向右滑动操作
16                  $( "#mypanel" ).panel( "open" );              //面板展开
17              });
18          });
19      </script>
20      </head>
21      <body>
22      <?php
23          $pid=$_GET["pid"];                                    //获取来自 URL 的参数
24          //连接到数据库
25          $con=mysql_connect("localhost","root","");
26          if(!$con)
27          {
28              echo "failed";                                    //连接失败则输出
29          }else
30          {
31              mysql_query("set names utf8");                    //设置页面编码方式
32              mysql_select_db("myblog", $con);                  //选择数据库
33              //生成数据库查询指令
34              $sql_query="SELECT * FROM lanmu";
35              $result=mysql_query($sql_query,$con);
36          }
37      ?>
38          <div data-role="page" data-theme="c">
39              <div data-role="panel" id="mypanel" data-theme="a">
40              <ul data-role="listview" data-inset="true" data-theme="a">
41                  <?php
42                      while($row = mysql_fetch_array($result))
43                      {   //生成链接指向文章
44                          echo "<li><a href='";
45                          echo "list.php?pid=";
46                          echo $row['pid'];
47                          echo "'>";
48                          echo $row['name'];
49                          echo "</a></li>";
```

```
50                    }
51              ?>
52          </ul>
53       </div>
54     <div data-role="content">
55       <ul data-role="listview" data-inset="true">
56       <?php
57              $sql_query="SELECT * FROM wenzhang WHERE pid=$pid";
58              $result=mysql_query($sql_query,$con);
59              while($row = mysql_fetch_array($result))
60              {    //显示文章内容
61                  echo "<li>";
62                  echo "<a href='";
63                  echo "neirong.php?id=";
64                  echo $row['id'];
65                  echo "&pid=";
66                  echo "$pid";
67                  echo "'><h4>";
68                  echo $row['title'];
69                  echo "</h4>";
70                  echo "<p>";
71                  echo $row['neirong'];;
72                  echo "</p>";
73                  echo "</a>";
74                  echo "</li>";
75              }
76          ?>
77          </ul>
78       </div>
79     </div>
80     <?php
81       mysql_close($con);
82     ?>
83  </body>
84  </html>
```

在地址栏中输入 http://127.0.0.1/myblog/list.php?pid=1，运行结果如图 14-37 和图 14-38 所示。

图 14-37　文章列表

图 14-38　侧面滑出的栏目列表

由于链接部分难以调试，并且要用到单引号和双引号的转换，以至于许多新手都觉得很难掌握。而且由于链接错误是无法在页面上显示出来的，只有单击了才知道是否正确，这无疑又增加了开发的难度，这里就以本例的第 61~74 行为例来讲解链接设置的技巧。

原本设计要输出的语句为：

```
<li>
<a href="neirong.php?id=1&pid=1">
    <h4>jQuery Mobile 实战01</h4>
    <p>许多人通过他们自己的经验认识到安装 Apache 服务器是件不容易的事儿
    </p>
</a>
</li>
```

在使用时应当先用<?php?>将语句包裹起来，并逐句使用 echo 将页面上的内容输出：

```
<?php
echo "<li>";
 echo "<a href="neirong.php?id=1&pid=1">";
    echo "<h4>jQuery Mobile 实战01</h4>";
    echo "<p>许多人通过他们自己的经验认识到安装 Apache 服务器是件不容易的事儿";
    echo "</p>";
 echo "</a>";
echo "</li>";
?>
```

这时先运行页面会发现页面出错，因为 echo "<a href="neirong.php?id=1&pid=1">";这一句中

出现了多次双引号，所以需要将原句中的双引号换成单引号。

```php
<?php
echo "<li>";
 echo "<a href='neirong.php?id=1&pid=1'>";
     echo "<h4>jQuery Mobile 实战01</h4>";
     echo "<p>许多人通过他们自己的经验认识到安装 Apache 服务器是件不容易的事儿";
     echo "</p>";
 echo "</a>";
echo "</li>";
?>
```

再运行发现链接都正常了。

可以在打开页面后，右击空白处，选择快捷菜单中的"查看源文件"功能来查询链接部分是否显示正确。

在这里假设所需要的内容都已经通过数组$row 获得（就像本节范例中那样），现在要做的就是将$row 中的内容显示出来。

对 echo 中的内容作进一步拆分，将要从后台获取的内容分离开来：

```php
<?php
echo "<li>";
 echo "<a href='neirong.php?id=";
echo "1";
echo "&pid=";
echo "1'>";
     echo "<h4>";
echo "jQuery Mobile 实战01";
echo "</h4>";
     echo "<p>";
echo "许多人通过他们自己的经验认识到安装 Apache 服务器是件不容易的事儿";
     echo "</p>";
 echo "</a>";
echo "</li>";
?>
```

这时就可以很轻松地将$row 的内容嵌入到页面中了：

```php
<?php
echo "<li>";
```

```
  echo "<a href='neirong.php?id=";
echo $row['id'];
echo "&pid=";
echo $row['pid'];
echo ">";
    echo "<h4>";
echo $row['title'];
echo "</h4>";
    echo "<p>";
echo $row['neirong'];
    echo "</p>";
 echo "</a>";
echo "</li>";
?>
```

这样就完成了链接地址的配置。按照这样的顺序，原本麻烦且困难的步骤就变得非常轻松和愉快了，当然其实也是可以再简单一点的，因为在 PHP 中，双引号中的变量会自动被转义，因此像下面这句代码：

```
<a href="neirong.php?id=1&pid=1">
```

就可以直接写成如下样式：

```
echo "<a href='neirong.php?id="+$row['id']+ "&pid="+$row['pid'] +"'>";
```

或：

```
echo "<a href='neirong.php?id=$row[id]&pid=$row[pid]'>"
```

但是建议读者尽量不要使用这两种方法，因为虽然代码较短的时候看起来会非常简洁，当参数比较多的时候会很混乱。

14.10 首页的实现

项目进行到这里已经基本大功告成了，只需要再加入最初的主页即可，而且经过文章内容页和文章列表的学习，相信首页的制作对读者来说已是小菜一碟。

将本章实现的首页界面重命名为 index.php，然后放到 Apache 目录下。

【范例 14-10　首页的实现】

```
01  <!DOCTYPE html>
```

```
02    <html>
03    <head>
04    <meta http-equiv="Content-Type" content="text/html; charset=utf-8" />
05    <meta name="viewport" content="width=device-width, initial-scale=1">
06    <!--<script src="cordova.js"></script>-->
07    <link rel="stylesheet" href="jquery.mobile.min.css" />
08    <script src="jquery-1.7.1.min.js"></script>
09    <script src="jquery.mobile.min.js"></script>
10    <script type="text/javascript">
11    $(document).ready(function()
12    {
13         $screen_width=$(window).width();                //获取屏幕宽度
14         $pic_height=$screen_width*2/3;                   //图片高度为屏幕宽度的倍数
15         $pic_height=$pic_height+"px";
16         $("div[data-role=top_pic]").width("100%").height($pic_height);
      //设置图片尺寸
17    });
18    </script>
19    </head>
20    <body>
21        <div data-role="page" data-theme="c">
22            <div data-role="top_pic" style="background-color:#000; width:100%;">
23                    <img src="images/top.jpg" width="100%" height="100%"/>
24            </div>
25            <div data-role="content">
26                    <ul data-role="listview" data-inset="true">
27                    <?php
28                        //连接到数据库
29                        $con=mysql_connect("localhost","root","");
30                        if(!$con)
31                        {
32                            echo "failed";                       //连接失败则报错
33                        }else
34                        {   //设置页面编码方式
35                            mysql_query("set names utf8");
36                            //选择数据库
37                            mysql_select_db("myblog", $con);
38                            //生成查询命令
39                            $sql_query="SELECT * FROM lanmu";
40                            //执行查询操作
41                            $result=mysql_query($sql_query,$con);
42                        }
43                        while($row = mysql_fetch_array($result))
44                        {
45                            //显示栏目列表
46                            echo "<li><a href='list.php?pid=";
47                            echo $row['pid'];
```

```
48                    echo "'><h1>";
49                    echo $row['name'];
50                    echo "</h1></a></li>";
51               }
52           ?>
53           </ul>
54      </div>
55    </div>
56 </body>
57 </html>
```

在浏览器中输入 http://127.0.0.1/myblog/index.php，运行效果如图 14-39 所示。

图 14-39　项目的首页

14.11 小结

本节实现了一个简单的个人博客系统，但这个系统仅仅是作为学习使用，还是有不少缺陷的，主要表现在以下几个方面：

- 仅仅包含显示模块，而并没有涉及文章的上传、发布等内容。
- 文章的表现方式单一，仅仅能对文字进行展示，缺少图片、音乐等元素。
- 后台缺少对异常的处理，如没有考虑到连接数据库失败的情况。
- 列表的逻辑过于简单，实际应用时还应考虑到异步加载等功能。

总体来说，本项目还是非常实用和值得学习的，后面许多项目都可以通过对本章的内容进行修改来完成。

第 15 章

◀ 在线音乐播放器 ▶

本章将实现一个在线音乐播放器，除用到 jQuery Mobile 之外，还需要用到 HTML 5 中强大的 audio（音频）控件。audio 控件可以播放本地的音频文件，还可以对远程服务器端的文件进行播放，这就让个人开发者能够简单地实现在线播放的功能。jQuery Mobile 华丽的界面更是为良好的交互性打下了坚实的基础。

本章将利用 jQuery 实现对音频文件的播放、暂停等操作。本章主要的知识点包括：

- 利用 jQuery 对媒体文件进行操作的方法
- 软件设计的一般过程
- 对数据库等操作进行封装的方法

15.1 项目介绍

随着移动网络的发展，用户已经习惯浏览线上的媒体文件，而不再是依赖下载甚至是购买光盘的方式来获取媒体内容。就拿听音乐来说吧，几年前还是先在网上下载音乐，然后复制到 MP3 中或是直接购买 CD，但如今装一个酷狗音乐或百度音乐的软件，就能随时享受在线音乐。

本章所要完成的就是这样一个在线音乐播放器，按照惯例还是先来看一些已有的应用，让读者有一个简单的参考。

图 15-1 是百度 MP3 的截屏，在图中可以看到，百度 MP3 的界面相当简洁，完全没有背景图片的存在，仅仅依靠线条将各个栏目区分开来。界面的左侧是分类列表，包含"热歌榜 TOP500"、"新歌榜 TOP100"、"歌手榜 TOP200"等内容，右侧是各个榜单的具体内容（也就是播放列表），通过这个列表可以进行播放、添加到列表等操作。

但是百度 MP3 毕竟是用于 PC 端的，因此可以不考虑屏幕尺寸的限制，无限制地在页面上堆叠大量的信息，如果应用在手机上就不太合适了。先不说手机不到 6 英寸的屏幕能不能容纳得下这么多信息，光是页面加载的速度恐怕就会使一大批用户选择离开。

接下来再看酷狗音乐的例子，酷狗音乐的 Web 版播放列表如图 15-2 所示。它看上去与百度音乐的列表大同小异，不过这种"歌手名 - 歌曲名"的布局方式比百度 MP3 为歌手单独列出一栏的方式要美观了许多，即节约了空间又保证了信息量。

　　笔者在网上找到了一张对比 3 款主流安卓音乐播放器界面的图片，如图 15-3 所示，从左到右依次为多米音乐、酷狗音乐和酷我音乐。对比之后可以很容易地看出它们各自的优点和缺点，如多米音乐底部的控制面板很丑但是顶部的选项卡做得非常漂亮；酷我音乐的列表中加入了图片元素；笔者很喜欢酷狗音乐栏目间用来分栏的线条，但是它的背景色过于花哨，看上去有一种混乱的感觉，这时酷我音乐双色相间的配色就感觉很舒服。

图 15-1　百度 MP3

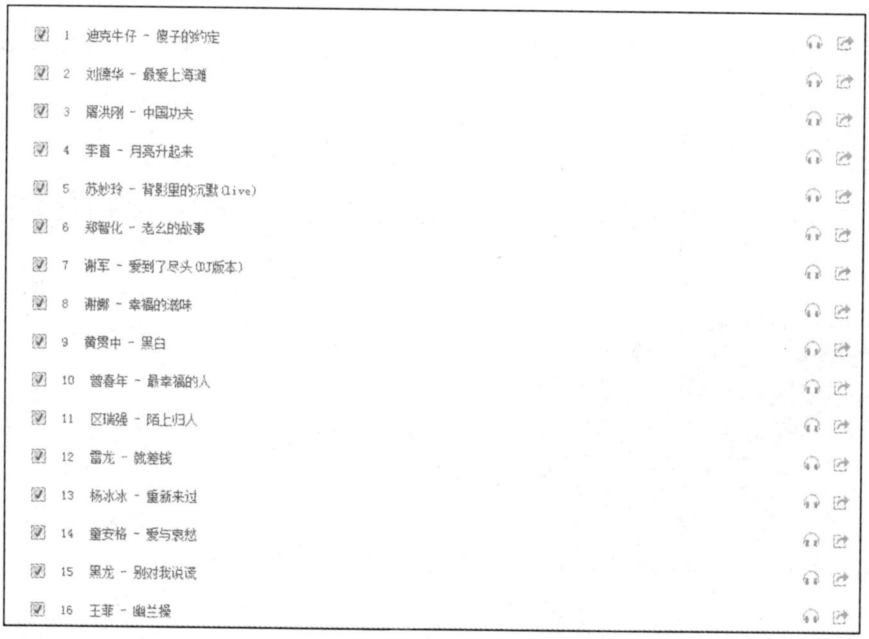

图 15-2　酷狗音乐网站上的列表

图 15-3　3 款手机在线音乐播放器界面截图

接下来再看几款 jQuery 插件给出的播放器样式。

图 15-4 中展示了一款基于 jPlyer 的在线音乐播放器，其界面非常朴素，没有什么花哨的装饰。但试用之后发现它的交互性非常好，因为其功能设置和面板布局都非常合理，在设计播放列表时很值得参考。另外，还有非常重要的一点，就是这款播放器其实并不丑，去掉列表左侧标有"play"字样的按钮之后，界面效果立刻提升了一大截。

还有一款插件叫做 jPlayer，如图 15-5 所示，非常适合作为平板电脑上的播放器来使用。但是如果用在手机上，顶部的控制面板也许会有些空间紧张。另外，手机用户一般也不习惯将音乐控制面板置于屏幕的顶部。

实际上，虽然参考了这么多的播放器界面样式，最后笔者还是会直接采用 jQuery Mobile 自带的样式来进行开发。但之前的这么多参考并不是做无用功，无论是在布局还是配色上，这些都是非常好的借鉴。

至此，读者应该对该播放器界面有了大概的印象，那么接下来将进一步分析这款播放器的界面该怎样设计。

图 15-4　基于 jPlyer 的 Web 播放器

图 15-5　jPlayer 界面

15.2　界面布局设计

按照一般的瀑布式的软件开发过程，在确定需求之后应该首先设计出软件的整个流程，以及各个模块之间的关系，而界面的设计应该是各个模块全都实现之后才会去做的事情。但是本例现在做的是一个小型的项目（非常小），因此在确定了需求之后首先要做的是确定应用的界面。

 jQuery Mobile 的特性之一是，可以在最短时间内完成可供客户试用和参考的模型。

可将本项目的界面分为以下几部分：首页界面、推荐专题界面、歌手列表界面、专辑列表界面、播放列表界面。它们的关系如图 15-6 所示。

从图中可以看出，打开应用首先看到的是首页界面，在首页界面中可以进入"推荐专题"、"top50"、"歌手列表"和"专辑列表"。其中"top50"可以看做是推荐专题的一个实例，因此共用同一组界面。同时在推荐专题的界面中应包括播放、暂停等功能，也就是说它还兼有播放列表的功能。歌手列表和专辑列表是相互独立的两组界面，通过它们可以进入相应的播放列表。接下来将分别来介绍设计这些界面布局的依据。

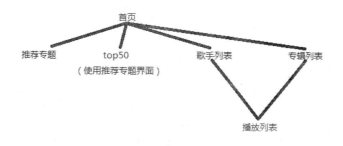

图 15-6　各个界面之间的关系

15.2.1　首页界面设计

在设计首页时一定要保证首页的美观，因为使用一款在线音乐播放器的用户一定不会在乎流量，并且能够保证一定的网速，因此可以牺牲一定的速度来保证应用的界面够"炫"。所以首页的一张大图是少不了的。图不宜太大，宽度占满整个屏幕是一定的，但是高度一定要适量，建议图片的高度保持在宽度的二分之一左右。

其次，为了保证页面的内容充实，还要在大图下面合适的位置加入一些栏目列表，本例选择了加入推荐主题的列表，因为这类主题通常名字会比较长，能够吸引用户的注意力。除此之外，为了更加充分地利用页面的每一个空白，笔者决定在底部再加入底部栏。底部栏中包括 4 个按钮，分别指向"top50"、"歌手"、"专辑"和"关于"。

最后，大致的页面布局如图 15-7 所示。

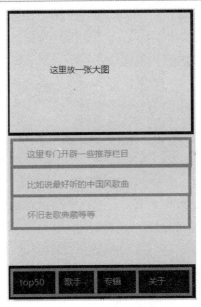

图 15-7　首页的布局设计

15.2.2　推荐主题页面的设计

单击推荐主题列表上面的项目之后就会进入主题内容页，在该页面中包括以下内容：主题中的歌曲、主题图片和主题介绍。

主题图片一定要大，大小可以参照之前首页图片的尺寸。另外，为了能够方便地返回首页，还要在页面中加入一个头部栏，头部栏中包括左侧的返回键和主题的名称。另外，还有非常重要的一点是关于该主题介绍内容所在的位置。笔者的想法是可以设置一个与背景颜色类似的半透明图层，能够显示出背景图片的样式，同时也可以在其中加入文字来作为主题介绍。但是由于笔者打算把该处同时用作"专辑"和"歌手"部分的播放列表，因此也可以不要专题介绍的部分。

除此之外，笔者打算直接将这部分作为播放列表来使用，因此底部栏就直接被音乐的控制面板占用了，分别起到"退后（上一首）"、"播放/暂停"、"前进（下一首）"和"随机播放"的作用（此处参考基于 jPlayer 的 Web 播放器的功能）。

该页面布局最终如图 15-8 所示，图 15-9 是笔者给出不用图片的播放列表界面，两者之间可以交替使用。

图 15-8　推荐主题和播放列表界面布局

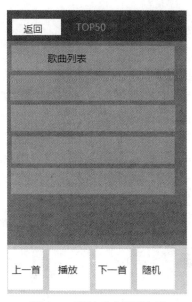

图 15-9　播放列表界面布局

15.2.3　歌手列表界面设计

还有一个歌手列表的界面，此界面列举了该应用所提供的歌曲的歌手列表，将它设计成如图 15-10 所示的样式。

图 15-10　歌手列表界面布局

头部栏的"返回"按钮是应用必备的元素之一，另外，在前面介绍列表控件的时候曾经讲过，列表能够将同类的内容分组在一起。因此可以利用这一功能将歌手按照不同的姓氏区分开来。由于这个项目非常小（笔者多次强调），因此歌手量也不会很多，所以就没有必要再按照拼音首字母排序。

15.2.4 专辑列表界面设计

之前在比较 3 款手机播放器界面的时候，笔者觉得酷我音乐的图片做得非常漂亮，可是在前面的几个界面中均没有提到这方面的内容。本小节要介绍的专辑列表部分终于要加入专辑图片了，最终布局设计如图 15-11 所示。

由于在 jQuery Mobile 中各种控件的效果都已经被定义好了，因此在设计界面布局时，只要规定好每一部分放入什么控件即可，这里建议使用 jQuery Mobile UI Builder 先看一下效果。

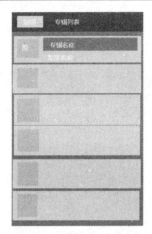

图 15-11 歌手列表布局设计

到这里为止，界面的设计就完成了，当开发者熟悉 jQuery Mobile 的各种控件之后完全可以将这一步省略掉。之所以加上这一部分是为了让读者了解到每一部分分别使用的是哪些控件，做到心里有数。这样才能避免在今后的实际开发中重复劳动。

15.3 控制面板功能的实现

完成界面的设计之后，读者先不要急着去实现它，因为目前还没有验证过是否能够实现播放音乐的功能，万一无法播放音乐，那前面所做的努力就白费了。在设计完布局之后开始验证功能能否实现有两个好处：一是可以直接在验证功能的模块中加入一些已经设计好的元素；二是即使发现该功能用 jQuery Mobile 无法实现之前设计的布局，也可以用在其他开发环境中（如安卓的原生 SDK）。

15.3.1 audio 控件简介

本节的主要内容是确定利用 jQuery Mobile 能否实现对音乐播放的控制,那么本小节要做的任务就是先分析这款音乐播放器需要实现哪些操作。当然这一部分在之前设计界面的时候已经有了答案,那就是"上一首"、"播放/暂停"、"下一首"和"随机播放"4 个功能。但是在实现这 4 大功能之前要先实现用 Web 来播放在线音乐。

在这里测试 audio 标签能否播放音乐也许看起来有些可笑,可是不知道读者有没有想到之前遇到过的一个问题。jQuery Mobile 有时会默认不显示一些在 jQuery Mobile 中没有定义的标签,因此 jQuery Mobile 将声音屏蔽掉也是很有可能的。

这本来是一项非常复杂的工作,因为直到现在都没有一种能够通用的利用网页播放音频文件的标准。之前确实有许多可以在线播放音频的 Web 应用,但是它们大多都是依赖 Flash 来进行的,然而并非所有浏览器都具有这样的插件(如苹果的浏览器就没有)。HTML 5 的出现在一定程度上解决了这样的问题,它定义了一个新的元素 audio,用来实现对音频文件的播放。

audio 控件目前可以支持 MP3、WAV 和 OGG 3 种格式,但是却又有一定的局限性,表 15-1 所示的是目前支持 audio 控件的浏览器对 audio 中音频文件的支持情况。

表 15-1 浏览器对 audio 控件中音频文件的支持情况

	IE 9	Firefox 3.5	Opera 10.5	Chrome 3.0	Safari 3.0
OGG		√	√	√	
MP3	√			√	√
WAV		√	√		√

这看上去令人有些束手无策,因为虽然做移动开发终于可以抛去令人头疼的 IE 了,但是在表 15-1 中竟然找不到哪一种音频能够同时支持 Opera、Chrome 和 Safar,这可怎么办呢? 有的人提议可以加载两种资源,然后先识别出是用的哪种浏览器,再用 jQuery 对资源进行加载,不过这也太麻烦了。还有一种方法,即可以在 audio 中加入多个 source 元素,由浏览器来决定对哪一个资源进行解析。

实际上,在笔者测试时发现 Firefox 能够支持 mp3 格式的音频文件,于是看了下版本,Firefox 已经更新到了 24.0,W3School 的资料有点过时了。

这里有 W3Scool 给出的代码段:

```
<!DOCTYPE HTML>
<html>
<body>
```

```
<audio controls="controls">
  <source src="/i/song.ogg" type="audio/ogg">
  <source src="/i/song.mp3" type="audio/mpeg">
Your browser does not support the audio element.
</audio>


</body>
</html>
```

运行结果如图 15-12 所示。除 IE6~IE 8 这些不支持 audio 元素的浏览器之外，经过测试，在其他浏览器下都是可以正常播放音乐的，测试地址在 http://www.w3school.com.cn/tiy/t.asp?f=HTML 5_audio_all 中。既然已经能够利用 audio 控件播放声音了，接下来就要完成利用按钮控制 audio 进行播放和暂停的操作。

图 15-12　audio 的使用

新建一个 HTML 页面，将它命名为 player.html。

【范例 15-1　利用 JavaScript 控制 audio 控件】

```
01   <!DOCTYPE html>
02   <html>
03   <head>
04   <meta http-equiv="Content-Type" content="text/html; charset=utf-8" />
05   <title>Fixed Positioning Example</title>
06   <meta name="viewport" content="width=device-width, initial-scale=1">
07   <link rel="stylesheet" href="http://code.jquery.com/mobile/latest/jquery.
mobile.min.css" />
08   <script src="jquery-1.7.1.min.js"></script>
09   <script src="jquery.mobile.min.js"></script>
10   <script>
11   var Is_play=0;
12   function onmusicplay()
13   {
14       var myVideo=document.getElementById("music_player"); //获取 audio 控件
15       var btn_paly=document.getElementById("btn_play");     //获取按钮控件
16       if(Is_play==0)                                        //如果当前状态为暂停
17       {
18           myVideo.play();                                   //播放音乐
19           Is_play=1;                                        //更新播放状态
20           btn_paly.innerHTML="暂停";                        //刷新页面
21       }else
22       {
23           myVideo.pause();                                  //暂停
24           Is_play=0;                                        //更新播放状态
25           btn_paly.innerHTML="播放";                        //刷新页面
```

```
26          }
27      }
28  </script>
29  </head>
30  <body>
31      <!--audio 控件-->
32      <audio id="music_player" preload="auto" style=" display:none;">
33          <source src="song.ogg" type="audio/ogg" />
34          <source src="song.mp3" type="audio/mpeg" />
35          </audio>
36      <div data-role="page">
37          <div data-role="header" data-position="fixed" data-fullscreen=
"true">
38              <a href="#">返回</a>
39              <h1>头部栏</h1>
40          </div>
41      <div data-role="footer" data-position="fixed" data-fullscreen="true">
42          <div data-role="navbar">
43              <ul>
44                  <li><a href="#">上一首</a></li>
45                  <!--为按钮添加响应函数 onmusicplay()-->
46                  <li onClick="onmusicplay();"><a href="#" id="btn_play">
播放</a></li>
47                  <li><a href="#">下一首</a></li>
48                  <li><a href="#">随便听听</a></li>
49              </ul>
50          </div>
51      </div>
52      </div>
53  </body>
54  </html>
```

运行结果如图 15-13 所示。

图 15-13　使用 JavaScript 控制音乐的播放

当单击底部栏中的"播放"按钮时，音乐就会自动播放，播放键中的内容自动变为暂停，而再单击"暂停"按钮，音乐就会停止，按钮上的内容再次变回播放。至于现在使用的这个界面，笔者是完全按照前面所设计的播放列表的样式来制作的，这样只要再加入顶部的图片（也可以不加）和图片下的歌曲列表就可以作为完整的页面来使用了。

在控制声音的播放盒暂停时，使用了 HTML 的 onclick 事件和 audio 控件的 play()、pause()两个方法，当然它还有一些其他的方法和属性，参见表 15-2 和表 15-3。

表 15-2　audio/video 控件所支持的方法

方法名	描述
addTextTrack()	向音频/视频添加新的文本轨道
canPlayType()	查询音频/视频格式是否被浏览器支持
load()	重新加载资源
play()	播放
pause()	暂停

这些方法和属性是 audio 与 video 控件所公用的，因此这里一起列出。

表 15-3　audio中的常用属性

属性	描述
autoplay	设置是否在音频/视频加载完成之后自动播放
controls	设置是否显示音频/视频文件的控制面板
currentSrc	返回当前音频/视频的 URL
currentTime	设置或返回音频/视频当前的播放进度
defaultMuted	设置或返回当前是否静音
defaultPlaybackRate	设置或返回音频/视频的默认播放速度
duration	返回当前音频/视频的长度（以秒计）
ended	是否已经播放结束
loop	设置或返回资源是否循环播放
preload	设置或返回资源是否在页面加载后就自动进行预加载

 事实上，audio 和 video 控件所具有的属性远不止这些，不过这些常用属性基本能满足一般的需要。

15.3.2　需求分析

确认在 jQuery Mobile 下可以播放在线音频文件后还没有完，因为 4 个按钮的详细功能还没有开始设计。

上一小节实际上已经实现了"播放/暂停"的功能，但是却不足以满足项目的需求，因为在第一次播放时根本不知道该播放哪首歌曲。于是笔者参照酷狗音乐想出了最简单的解决办法，只要播放列表中的第一首音乐就可以了。可是问题又来了，也不一定是从头播放啊，万一是暂停之后恢复播放状态呢？而且总不能老是从第一首音乐开始播放吧。

其实这个问题也很容易解决，只要再设计一个变量用来记录所要播放的歌曲的编号值，就可以实现。只要为列表中的每一首歌指定一个编号，不管是哪首歌被播放，将这个变量更新为这首歌的编号就知道该播放哪一首歌了。可是当用户刚刚打开应用，还没有播放歌曲的时候点了播放怎么办呢？很简单，只要默认这个变量的值就是第一首歌的编号即可。

那么，现在假设这个变量为 palyed_id，歌曲的编号就是音乐在列表中的位置，第一首歌的编号用 0 表示。除编号之以外还有一个问题，就是这个按钮实际上有两个功能，即暂停和播放，因此还需要一个中间变量来确定目前播放的状态，这在范例 15-1 中已经实现，即变量 is_play，当它为 0 时表示没有播放，为 1 时表示正在播放。

"播放"按钮的功能流程如图 15-14 所示。

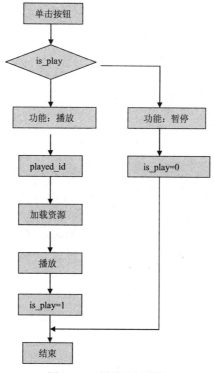

图 15-14　播放按钮流程

除"播放"按钮之外还有两个按钮，分别是"上一首"和"下一首"，由于之前已经设置了 played_id 这一变量，就使得该功能变得非常容易实现了。但是还要注意一个问题，如果目前是播放的第一首歌曲，用户单击了"上一首"按钮，那么就应该播放最后一首歌曲，因此需要在单击按钮之后先做一个判断。

由于"上一首"和"下一首"按钮的功能非常类似，这里就仅以"上一首"按钮为例来给出该功能的流程图，如图 15-15 所示。

 这里一定不要忘记对变量 is_play 的操作，因为如果仅仅是播放上一首或下一首歌曲，而没有对 is_play 进行操作的话，那么当需要暂停时，实际上执行的是"播放"操作。

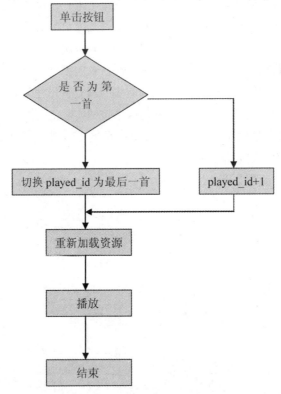

图 15-15 "上一首"按钮流程图

接下来还有一个"随便听听"按钮，看上去好像这个功能最复杂，可是实际上这才是最简单的，只需要生成一个随机数，然后用这个随机数来作为歌曲的编号即可，整个流程如图 15-16 所示。

 必要时还可以再加入一个循环来验证生成的随机数与当前的 played_id 的值是否相同，以保证随机播放不会播放到当前歌曲。

至此，底部的 4 个按钮的功能就全部设计完了，可是现在还不能立即开始实现它们，因为还有一个非常重要的功能没有实现。用户在使用播放器播放音乐时，通常都不会去使用"播放"键而是直接在列表中单击想要播放的歌曲就可以实现对相应音乐的播放。这一过程的流程如图 15-17 所示。

图 15-16　随机播放功能流程图　　　　图 15-17　通过列表选取歌曲

15.3.3　功能实现

在完成功能和流程的设计之后，就要想办法用代码来实现这些功能，实现的方法如范例 15-2 所示。

【范例 15-2　利用 JavaScript 实现播放控制功能】

```
01    <!DOCTYPE html>
02    <html>
03    <head>
04    <meta http-equiv="Content-Type" content="text/html; charset=utf-8" />
05    <meta name="viewport" content="width=device-width, initial-scale=1">
06    <!--<script src="cordova.js"></script>-->
07    <link rel="stylesheet" href="jquery.mobile.min.css" />
08    <script src="jquery-1.7.1.min.js"></script>
09    <script src="jquery.mobile.min.js"></script>
10    <script type="text/javascript">
11    $(document).ready(function()
12    {
13        $screen_width=$(window).width();             //获取屏幕宽度
14        $pic_height=$screen_width*2/3;               //图片高度为屏
幕宽度的倍数
15        $pic_height=$pic_height+"px";
```

```
16        $("div[data-role=top_pic]").width("100%").height($pic_height);
   //设置图片尺寸
17    });
18    </script>
19    <script>
20    var is_play=0;
21    var Played_id=0;
22    var Music_docname=new Array("no0","no1","no2","no3","no4","no5");      // 设
置5首歌曲的名字
23    function onmusicplay()
24    {
25        var myVideo=document.getElementById("music_player"); //获取 audio 控件
26        var btn_paly=document.getElementById("btn_play");      //获取 "播放" 按钮
27        if(is_play==0)
28        {
29            myVideo.play();                              //播放
30            is_play=1;
31            btn_paly.innerHTML="暂停";
32        }else
33        {
34            myVideo.pause();                             //暂停
35            is_play=0;
36            btn_paly.innerHTML="播放";
37        }
38    }
39    function play_pre()                                  //播放上一首歌曲
40    {
41        if(Played_id==0)                                //确定当前是否为第一首
42        {
43            Played_id=5;
44        }
45        else
46        {
47            Played_id=Played_id-1;
48        }
49        var ogg_s=document.getElementById("source_ogg");      //获取音乐资源
50        var ogg_m=document.getElementById("source_mp3");
51        ogg_s.src=Music_docname[Played_id]+".ogg";
52        ogg_m.src=Music_docname[Played_id]+".mp3";
```

```
53        document.getElementById("music_player").load();                      //载入资源
54        document.getElementById("music_player").play();                       //播放
55        var is_play=1;
56        document.getElementById("btn_play").innerHTML="暂停";
57    }
58    function play_next()                                                      //播放下一首
59    {
60        if(Played_id==5)                                                      //确定当前是否为最后一首
61        {
62            Played_id=0;
63        }
64        else
65        {
66            Played_id=Played_id+1;
67        }
68        var ogg_s=document.getElementById("source_ogg");
69        var ogg_m=document.getElementById("source_mp3");
70        ogg_s.src=Music_docname[Played_id]+".ogg";
71        ogg_m.src=Music_docname[Played_id]+".mp3";
72        document.getElementById("music_player").load();
73        document.getElementById("music_player").play();
74        var is_play=1;
75        document.getElementById("btn_play").innerHTML="暂停";
76    }
77    function play_random()                                                    //随机播放
78    {
79        Played_id=parseInt(Math.random()*5);
80        var ogg_s=document.getElementById("source_ogg");
81        var ogg_m=document.getElementById("source_mp3");
82        ogg_s.src=Music_docname[Played_id]+".ogg";
83        ogg_m.src=Music_docname[Played_id]+".mp3";
84        document.getElementById("music_player").load();
85        document.getElementById("music_player").play();
86        var is_play=1;
87        document.getElementById("btn_play").innerHTML="暂停";
88    }
89    function list_play(id)                                                    //播放列表中的音乐
90    {
91        var ogg_s=document.getElementById("source_ogg");
```

```
92        var ogg_m=document.getElementById("source_mp3");
93        ogg_s.src=Music_docname[id]+".ogg";
94        ogg_m.src=Music_docname[id]+".mp3";
95        document.getElementById("music_player").load();
96        document.getElementById("music_player").play();
97        var is_play=1;
98        document.getElementById("btn_play").innerHTML="暂停";
99    }
100   </script>
101   </head>
102   <body>
103       <audio id="music_player" preload="auto" style=" display:none;">
      <!--aduio 控件-->
104           <source id="source_ogg" src="song.ogg" type="audio/ogg" />
105           <source id="source_mp3" src="song.mp3" type="audio/mpeg" />
106       </audio>
107       <div data-role="page" data-theme="a">
108           <div data-role="header" data-position="fixed">
109               <a href="#">返回</a>
110               <h1>Justin Bieber 中国行</h1>
111           </div>
112           <div data-role="top_pic" style="background-color:#000; width:100%;">
113           <img src="images/justin.jpg" width="100%" height="100%"/>
114           </div>
115           <div data-role="content">
116           <ul data-role="listview" data-inset="true">
117               <li onClick="list_play(0)"><a href="#">Never say never</a></li>
      <!--播放列表-->
118               <li onClick="list_play(1)"><a href="#">Some body to love</a></li>
119               <li onClick="list_play(2)"><a href="#">Pray</a></li>
120               <li onClick="list_play(3)"><a href="#">My World</a></li>
121               <li onClick="list_play(4)"><a href="#">Boyfriend</a></li>
123               <li onClick="list_play(5)"><a href="#">To Love</a></li>
124           </ul>
125           </div>
126           <div data-role="footer" data-position="fixed">
127               <div data-role="navbar">
128                   <ul><!--控制面板-->
129                       <li onClick="play_pre();"><a href="#">上一首</a></li>
```

```
130                        <li onClick="onmusicplay();"><a href="#">播放</a></li>
131                        <li onClick="play_next();"><a href="#">下一首</a></li>
132              <li onClick="play_random();"><a href="#">随便听听
</a></li>
133                    </ul>
134                </div>
135            </div>
136        </div>
137 </body>
138 </html>
```

运行结果如图 15-18 所示。

看上去与之前没什么区别，但是可以通过单击屏幕上的各个按钮或列表来实现对音乐的播放、暂停和切换功能，这些功能是通过 JavaScript 实现的。可以将代码分为以下几部分：

- 第 20~22 行：声明所需要用到的变量
- 第 23~38 行：播放/暂停功能的实现
- 第 39~57 行：播放上一首
- 第 58~76 行：播放下一首
- 第 77~88 行：随机播放一首歌曲
- 第 89~99 行：播放列表中被选中的歌曲

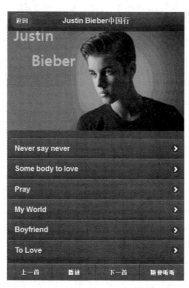

图 15-18　为播放列表加入操作后

1．播放/暂停功能的实现

这部分的实现在代码第 23~38 行，首先获取页面中的 video 控件和“播放”按钮，然后通过判断 is_play 的值来确认当前的播放状态。之后就可以调用 play()方法或 pause()方法来实现播放或者暂停的功能。之后修改 is_play 的值来记录当前的播放状态。在第 31 行有 btn_paly.innerHTML=" 暂停"，它的作用是修改"播放"按钮文字的内容，这样就保证了用户可以通过眼睛直接确认当前的播放状态。

2．上一首/下一首功能的实现

这部分的实现在代码第 39~76 行，由于功能非常相近，这里以"播放上一首"功能来进行讲解。按照常理，首先需要获取当前在播放哪一首歌曲，可以通过 play_id 的值来实现，之后只要将它减 1 得到的就是上一首歌曲的 id。

但是会遇到一个问题，假如当前播放的是第一首歌曲，那么减 1 之后编号岂不就成了-1，编号怎么能是负数呢？再回头去看一下之前的流程图，原来第一首歌曲的上一首是最后一首。这样就需要先来判断当前的歌曲是不是第一首（如代码第 41 行所示）。这样之后再播放相应编号的歌曲就可以了，如代码第 49~54 行所示。

还需要注意一个问题，假如在单击"上一首"之前并没有播放音乐，那么"播放/暂停"按钮的功能应该是"播放"，而当单击了"上一首"之后，"播放/暂停"的功能就改变了，因此需要在这里做一些操作（如代码第 74、75 行所示）。

3．随机播放功能的实现

该部分的实现在代码第 77~88 行，其中最重要的部分是第 79 行生成一个随机数的方法：

```
Played_id=parseInt(Math.random()*5);
```

其中的 5 是歌曲数组的下标上限，Math.random()的作用是生成一个 0~1 之间的浮点数，与 5 相乘之后得到的就是一个 0~5 之间的浮点数，将它强制转换成整数之后就能随机获得 0、1、2、3、4、5 这 6 个数字，这样就能随机生成歌曲的编号了。再之后就是播放该编号所对应的歌曲，如代码第 80~87 行所示。

4．通过列表实现控制

事实上，想通过列表来获取歌曲的编号，实现起来是有一定难度的，而且效果往往不是太好。但是却可以通过一些方法来绕过。这部分的实现是代码第 89~99 行，现在先不管它，先看代码第 117 行，这是列表中的一项，它对单击功能的处理为 onClick="list_play(0)。可以看出该处所引用的方法是加入参数的，这样只要把歌曲的编号通过参数传递给函数就不需要再去另外获取了。list_play()函数的内容现在看来真是简单啊，就是播放相应编号的歌曲而已。

开发过程中要尽量绕过难以实现的内容，另外，为了保持章节之间的逻辑性而提前使用了本该在下一节给出的播放列表界面，但实际上，本小节的范例应该是与界面的实现同时进行的。

15.4 界面的实现

前面已经设计了本项目中各个功能的界面布局，既然上一节已经确认播放音乐的功能是可以实现的，那么接下来就赶紧利用 jQuery Mobile 来实现吧。

 由于 jQuery Mobile 中大多数控件的样式都是固定的，因此只要设计好布局，基本上实现的效果就可确定下来了。

15.4.1 首页界面的实现

实现首页界面的代码参见范例 15-3。

【范例 15-3　首页的实现】

```
01  <!DOCTYPE html>
02  <html>
03  <head>
04  <meta http-equiv="Content-Type" content="text/html; charset=utf-8" />
05  <meta name="viewport" content="width=device-width, initial-scale=1">
06  <!--<script src="cordova.js"></script>-->
07  <link rel="stylesheet" href="jquery.mobile.min.css" />
08  <script src="jquery-1.7.1.min.js"></script>
09  <script src="jquery.mobile.min.js"></script>
10  <script type="text/javascript">
11  $(document).ready(function()
12  {
13      $screen_width=$(window).width();              //获取屏幕宽度
14      $pic_height=$screen_width*2/3;                //图片高度为屏幕宽度的倍数
15      $pic_height=$pic_height+"px";
16      $("div[data-role=top_pic]").width("100%").height($pic_height);
    //设置图片尺寸
17  });
18  </script>
19  </head>
20  <body>
21      <div data-role="page" data-theme="a">
22        <div data-role="top_pic" style="background-color:#000; width:100%;">
23          <img src="images/justin.jpg" width="100%" height="100%"/>
```

```
24          </div>
25          <div data-role="content" style="width:90%; margin-left:5%;">
26              <ul data-role="listview" data-inset="true">
27                  <li><a href="#"><h1>Justin Bieber 中国行</h1></a></li>
28                  <li><a href="#"><h1>怀旧中国风</h1></a></li>
29              <li><a href="#"><h1>那些伤感的歌</h1></a></li>
30              </ul>
31          </div>
32          <div data-role="footer" data-position="fixed" data-fullscreen=
"true">
33              <div data-role="navbar">
34                  <ul>
35                      <li><a href="#">Top 50</a></li>
36                      <li><a href="#">歌手</a></li>
37                      <li><a href="#">专辑</a></li>
38                      <li><a href="#">关于</a></li>
39                  </ul>
40              </div>
41          </div>
42      </div>
43  </body>
44  </html>
```

运行结果如图 15-19 所示，其界面与第 14 章博客系统的界面非常相似，甚至因为取消了侧滑面板而显得更加简单。考虑到整体的美观性，本例选择了黑色主题，看起来也比较有科技感。

当前将浏览器尺寸拉成了比较主流的手机屏幕的比例（即 4.3 寸），注意看推荐主题列表最下面一项（那些伤感的歌）底部与底部栏之间留有一定的空隙，这样看上去比较美观。而且，在一些其他尺寸的屏幕中，如 MOTO defy（3.3 英寸但屏幕分辨率为 840×485 像素，因此会显得比较长），会空余出更大的空隙，但却不影响美观，保证在任何尺寸的屏幕中能够使一屏的内容装下整个页面（图 15-20 为该页面在较长的屏幕下的显示效果）。

如果想要增加列表的项目而又不想让列表的内容超出屏幕的范围，该怎么办呢？可以通过试着减小顶部图片的高度来实现。

图 15-19 项目首页　　　　图 15-20 在"较长"屏幕下的显示效果

15.4.2 推荐主题页面的实现

本部分的界面实际上已经在 15.3.4 小节的范例 15-2 中实现过，因此本小节不再给出这部分的代码，具体代码可以直接回头去看范例 15-2 中的内容。

观察之前的图 15-18，细心的读者也许会发现，在歌曲列表最后一项的底部与底部栏之间已经不再有明显的空隙了，如果在本专题中多加入一首歌曲，就可能会让列表中的内容超出屏幕的范围。如果能将全部内容在屏幕中展示出来是一件非常好的事情，但是一个主题中的歌曲数量是无法确定的，十几首甚至几十首都有可能。因此这样就无法再去保证将所有内容显示出来，只能依靠用户滚动屏幕来浏览和选择歌曲。

如果用户觉得顶部的图片跟随页面滚动不太美观，而开发者又觉得将顶部图片固定住会占去一半的屏幕空间，太过浪费，那么这里再给出一种改进的方案，如范例 15-4 所示。

【范例 15-4　改进后的主题界面】

```
01  <!DOCTYPE html>
02  <html>
03  <head>
04  <meta http-equiv="Content-Type" content="text/html; charset=utf-8" />
05  <meta name="viewport" content="width=device-width, initial-scale=1">
06  <!--<script src="cordova.js"></script>-->
07  <link rel="stylesheet" href="jquery.mobile.min.css" />
08  <script src="jquery-1.7.1.min.js"></script>
09  <script src="jquery.mobile.min.js"></script>
10  <script type="text/javascript">
11  $(document).ready(function()
12  {
13      $screen_width=$(window).width();              //获取屏幕宽度
14      $pic_height=$(window).width()-80;             //图片高度为屏幕空白高度
15      $pic_height=$pic_height+"px";
```

```
16          $("div[data-role=top_pic]").width("100%").height($pic_height);
   //设置图片尺寸
17      });
18  </script>
19  </head>
20  <body>
21      <div data-role="page" data-theme="a">
22          <div data-role="header" data-position="fixed">
23              <a href="#">返回</a>
24              <h1>Justin Bieber 中国行</h1>
25          </div>
26          <div data-role="top_pic" width:100%;">
27              <img src="images/justin.jpg"/>
28          </div>
29          <div data-role="content">
30              <ul data-role="listview" data-inset="true">
31                  <li><a href="#">Never say never</a></li>
32                  <li><a href="#">Some body to love</a></li>
33                  <li><a href="#">Pray</a></li>
34                  <li><a href="#">My World</a></li>
35                  <li><a href="#">Boyfriend</a></li>
36                  <li><a href="#">To Love</a></li>
37              </ul>
38          </div>
39          <div data-role="footer" data-position="fixed">
40              <div data-role="navbar">
41                  <ul>
42                      <li><a href="#">上一首</a></li>
43                      <li><a href="#">播放</a></li>
44                      <li><a href="#">下一首</a></li>
45                      <li><a href="#">随便听听</a></li>
46                  </ul>
47              </div>
48          </div>
49      </div>
50  </body>
51  </html>
```

从代码第 16 行可以看出，这里规定了顶部图片的宽度和高度，设置宽度为 100%，高度为变量$pic_height 的值。再继续看第 14、15 行中的内容：

```
$pic_height=$(window).height()-80;
$pic_height=$pic_height+"px";
```

通过阅读 jQuery Mobile 的 CSS 文件可以知道，jQuery Mobile 直接将头部栏和底部栏的高度定义为 40px，而$(window).height()的作用是获取屏幕的高度，这样一来该处的作用就应该很明显了，即恰好让顶部大图占据页面中一个屏幕的位置，这样只有屏幕滚动后歌曲列表才会出现，如

图 15-21 和图 15-22 所示。

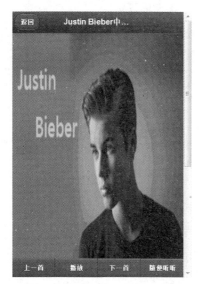

图 15-21 顶部大图的显示效果

图 15-22 屏幕滚动后显示歌曲列表

15.4.3 歌手列表界面的实现

下面直接使用列表控件简单实现一个按照歌手姓氏进行分栏的歌手列表，如范例 15-5 所示。

【范例 15-5 歌手列表的实现】

```
01  <!DOCTYPE html>
02  <html>
03  <head>
04  <meta http-equiv="Content-Type" content="text/html; charset=utf-8" />
05  <meta name="viewport" content="width=device-width, initial-scale=1">
06  <!--<script src="cordova.js"></script>-->
07  <link rel="stylesheet" href="jquery.mobile.min.css" />
08  <script src="jquery-1.7.1.min.js"></script>
09  <script src="jquery.mobile.min.js"></script>
10  </head>
11  <body>
12      <div data-role="page" data-theme="a">
13          <!--头部栏-->
14          <div data-role="header" data-position="fixed">
15              <a href="#">返回</a>
16              <h1>歌手列表</h1>
17          </div>
18          <!--内容栏-->
19          <div data-role="content">
20              <ul data-role="listview" data-autodividers="true" data-inset=
"true" style="padding-top="20px;">
21                  <!--歌手列表，按姓氏排列-->
```

```
22                    <li><a href="index.html">樱木花道</a></li>
23                    <li><a href="index.html">樱井莉亚</a></li>
24                    <li><a href="index.html">樱桃小丸子</a></li>
25                    <li><a href="index.html">王二</a></li>
26                    <li><a href="index.html">王小二</a></li>
27                    <li><a href="index.html">王羲之</a></li>
28                    <li><a href="index.html">宋江</a></li>
29                    <li><a href="index.html">宋江水</a></li>
30                    <li><a href="index.html">宋花江</a></li>
31                    <li><a href="index.html">刘备</a></li>
32                    <li><a href="index.html">刘德</a></li>
33                    <li><a href="index.html">刘璋</a></li>
34                    <li><a href="index.html">关羽</a></li>
35                    <li><a href="index.html">关云长</a></li>
36                    <li><a href="index.html">阿凡提</a></li>
37                    <li><a href="index.html">阿拉贡</a></li>
38                </ul>
39            </div>
40        </div>
41    </body>
42 </html>
```

运行结果如图 15-23 所示。

图 15-23　歌手列表的实现

事实上，笔者对这个列表非常不满意，因为 jQuery Mobile 的局限性导致列表项仅能依据歌手的姓氏进行分栏，而不能根据首字母进行分栏。但是考虑到该项目只是一个小型的在线音乐播放系统，不会有许多歌手，因此这样也足够使用。

如果要开发大型的音乐点播系统,那么可以在列表中加入一个不显示的栏目,该栏目的内容是歌手首字母的拼音,这样就能实现根据拼音来分组的效果了。

15.4.4 专辑列表的实现

除歌手列表之外,还需要做一个用来显示专辑列表的页面,布局样式在之前已经设计好了,实现方法如范例 15-6 所示。

【范例 15-6 专辑列表的实现】

```
01  <!DOCTYPE html>
02  <html>
03  <head>
04  <meta http-equiv="Content-Type" content="text/html; charset=utf-8" />
05  <meta name="viewport" content="width=device-width, initial-scale=1">
06  <!--<script src="cordova.js"></script>-->
07  <link rel="stylesheet" href="jquery.mobile.min.css" />
08  <script src="jquery-1.7.1.min.js"></script>
09  <script src="jquery.mobile.min.js"></script>
10  </head>
11  <body>
12      //使用主题 "a"
13      <div data-role="page" data-theme="a">
14          <div data-role="header" data-position="fixed">
15              <a href="#">返回</a>
16              <h1>最新专辑</h1>
17          </div>
18          <ul data-role="listview" data-inset="true">
19              <li><a href="#">
20                      <!--列表图片,默认显示在项目左侧-->
21                      <img src="images/zhuanji_1.jpg">
22                      <!--音乐名称-->
23                      <h2>no air </h2>
24                      <!--使用 p 标签,使之换行-->
25                      <p>jordon</p></a>
26              </li>
27                  <!--省略部分重复内容,读者可自行添加-->
28              <li><a href="#">
```

```
29                    <img src="images/zhuanji_8.jpg">
30                    <h2>wandoe </h2>
31                    <p>celvvo</p></a>
32              </li>
33           </ul>
34       </div>
35   </body>
36   </html>
```

运行结果如图 15-24 所示。

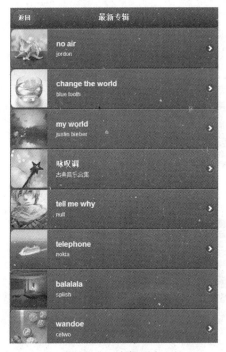

图 15-24　专辑列表

至此，本项目的界面部分就结束了，接下来的内容才是最困难的。

15.5　数据库的设计

在之前的内容中已经实现了使用 JavaScript 来对在线音乐进行控制，也实现了各个页面的界面，那么接下来要做的就是读取服务器端的数据了，不过在做这些事情之前，首先还要对服务器端的数据库做一些设计。由于第 14 章已经介绍过利用 phpMyAdmin 来管理数据库的方法，所以本节就只给出数据库的设计方法而不再给出详细步骤。

新建一个数据库，命名为 music，然后在里面新建一个表，命名为 music_info，用来存储和音乐有关的信息。

先来想一下哪些信息是与音乐有关的呢？首先要有一个 id 作为音乐的标志，因此需要 music_id 作为列名，其次就是音乐的名称，不然只看 id 用户根本就不知道是哪首歌，这样一个基本的表完成了，该表的结构如表 15-4 所示。

表 15-4　表 music_info 的数据结构

列名	说明	类型
music_id	歌曲本身的 id	int
music_name	歌曲的名称	vchar(20)

项目还有专辑和歌手的功能，就要再新建两个表，分别为 singer_info 和 zhuanji_info。

先来看 singer_info，它要包含歌手的一些信息，因此需要有歌手的姓名，同样还需要为歌手准备一个唯一的 id。除此之外，界面上还有歌手的照片存在，因此还要准备一项 singer_pic 的内容，用来存放图片的地址。

因此，　singer_info 表的数据结构如表 15-5 所示。

表 15-5　表 singer_info 的数据结构

列名	说明	类型
singer_id	歌手 id	int
singer_name	歌手的名字	vchar(20)
singer_pic	歌手照片存放的地址	vchar(100)

与之类似的还有表 theme_info，其数据结构如表 15-6 所示。

表 15-6　表theme_info的数据结构

列名	说明	类型
theme_id	主题 id	int
theme_name	主题的名字	vchar(20)
theme_pic	主题照片存放的地址	vchar(100)

除这两个表之外，还要有一个表来存储专辑信息，因此还要新建一个名为 zhuanji_info 的表，数据结构如表 15-7 所示。

表 15-7　表zhuanji_info的数据结构

列名	说明	类型
zhuanji_id	专辑 id	int
zhuanji_name	专辑的名字	vchar(20)
zhuanji_pic	专辑照片存放的地址	vchar(100)
zhuanji_singer	歌手的 id	int

假如想在数据库中查询周杰伦唱过的所有歌曲，虽然这些音乐在数据库的 music_info 表中是存在的，而 singer_info 表中也会有周杰伦有关的信息，但是却无法将它们联系起来，因此还要再新建几个表将它们联系起来。

第一个用来联系歌手与歌曲，直接将它命名为 singer，数据结构如表 15-8 所示。

表 15-8　表 singer 的数据结构

列名	说明	类型
singer_id	歌手编号	int
music_id	歌曲编号	int

这样一来，如果想在数据库中查询周杰伦唱过的歌就可以使用如下语句：

```
SELECT * FROM singer,singer_info,music_info WHERE singer.music_id=music_info.
music_id AND singer.singer_id=singer_info.singer_id
```

接下来给出用来关联歌曲和专辑的 zhuanji 表，以及关联歌曲和主题的 theme 表的结构，参见表 15-9 和表 15-10。

表 15-9　表 zhuanji 的数据结构

列名	说明	类型
zhuanji_id	专辑编号	int
music_id	歌曲编号	int

表 15-10　表 theme 的数据结构

列名	说明	类型
theme_id	主题编号	int
music_id	歌曲编号	int

至此，本章所需要的数据库就建立完成，在这里可导出数据库的结构文件，以便读者方便地使用。

【范例 15-7　数据库备份文件】

```
--
-- 数据库: `music`
--


-- ------------------------------------------------------------


--
```

```
-- 表的结构 `music_info`
--

CREATE TABLE IF NOT EXISTS `music_info` (
  `music_id` int(10) unsigned NOT NULL,
  `music_name` varchar(20) CHARACTER SET utf8 COLLATE utf8_bin NOT NULL,
  `music_doc` varchar(100) CHARACTER SET utf8 COLLATE utf8_bin NOT NULL,
  KEY `music_id` (`music_id`)
) ENGINE=InnoDB DEFAULT CHARSET=latin1;


--
-- 转存表中的数据 `music_info`
--

INSERT INTO `music_info` (`music_id`, `music_name`, `music_doc`) VALUES
(1, 'never say never', 'no0'),
(1, 'some body to love', 'no1'),
(3, 'pray', 'no2'),
(4, 'my world', 'no3'),
(5, 'boyfriend', 'no4'),
(6, 'to love', 'no5');


-- --------------------------------------------------------


--
-- 表的结构 `singer`
--

CREATE TABLE IF NOT EXISTS `singer` (
  `singer_id` int(11) NOT NULL,
  `music_id` int(11) NOT NULL
) ENGINE=InnoDB DEFAULT CHARSET=latin1;


-- --------------------------------------------------------


--
-- 表的结构 `singer_info`
--
```

```
CREATE TABLE IF NOT EXISTS `singer_info` (
  `singer_id` int(10) unsigned NOT NULL,
  `singer_name` varchar(20) CHARACTER SET utf8 COLLATE utf8_bin NOT NULL,
  `singer_pic` varchar(100) CHARACTER SET utf8 COLLATE utf8_bin NOT NULL,
  KEY `singer_id` (`singer_id`)
) ENGINE=InnoDB DEFAULT CHARSET=latin1;


-- ----------------------------------------------------------


--
-- 表的结构 `theme`
--

CREATE TABLE IF NOT EXISTS `theme` (
  `theme_id` int(11) NOT NULL,
  `music_id` int(11) NOT NULL
) ENGINE=InnoDB DEFAULT CHARSET=latin1;


-- ----------------------------------------------------------


--
-- 表的结构 `theme_info`
--

CREATE TABLE IF NOT EXISTS `theme_info` (
  `theme_id` int(10) unsigned NOT NULL,
  `theme_name` varchar(20) CHARACTER SET utf8 COLLATE utf8_bin NOT NULL,
  `theme_pic` varchar(100) CHARACTER SET utf8 COLLATE utf8_bin NOT NULL,
  `theme_jieshao` varchar(200) CHARACTER SET utf8 COLLATE utf8_bin NOT NULL,
  KEY `theme_id` (`theme_id`)
) ENGINE=InnoDB DEFAULT CHARSET=latin1;


-- ----------------------------------------------------------


--
-- 表的结构 `zhuanji`
--
```

```
CREATE TABLE IF NOT EXISTS `zhuanji` (
  `zhuanji_id` int(11) NOT NULL,
  `music_id` int(11) NOT NULL
) ENGINE=InnoDB DEFAULT CHARSET=latin1;


-- --------------------------------------------------------


--
-- 表的结构 `zhuanji_info`
--

CREATE TABLE IF NOT EXISTS `zhuanji_info` (
  `zhuanji_id` int(10) unsigned NOT NULL,
  `zhuanji_name` varchar(20) CHARACTER SET utf8 COLLATE utf8_bin NOT NULL,
  `zhuanji_pic` varchar(100) CHARACTER SET utf8 COLLATE utf8_bin NOT NULL,
  `zhuanji_singer` int(10) unsigned NOT NULL,
  KEY `zhuanji_id` (`zhuanji_id`)
) ENGINE=InnoDB DEFAULT CHARSET=latin1;

/*!40101 SET CHARACTER_SET_CLIENT=@OLD_CHARACTER_SET_CLIENT */;
/*!40101 SET CHARACTER_SET_RESULTS=@OLD_CHARACTER_SET_RESULTS */;
/*!40101 SET COLLATION_CONNECTION=@OLD_COLLATION_CONNECTION */;
```

将以上文件后缀修改为.sql，即可在 MySQL 中使用。另外，也请读者先自行在该数据库中添加歌曲信息，以便于后面的操作。

15.6　后台的实现

做好准备之后，就可以开始使用 PHP 读取服务器上的信息了，本章所要实现的大部分功能与之前的项目大同小异，但在播放列表部分要实现的一些内容比较复杂，需要读者反复推敲。

15.6.1　数据库连接类的实现

在 PHP 开发中，经常会用到类似下面的代码：

```
<?php
```

```php
    $con=mysql_connect("localhost","root","");
    if(!$con)
    {
        echo "failed";
    }else
    {
        mysql_query("set names utf8");
        mysql_select_db("music", $con);
    }
?>
```

事实上，在第 14 章的博客项目中多次用到了这样的内容，这不是一个好习惯。举一个例子，在上面的代码中有$con=mysql_connect("localhost","root","")，它的作用是连接到数据库，这其中需要数据库的账号和密码。万一某个开发者修改了 MySQL 的账号或者密码，岂不是要把每一个文件都修改一遍？

许多编辑器提供了批量修改的功能，可以将全部相同的字符串修改成某一内容，如现在要将 root 改为 put，就可以使用批量替换，但是万一在代码中有两个变量，一个是 root_var，一个是 put_var，那么使用批量替换就会出现错误。所以必须想办法把这段内容从各个页面中分离出来。

一个比较好的办法是新建一个类，然后每当需要连接数据库的时候就去引用这个类。所以现在新建一个 PHP 文件，将它命名为 sql_connect.sql，具体内容如范例 15-8 所示。

【范例 15-8　数据库连接】

```php
<?php
class SQL_CONNECT                           //声明一个类
{
    public $con;                            //连接
    public $host="localhost";               //计算机名
    public $username="root";                //用户名
    public $password="";                    //密码
    public $database_name="music";          //数据库名
    //连接数据库
    public function connection()
    {
$this->con=mysql_connect($this->host,$this->username,$this->password);
    }
    //断开与数据库的连接
    public function disconnect()
    {
        mysql_close($this->con);
```

```
    }
    //设置编码方式
    public function set_laugue()
    {
        if($this->con)
        {
            mysql_query("set names utf8");
        }
    }
    //选择数据库
    public function choice()
    {
        if($this->con)
        {
            mysql_select_db($database_name, $this->con);
        }
    }
}
?>
```

这样，当数据库的账号或密码修改时，只需修改该文件中的内容即可。

15.6.2　主页功能的实现

将范例 15-3 另存为 index.php，并对其中的内容进行修改，修改后的文件如范例 15-9 所示。

【范例 15-9　首页的实现】

```
01  <!DOCTYPE html>
02  <html>
03  <head>
04  <meta http-equiv="Content-Type" content="text/html; charset=utf-8" />
05  <meta name="viewport" content="width=device-width, initial-scale=1">
06  <!--<script src="cordova.js"></script>-->
07  <link rel="stylesheet" href="jquery.mobile.min.css" />
08  <script src="jquery-1.7.1.min.js"></script>
09  <script src="jquery.mobile.min.js"></script>
10  <script type="text/javascript">
11  $(document).ready(function()
12  {
13      $screen_width=$(window).width();                //获取屏幕宽度
```

```
14          $pic_height=$screen_width*2/3;                    //图片高度为屏幕宽度的倍数
15          $pic_height=$pic_height+"px";
16          $("div[data-role=top_pic]").width("100%").height($pic_height);
    //设置图片尺寸
17      });
18    </script>
19    </head>
20    <body>
21    <?php include("sql_connect.php"); ?>
22        <div data-role="page" data-theme="a">
23          <div data-role="top_pic" style="background-color:#000; width:100%;">
24            <?php
25                $sql=new SQL_CONNECT();                       //导入连接数据库类
26                $sql->connection();                          //连接
27                $sql->set_laugue();                          //设置编码方式
28                $sql->choice();                              //选择数据库
29                //生成查询语句
30                $sql_query="SELECT * FROM theme_info ORDER BY theme_id DESC";
31                $result=mysql_query($sql_query,$sql->con);
32                while($row = mysql_fetch_array($result))
33                {
34                    $abc=$row['theme_pic'];             //获取音乐主题名称
35                }
36                echo "<img src='";
37                echo $abc;
38                echo "' width='100%' height='100%'/>";
39            ?>
40          </div>
41          <div data-role="content">
42              <ul data-role="listview" data-inset="true">
43              <?php
44                $sql_query="SELECT * FROM theme_info ORDER BY theme_id DESC
LIMIT 3";
45                $result=mysql_query($sql_query,$sql->con);
46                while($row = mysql_fetch_array($result))
47                {    //显示栏目列表
48                    echo "<li><a href='";
49                    echo "theme.php?theme_id=";
50                    echo $row['theme_id'];
51                    echo "'><h1>";
52                    echo $row['theme_name'];
53                    echo "</h1></a></li>";
54                }
```

```
55                    ?>
56                </ul>
57            </div>
58          <div data-role="footer" data-position="fixed" data-fullscreen=
"true">
59                <div data-role="navbar">
60                    <ul>
61                        <li><a href="list50.php">Top 50</a></li>
62                        <li><a href="singer.php">歌手</a></li>
63                        <li><a href="zhuanji.php">专辑</a></li>
64                        <li><a href="about.php">关于</a></li>
65                    </ul>
66                </div>
67            </div>
68        </div>
69  <?php
70      $sql->disconnect();
71  ?>
72  </body>
73  </html>
```

在第 14 章搭建的 Apache 服务器根目录下，新建一个目录，将其命名为 music，将该文件保存到 music 目录下，在浏览器中输入地址 127.0.0.1/music/index.php，即可看到如图 15-25 所示的界面。

图 15-25　实现读取数据功能后的首页

代码第 25 行为$sql=new SQL_CONNECT()，此处的作用是声明一个 SQL_CONNECT 类的对象$sql。SQL_CONNECT 就是在上一小节声明的数据库连接类。第 26~28 行则是利用这个类中的方法来连接、选择数据库并设置编码格式。

在代码第 48~53 行，使用 PHP 语言输出了一个地址，这个地址的格式为 theme.php?theme_id=a。

可以看出它将指向一个命名为 theme.php 的页面，而 theme_id 是它向这个页面所传递的参数，在此处就可以确定推荐主题页面文件的名称为 theme.php。另外，第 61~64 行实际上也规定了一些页面文件的名称。"Top50"保存在文件 list50.php 中，"歌手列表"保存在 singer.php 中，"专辑"保存在 zhuanji.php 中，"关于"保存在 about.php 中。

 最后不要忘记断开与数据库的连接（如代码中第 70 行所示）。

15.6.3　推荐主题页面功能实现

将范例 15-2 中的内容另存为 theme.php，保存在 music 目录下，修改其中的内容，如范例 15-10 所示。

【范例 15-10　利用 PHP 实现主题页面以及播放列表功能】

```
01    <!DOCTYPE html>
02    <html>
03    <head>
04    <meta http-equiv="Content-Type" content="text/html; charset=utf-8" />
05    <meta name="viewport" content="width=device-width, initial-scale=1">
06    <!--<script src="cordova.js"></script>-->
07    <link rel="stylesheet" href="jquery.mobile.min.css" />
08    <script src="jquery-1.7.1.min.js"></script>
09    <script src="jquery.mobile.min.js"></script>
10    <script type="text/javascript">
11    $(document).ready(function()
12    {
13        $screen_width=$(window).width();                //获取屏幕宽度
14        $pic_height=$screen_width*2/3;                  //图片高度为屏幕宽度的倍数
15        $pic_height=$pic_height+"px";
16        $("div[data-role=top_pic]").width("100%").height($pic_height);  // 设
置图片尺寸
17    });
18    </script>
19    <?php
20        include("sql_connect.php");                     //导入连接数据库类
21    ?>
22    <?php
23        $sql=new SQL_CONNECT();                         //连接数据库
24        $sql->connection();                             //连接
```

```
25      $sql->set_laugue();                              //设置编码方式
26      $sql->choice();                                  //选择数据库
27      $i=0;                                            //音乐编号
28      $theme_id=$_GET["theme_id"];
29          $sql_query="SELECT * FROM theme_info,music_info,theme  //查询当前播放
音乐
31              WHERE theme.theme_id=theme_info.theme_id
31              AND theme.music_id=music_info.music_id
32              AND theme_info.theme_id=1";
33      $result=mysql_query($sql_query,$sql->con);
34  ?>
35  <script>
36  var Is_play=0;                                       //记录当前播放状态
37  var Played_id=0;                                     //记录当前播放的音乐
38  var Music_docname=new Array(                         //获取音乐资源
39  <?php
40      while($row = mysql_fetch_array($result))
41      {
42          if($i!=0)
43          {
44              echo ",";
45          }
46          echo '"';
47          echo $row['music_doc'];
48          echo '"';
49          $i=$i+1;
50      }
51      $i=$i-1;
52  ?>
53  );
54  function onmusicplay()                               //播放音乐
55  {
56      var myVideo=document.getElementById("music_player");
57      var btn_paly=document.getElementById("btn_play");
58      if(Is_play==0)
59      {
60          myVideo.play();
61          Is_play=1;
62          btn_paly.innerHTML="暂停";
```

```
63         }else
64         {
65             myVideo.pause();
66             Is_play=0;
67             btn_paly.innerHTML="播放";
68         }
69     }
70     function play_pre()                                      //播放上一首
71     {
72         if(Played_id==0)
73         {
74             Played_id=<?php echo $i; ?>;
75         }
76         else
77         {
78             Played_id=Played_id-1;
79         }
80         var ogg_s=document.getElementById("source_ogg");
81         var ogg_m=document.getElementById("source_mp3");
82         ogg_s.src=Music_docname[Played_id]+".ogg";
83         ogg_m.src=Music_docname[Played_id]+".mp3";
84         document.getElementById("music_player").load();
85         document.getElementById("music_player").play();
86         var Is_play=1;
87         document.getElementById("btn_play").innerHTML="暂停";
88     }
89     function play_next()                                     //播放下一首
90     {
91         if(Played_id==<?php echo $i; ?>)
92         {
93             Played_id=0;
94         }
95         else
96         {
97             Played_id=Played_id+1;
98         }
99         var ogg_s=document.getElementById("source_ogg");
100        var ogg_m=document.getElementById("source_mp3");
101        ogg_s.src=Music_docname[Played_id]+".ogg";
```

```
102      ogg_m.src=Music_docname[Played_id]+".mp3";
103      document.getElementById("music_player").load();
104      document.getElementById("music_player").play();
105      var is_play=1;
106      document.getElementById("btn_play").innerHTML="暂停";
107  }
108  function play_random()                                    //随机播放
109  {
110      Played_id=parseInt(Math.random()*<?php echo $i; ?>);
111      var ogg_s=document.getElementById("source_ogg");
112      var ogg_m=document.getElementById("source_mp3");
113      ogg_s.src=Music_docname[Played_id]+".ogg";
114      ogg_m.src=Music_docname[Played_id]+".mp3";
115      document.getElementById("music_player").load();
116      document.getElementById("music_player").play();
117      var is_play=1;
118      document.getElementById("btn_play").innerHTML="暂停";
119  }
120  function list_play(id)                                    //播放列表中的音乐
121  {
122      var ogg_s=document.getElementById("source_ogg");
123      var ogg_m=document.getElementById("source_mp3");
124      ogg_s.src=Music_docname[id]+".ogg";
125      ogg_m.src=Music_docname[id]+".mp3";
126      document.getElementById("music_player").load();
127      document.getElementById("music_player").play();
128      var is_play=1;
129      document.getElementById("btn_play").innerHTML="暂停";
130  }
131  </script>
132  </head>
133  <body>
134      <audio id="music_player" preload="auto" style=" display:none;">
<!--audio 控件-->
135          <source id="source_ogg" src="song.ogg" type="audio/ogg" />
136          <source id="source_mp3" src="song.mp3" type="audio/mpeg" />
137      </audio>
138      <div data-role="page" data-theme="a">
139          <div data-role="header" data-position="fixed" data-fullscreen=
```

335

```
"true">
140                     <a href="#">返回</a>
141                     <?php
142                         $sql_query="SELECT * FROM theme_info WHERE theme_id=
$theme_id";
143                             $result=mysql_query($sql_query,$sql->con);
144                             while($row = mysql_fetch_array($result))
145                         {   //主题介绍内容
146                             echo "<h1>";
147                             echo $row['theme_name'];
148                             echo "</h1>";
149                             $top_pic=$row['theme_pic'];
150                             $jieshao=$row['theme_jieshao'];
151                         }
152                     ?>
153                 </div>
154             <div data-role="top_pic" style="background-color:#000; width:100%;">
155                     <img src="<?php echo $top_pic; ?>" width="100%" height="100%"
style="float:left;"/>
156                     <div style="width:100%; height:60px; margin-top:-60px; background:
url(images/info.png) repeat; float:left;">              <!--显示专辑图片-->
157                         <span style="font-size:18px; line-height:30px; font-weight:
bold; color:#CCC;">      <?php echo $jieshao; ?></span>
158                     </div>
159             </div>
160             <div data-role="content">
161               <ul data-role="listview" data-inset="true">
162                 <?php     //查询当前主题的音乐
163                     $sql_query="SELECT * FROM theme_info,music_info,theme
164                         WHERE t heme.theme_id=theme_info.theme_id
165                         AND theme.music_id=music_info.music_id
166                         AND theme_info.theme_id=1";
167                 $result=mysql_query($sql_query,$sql->con);
168                 $l=0;
169                 while($row = mysql_fetch_array($result))
170                 {
171                     echo "<li onClick='";
172                     echo "list_play(";
173                     echo $l;
```

```
174                     echo ");";
175                     echo "'><a href='#'>";
176                     echo $row['music_name'];
177                     echo "</a></li>";
178                     $l=$l+1;
179                 }
180             ?>
181         </ul>
182     </div>
183     <div data-role="footer" data-position="fixed">
184         <div data-role="navbar">
185             <ul>
186                 <li onClick="play_pre();"><a href="#">上一首</a></li>
187                 <li onClick="onmusicplay();"><a href="#">播放</a></li>
188                 <li onClick="play_next();"><a href="#">下一首</a></li>
189                 <li  onClick="play_random();"><a  href="#"> 随 便 听 听
</a></li>
190             </ul>
191         </div>
192     </div>
193 </div>
194 <?php
195 $sql->dis_connect();
196 ?>
197 </body>
198 </html>
```

保存后，在浏览器中输入 127.0.0.1/music/theme.php?theme_id=1 即可得到如图 15-26 所示的界面，可以通过单击底部栏的按钮以及列表项，实现对歌曲的控制。

如果仅仅在地址栏中输入 127.0.0.1/music/theme.php，页面仍会正常显示但却不显示内容（即界面正常显示,但没有内容）。如果查看页面源代码就会发现 PHP 的报错信息。这是由于 jQuery Mobile 会默认不显示一部分没有经过定义的内容。这对应用的容错性有很大的好处，但是也加大了调试的难度。比如笔者初学时就曾经遇到过内容不显示，但是其他内容都正常，根本找不到错误的情况。当初以为是数据库的错误，用了好几个小时才发现问题所在。

对比图 15-26 与之前所实现的主题推荐页面的界面，会发现一些新的变化，而这一点变化实际与 PHP 无关，是笔者事后又加入的一处样式，此处是利用绝对定位在图片上层加入了一个黑色半透明的遮罩层，然后在上面显示文字来作为主题，实现该效果的代码是第 155、156 行。

图 15-26　主题页面实现播放列表功能

代码第 34~37 行非常重要，也是本项目的难点，对比范例 15-2 可知该处原本的内容为：

```
var Music_docname=new Array("no0","no1","no2","no3","no4","no5");
```

用 PHP 脚本替换掉就成为范例中的样子，就是依靠循环依次输出数据库中音乐文件的文件名，但是考虑到需要双引号和逗号的输出就要做一些变化。双引号还好说，直接用单引号包裹住双引号进行输出就可以了，如代码第 43 行。笔者在 Notepad 中专门将这句代码放大，如图 15-27 所示。

图 15-27　用 PHP 输出双引号

但是，数组各个元素间的逗号比较麻烦，因为并不是每个元素后面都要加上逗号，因此必须决定有一组逗号不能输出。由于数组的长度是在循环过后利用变量$i 获取的，在这之前还不知道有多少组数据，因此只能选择不输出第一组数据的逗号，这就有了第 39~42 行的判断，来确定是否输出逗号。

另外，还有一种为数组赋值的方法，如下所示：

```php
<?php
while($row = mysql_fetch_array($result))
{
    echo "var Music_docname=new Array()";
    echo "Music_docname[";
    echo $i;
    echo "]=";
    echo $row['music_doc'];
```

```
        echo ";";
        $i=$i+1;
    }
?>
```

15.6.4　歌手列表的实现

将范例 15-5 保存为 singer.php，内容如范例 15-11 所示。

【范例 15-11　歌手列表功能的实现】

```
01    <!DOCTYPE html>
02  <html>
03  <head>
04  <meta http-equiv="Content-Type" content="text/html; charset=utf-8" />
05  <meta name="viewport" content="width=device-width, initial-scale=1">
06  <!--<script src="cordova.js"></script>-->
07  <link rel="stylesheet" href="jquery.mobile.min.css" />
08  <script src="jquery-1.7.1.min.js"></script>
09  <script src="jquery.mobile.min.js"></script>
10  </head>
11  <?php
12      include("sql_connect.php");                      //引入数据库连接类
13  ?>
14  <?php
15      $sql=new SQL_CONNECT();                          //连接数据库
16      $sql->connection();                              //连接
17      $sql->set_laugue();                              //设置页面编码
18      $sql->choice();                                  //选择数据库
19  ?>
20  <body>
21      <div data-role="page" data-theme="a">
22          <div data-role="header" data-position="fixed">
23              <a href="#">返回</a>
24              <h1>歌手列表</h1>
25          </div>
26      <div data-role="content">
27          <ul  data-role="listview"  data-autodividers="true"  data-inset="true"
style="padding-top="20px;">
28              <?php
29                  //查询全部歌手并按歌手名字排序
30                  $sql_query="SELECT * FROM singer,singer_info,music_info
31                      WHERE singer.singer_id=singer_info.singer_id
32                      AND  singer.music_id=music_info.music_id  order  by
singer_name";
```

```
33                          $result=mysql_query($sql_query,$sql->con);
34                          while($row = mysql_fetch_array($result))
35                          {
36                              //显示歌手名字
37                              echo "<li><a href='";
38                              echo "list_singer.php?singer_id=";
39                              echo $row['singer_id'];
40                              echo "'>";
41                              echo $row['singer_name'];
42                              echo "</a></li>";
43                          }
44                      ?>
45                  </ul>
46              </div>
47          </div>
48          <?php
49              $sql->dis_connect();
50          ?>
51      </body>
52  </html>
```

运行结果如图 15-28 所示。

图 15-28　歌手列表

内容非常简单，只是要注意 SQL 查询语句：

```
$sql_query="SELECT * FROM singer,singer_info,music_info WHERE singer.singer_id=
singer_info.singer_id AND singer.music_id=music_info.music_id order by singer_name";
```

最后的 order by 必须按照 singer_name 进行排序。否则，很可能根据 singer_id 或者 music_id 进行排序，这就会导致具有相同姓氏的歌手不是连续输出的，造成分组错误。

> 许多人会希望按照姓氏拼音首字母进行排序，其实也很好实现，只要在表 singer_info 中再加入一个字段，存入歌手的姓名首字母，然后同时根据首字母的歌手名进行排序就可以了。

另外，这里暂定单击歌手名字的项目后进入名为 list_singer.php 的页面，这个页面就不再单独给出了，读者仿照上一节的内容稍加修改即可。

15.6.5　专辑列表的实现

本节的内容与上一节类似，也是非常简单的。将范例 15-6 改名为 zhuanji.php，按照范例 15-12 的样子进行修改。

【范例 15-12　专辑列表的实现】

```
01    <!DOCTYPE html>
02    <html>
03    <head>
04    <meta http-equiv="Content-Type" content="text/html; charset=utf-8" />
05    <meta name="viewport" content="width=device-width, initial-scale=1">
06    <!--<script src="cordova.js"></script>-->
07    <link rel="stylesheet" href="jquery.mobile.min.css" />
08    <script src="jquery-1.7.1.min.js"></script>
09    <script src="jquery.mobile.min.js"></script>
10    </head>
11    <?php
12        include("sql_connect.php");                    //引入数据库连接类
13    ?>
14    <?php
15        $sql=new SQL_CONNECT();                         //连接数据库
16        $sql->connection();                             //连接
17        $sql->set_laugue();                             //设置页面编码
18        $sql->choice();                                 //选择数据库
19    ?>
20    <body>
21    <?php
22        //查询全部歌手
23        $sql_query="SELECT * FROM zhuanji_info,zhuanji,singer_info,music_info
24            WHERE zhuanji.zhuanji_id=zhuanji_info.zhuanji_id
25            AND zhuanji.music_id=music_info.music_id
```

```
26              AND zhuanji_info.singer_id=singer_info.singer_id";
27      $result=mysql_query($sql_query,$sql->con);
28  ?>
29      <div data-role="page" data-theme="a">
30          <div data-role="header" data-position="fixed">
31              <a href="#">返回</a>
32              <h1>最新专辑</h1>
33          </div>
34          <ul data-role="listview" data-inset="true">
35          <?php
36              while($row = mysql_fetch_array($result))
37              {
38              //显示歌手信息
39              echo "<li><a href='";
40              echo "list_zhuanji.php?zhuanji_id=";
41              echo $row['zhuanji_id'];
42              echo "'>";
43              echo "<img src='images/";
44              echo $row['zhuanji_pic'];
45              echo ".jpg'>";
46              echo "<h2>";
47              echo $row['zhuanji_name'];
48              echo "</h2>";
49              echo "<p>";
50              echo $row['zhuanji_singer'];
51              echo "</p></a>";
52              echo "</li>";
53              }
54          ?>
55          </ul>
56      </div>
57      <?php
58          $sql->dis_connect();                    //断开与数据库的连接
59      ?>
60  </body>
61  </html>
```

运行结果如图 15-29 所示。

单击列表的播放页面仍然沿用之前所实现的主题列表界面，进行简单修改即可，只不过

theme_id 在这里变成了 zhuanji_id。

至此，在线音乐播放器的各个模块已经全部完成，接下来读者可对这些模块进行完善，主要是往数据库中加入更多的音乐，另外，也可以为这款应用找一个漂亮一点的配色。

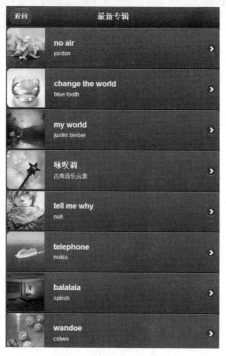

图 15-29　专辑列表

15.7　小结

本章实现了一款在线音乐播放器的所有模块，包括列表的展示以及音乐的播放、暂停、切换等功能。本项目带领读者接触了一些比较复杂的数据库操作，以及更加复杂的数据结构，这些都需要结合项目仔细去理解。另外，本项目有上千行代码，读者难免手忙脚乱，但是相信只要充分理解代码内容，各位的动手能力一定会有长足的进步。

第 16 章

◄ 在线视频播放器 ►

本章将继续使用 jQuery Mobile 与 PHP 技术相结合，实现一款 Web 端的在线视频播放器。这与第 15 章的在线音乐播放器非常类似，可实际操作时会发现本章的内容要比上一章简单不少。在视频播放功能上将使用 HTML 5 中定义的 video 控件，它在用法上与第 15 章所用到的 audio 控件非常类似。

本章主要的知识点包括：

● video 控件的使用方法
● jQuery Mobile 利用分栏布局开发适合平板电脑的应用
● 通过模仿来开发应用的设计方法

16.1　项目需求

编写本书时，笔者偶然看到 iTunes 上一款介绍 jQuery Mobile 的应用，觉得它的界面非常清新，于是有了模仿它来做点什么的想法。该应用界面如图 16-1 和图 16-2 所示，可以在 iTunes 中搜索 jQuery Mobile 关键字找到它。

图 16-1　主界面

这款应用采用了针对平板电脑屏幕的分栏式布局。虽然之前也知道 jQuery Mobile 有专门的分栏插件和布局，但是思维却总是受官方 API 实例的桎梏，以致于一直忽略这一点。因此，笔者决定有必要模仿这款界面开发一款应用来加深理解，这对读者来说也有极大的好处。

由于本项目的主要目的是使读者加深对 jQuery Mobile 分栏布局的理解，因此没有必要加入太复杂的逻辑，而如果仅仅实现界面又无法满足读者的求知欲，正好第 15 章提到的 video 控件没有深入讲解，可以在本章的项目中加深一下练习。因此本章要实现的是一款基于 jQuery Mobile 的视频播放器，可以通过它来点播服务端的视频文件。

既然只是一个练习，那么也不用为它加入太复杂的设计。本项目仅有 3 个设计，首先是首页，模仿如图 16-2 所示的界面，随意加入一些信息以及几个栏目；其次是进入各个栏目后可以选择视频；最后一个页面可以播放视频，以及相关视频的列表。

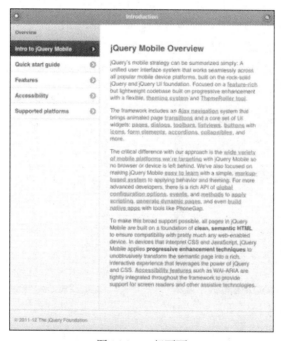

图 16-2　二级页面

16.2　界面设计

上一节中已经基本确立了该项目的大概需求，那么在本节将给出所需要的 3 个页面的大概布局。

首页的布局完全模仿图 16-1 给出的样式，将整个页面分为左右两栏，左侧约占整个页面宽度的 40%，包含上方的 logo 和 logo 下面的一排列表，列表中的内容应该是一些对该应用的介绍、版权说明等。这是一个个人博客的视频点播网站系统，因此非常适合加入一些"关于作者"或"站长简介"之类的内容。最终设计好的布局如图 16-3 所示。

之前介绍过可以用 **jQuery Mobile UI Builder** 来预览设计的页面，但是对于这种分栏的设计却无法通过该工具进行试验。另外，由于笔者此次计划模仿图 16-1 中的界面（包括配色），因此修改 CSS 也是少不了的。

接下来设计二级页面的列表效果，如图 16-4 所示。

最后是视频播放页面，原本希望依旧参考这种布局，仅仅将右侧的节目列表改成一个 video 控件，但是经过简单的对比之后，决定将原本左侧的节目列表移动到右侧，在左侧显示视频播放的 video 控件。因为大多数人习惯用右手进行操作，将节目列表放在右侧可以让用户操作得更舒适，而且优酷等网站也采取了类似的布局，笔者觉得应该遵从这一习惯（图 16-5 为笔者设计出的视频播放页面布局，图 16-6 为优酷视频播放页的部分截图）。

观察图 16-6 可以看到，屏幕的左侧正在播放广告，右侧则展示了相关的视频列表，用户可以随时通过单击此列表来对视频进行切换，如果换到左侧用户可能会不大习惯。

图 16-3　主页界面布局

图 16-4　二级页面布局

图 16-5　视频播放页面

图 16-6　优酷网视频播放页面部分截图

16.3　界面的实现

既然之前已经设计出页面的布局，那么接下来要做的就是用代码来实现它们。参考图 16-1 可知，本项目加入了 jQuery Mobile 默认的 5 组主题中不存在的红色和绿色，因此需要先在网站 http://jquerymobile.com/themeroller/ 上配置合适的主题样式文件。

16.3.1　主题文件的获取

首先，打开网址 http://jquerymobile.com/themeroller/，稍微等待几秒钟（由于页面有许多交互效果，加载会比较慢），可以看到如图 16-7 所示的对话框，单击 Get Rolling 按钮进入主题设置页面。

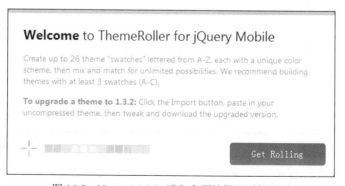

图 16-7　jQuery Mobile 进入主题编辑器后的界面

这次只需要红蓝两种配色，其他项目默认白色主题，另外，在图 16-2 中发现被选中的列表项被渲染成了黑色以便区分，但是总共只有两组主题就足够了。笔者选择的配色方案如图 16-8 所示。

完成之后单击屏幕上方的 Download 按钮获取样式文件。

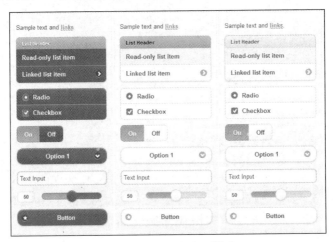

图 16-8　设计好的主题样式

 可以通过调节顶部的滑块来获取更多的颜色。

之后将下载到的文件解压，其中有两个 CSS 文件，将它们引入到 HTML 文件中，通过范例 16-1 的代码实现一个简单的页面。

【范例 16-1　一个简单的页面】

```
01  <!DOCTYPE html>
02  <html>
03  <head>
04  <meta http-equiv="Content-Type" content="text/html; charset=utf-8" />
05  <meta name="viewport" content="width=device-width, initial-scale=1">
06  <!--<script src="cordova.js"></script>-->
07  <link rel="stylesheet" href="jquery.mobile.min.css" />
08  <link rel="stylesheet" href="video.min.css" />          <!--新生成的CSS样式-->
09  <script src="jquery-1.7.1.min.js"></script>
10  <script src="jquery.mobile.min.js"></script>
11  </head>
12  <body>
13  <div data-role="page">
14      <div data-role="header" data-theme="a" data-position="fixed">
15          <h1>主题 a</h1>
16      </div>
17      <div data-role="content">
18          <a data-role="button" data-theme="a">主题 a</a>
```

```
19        </div>
20        <div data-role="footer"data-theme="b" data-position="fixed">
21            <h1>主题b</h1>
22        </div>
23    </div>
24    </body>
25    </html>
```

保存后运行结果如图 16-9 所示。

范例中的代码相信读者已经非常熟悉，第 8 行的<link rel="stylesheet" href="video.min.css" />
作用就是将新的 CSS 样式引入到页面中。通过图 16-9 可以看出，页面的头部栏、尾部栏还有加
入的按钮都有了之前默认主题所没有的颜色，说明新的主题样式已经被加载入页面中，可以继续
进行界面开发了。

在第 7 行有<link rel="stylesheet" href="jquery.mobile.min.css" />，它的作用是引入 jQuery Mobile
自带的主题样式文件。新引入的主题一定要放在它的后面，这样才能将旧的内容覆盖掉，读
者可以自行替换这两行的内容看一下效果。

图 16-9　保存后的页面有了新的主体颜色说明主题修改成功了

16.3.2　主页界面的实现

接下来就要实现首页的界面了，如范例 16-2 所示。

【范例 16-2　首页界面的实现】

```
01    <!DOCTYPE html>
02    <html>
03    <head>
```

```
04    <meta http-equiv="Content-Type" content="text/html; charset=utf-8" />
05    <meta name="viewport" content="width=device-width, initial-scale=0.5">
06    <!--<script src="cordova.js"></script>-->
07    <link rel="stylesheet" href="jquery.mobile.min.css" />
08    <link rel="stylesheet" href="video.min.css" />
09    <script src="jquery-1.7.1.min.js"></script>
10    <script src="jquery.mobile.min.js"></script>
11    <style>
12    .ui-grid-a .ui-block-a
13    {
14        width:37%;                        /*左侧栏目的宽度占了37%*/
15    }
16    .ui-grid-a .ui-block-b
17    {
18        width:57%;                        /*右侧栏目的宽度占了57%*/
19        margin-left:5%;                   /*左边距*/
20    }
21    </style>
22    </head>
23    <body>
24    <div data-role="page">
25        <div data-role="header" data-theme="a" data-position="fixed">
26        </div>
27        <div data-role="content">
28            <fieldset class="ui-grid-a">
29                <div class="ui-block-a">
30                    <img src="images/logo.png" width="100%" height="100%" />
31                    <ul data-role="listview" data-inset="true">
32                        <li data-role="list-divider" data-theme="a">关于</li>
33                        <li><a href="#">项目介绍</a></li>
34                        <li><a href="#">关于作者</a></li>
35                        <li><a href="#">jQuery Mobile</a></li>
36                        <li><a href="#">视频点播</a></li>
37                    </ul>
38                </div>
39                <div class="ui-block-b">
40                    <ul data-role="listview" data-inset="true">
41                        <li data-role="list-divider">视频分类</li>
42                        <li><a href="#">电影</a></li>
```

```
43                    <li><a href="#">动漫<a></li>
44                    <li><a href="#">短片</a></li>
45                    <li><a href="#">电视剧</a></li>
46                    <li><a href="#">视频教程</a></li>
47                    <li data-role="list-divider">热门分类</li>
48                    <li><a href="#">生活大爆炸</a></li>
49                    <li><a href="#">十万个冷笑话</a></li>
50                    <li><a href="#">万万没想到</a></li>
51                    <li><a href="#">jQuery Mobile 教学</a></li>
52                </ul>
53            </div>
54        </fieldset>
55    </div>
56    <div data-role="footer"data-theme="c" data-position="fixed">
57        <h1>基于 jQuery Mobile 的视频点播系统</h1>
58    </div>
59 </div>
60 </body>
61 </html>
```

运行结果如图 16-10 所示。

注意，代码第 19 行，为样式.ui-grid-a .ui-block-b 加入了 margin-left 属性，这样才能保证两边的列表不至于贴在一起。另外，注意头部栏的位置有一条绿色的线条，当头部栏和尾部栏中没有内容时就会以这样的形式显示出来，这对页面是一种非常不错的装饰。

图 16-10　首页界面

351

16.3.3 二级页面的实现

接下来实现用来显示视频列表的二级页面，如范例 16-3 所示。

【范例 16-3 二级页面的实现】

```
01    <!DOCTYPE html>
02    <html>
03    <head>
04    <meta http-equiv="Content-Type" content="text/html; charset=utf-8" />
05    <meta name="viewport" content="width=device-width, initial-scale=0.5">
06    <!--<script src="cordova.js"></script>-->
07    <link rel="stylesheet" href="jquery.mobile.min.css" />
08    <link rel="stylesheet" href="video.min.css" />
09    <script src="jquery-1.7.1.min.js"></script>
10    <script src="jquery.mobile.min.js"></script>
11    <style>
12    .ui-grid-a .ui-block-a
13    {
14        width:37%;                        /*左侧栏目的宽度占了37%*/
15    }
16    .ui-grid-a .ui-block-b
17    {
18        width:57%;                        /*右侧栏目的宽度占了57%*/
19        margin-left:5%;                   /*左边距*/
20    }
21    </style>
22    </head>
23    <body>
24    <div data-role="page">
25        <div data-role="header" data-theme="a" data-position="fixed">
26        </div>
27        <div data-role="content">
28            <fieldset class="ui-grid-a">
29                <div class="ui-block-a">
30                    <ul data-role="listview" data-inset="true">
31                        <!--使用分隔符将栏目区分开-->
32                        <li data-role="list-divider" data-theme="a">视频分类
</li>
```

```
33                        <!--当前选中的栏目使用不同主题颜色使它与其他项目区别开-->
34                        <li data-theme="a"><a href="#">电影</a></li>
35                        <li><a href="#">动漫</a></li>
36                        <li><a href="#">短片</a></li>
37                        <li><a href="#">电视剧</a></li>
38                        <li><a href="#">视频教程</a></li>
39                    </ul>
40                </div>
41                <div class="ui-block-b">
42                    <ul data-role="listview" data-inset="true">
43                        <!--分隔符做母标题使用-->
44                        <li data-role="list-divider" >电影</li>
45                        <li><a href="#">英雄联盟</a></li>
46                        <li><a href="#">复仇者联盟</a></li>
47                        <li><a href="#">钢铁侠</a></li>
48                        <li><a href="#">蜘蛛侠</a></li>
49                        <li><a href="#">拆弹部队</a></li>
50                        <li><a href="#">海神号</a></li>
51                        <li><a href="#">钢铁苍穹</a></li>
52                        <li><a href="#">超级英雄</a></li>
53                        <li><a href="#">超人</a></li>
54                        <li><a href="#">闪电</a></li>
55                        <li><a href="#">黑衣人</a></li>
56                    </ul>
57                </div>
58            </fieldset>
59        </div>
60        <div data-role="footer"data-theme="c" data-position="fixed">
61            <h1>基于 jQuery Mobile 的视频点播系统</h1>
62        </div>
63    </div>
64    </body>
65    </html>
```

运行结果如图 16-11 所示。

图 16-11　视频列表页面

16.3.4　视频播放界面的实现

接下来实现视频播放界面，这里要用到 video 控件，具体代码如范例 16-4 所示。

【范例 16-4　视频播放界面的实现】

```
01    <!DOCTYPE html>
02    <html>
03    <head>
04    <meta http-equiv="Content-Type" content="text/html; charset=utf-8" />
05    <meta name="viewport" content="width=device-width, initial-scale=0.5">
06    <!--<script src="cordova.js"></script>-->
07    <link rel="stylesheet" href="jquery.mobile.min.css" />
08    <link rel="stylesheet" href="video.min.css" />
09    <script src="jquery-1.7.1.min.js"></script>
10    <script src="jquery.mobile.min.js"></script>
11    <style>
12    .ui-grid-a .ui-block-a
13    {
14        width:67%;                    /*左侧栏目宽度*/
15    }
16    .ui-grid-a .ui-block-b
17    {
18        width:27%;                    /*右侧栏目宽度*/
19        margin-left:5%;               /*右侧栏目左边距*/
20    }
```

```
21      </style>
22    </head>
23    <body>
24    <div data-role="page">
25        <div data-role="header" data-theme="a" data-position="fixed">
26        </div>
27        <div data-role="content">
28            <fieldset class="ui-grid-a">
29                <div class="ui-block-a">
30                    <ul data-role="listview" data-inset="true">
31                        <!--显示当前播放栏目的标题-->
32                        <h4>生活大爆炸-第四集</h4>
33                        <!--使用 video 控件实现播放-->
34                        <video src="movie.mp4" controls="controls" style="width:
100%;height:260px;">
35                        </video>
36                    </ul>
37                </div>
38                <div class="ui-block-b">
39                    <ul data-role="listview" data-inset="true">
40                        <li data-role="list-divider" data-mini="true">生活大爆
炸</li>
41                        <li data-mini="true"><a href="#">第一集</a></li>
42                        <!--此处重复内容省略，读者可自行添加-->
43                        <li data-mini="true"><a href="#">第二十集</a></li>
44                    </ul>
45                </div>
46            </fieldset>
47        </div>
48        <div data-role="footer"data-theme="c" data-position="fixed">
49            <h1>基于 jQuery Mobile 的视频点播系统</h1>
50        </div>
51    </div>
52    </body>
53    </html>
```

运行结果如图 16-12 所示。

与之前的音乐播放器略有不同的是，代码第 34 行为 video 控件加入了属性 controls="controls"，这样一来，在视频下方就自动加入了控制视频播放/暂停、音量等功能的面板，使用起来非常方便，在面板的最右侧有一个按钮，单击之后可以自动转换成全屏播放。

事实上，audio 控件同样有 controls 属性，但通常不会去用它，只因为界面太丑。所以播放音乐时通常不会使用默认的控制面板。

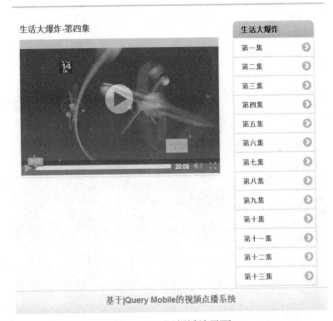

图 16-12　视频播放界面

16.4　数据库设计

本章的项目非常简单，这也就决定了它的数据库非常简单，这里依然先在 MySQL 中新建一个数据库，将其命名为 video。

在这个数据库中，最重要的内容是视频，因此先建立一个表，将其命名为 video_info，其中包括用来标识视频的 video_id、视频的名称 video_name，另外还有视频文件的名称，该表的数据结构如表 16-1 所示。

表 16-1　表 video_info 的数据结构

字段名	说明	类型
video_id	视频的 id	int
video_name	视频的名称	vchar(20)
video_file	视频文件的名称	vchar(100)

每个视频都属于某个专辑，如《生活大爆炸》的第一集属于专辑"生活大爆炸"，因此还要

加入一个表，命名为 zhuaji_info，并在其中加入两个字段：一个是用来标识专辑的编号 zhuanji_id 和一个是用来标识专辑名称的 zhuanji_name。该表的数据结构如表 16-2 所示。

表 16-2　表 video_name 的数据结构

字段名	说明	类型
zhuanji_id	专辑的编号 id	int
zhuanji_name	专辑的名称	vchar(20)

同样地，每个专辑也都属于某个栏目，这就需要再建立一个名为 lanmu_info 的表，数据结构如表 16-3 所示。

表 16-3　表 lanmu_info 的数据结构

字段名	说明	类型
lanmu_id	栏目的编号 id	int
lanmu_name	栏目的名称	vchar(20)

这样数据库中的基本表就完成了，但还需要两个表来将它们联系起来，因此还需要再建立两个新表，命名为 zhuanji 和 lanmu，它们的数据结构分别如表 16-4 和表 16-5 所示。

表 16-4　表 zhuanji 的数据结构

字段名	说明	类型
video_id	视频的编号 id	int
zhuanji_id	专辑的编号 id	int

表 16-5　表 lanmu 的数据结构

字段名	说明	类型
zhuanji_id	专辑的编号 id	int
lanmu_id	栏目的编号 id	int

将该数据库的备份文件导出如范例 16-5 所示。

【范例 16-5　数据库的备份文件】

```
SET SQL_MODE="NO_AUTO_VALUE_ON_ZERO";
SET time_zone = "+00:00";


/*!40101 SET @OLD_CHARACTER_SET_CLIENT=@@CHARACTER_SET_CLIENT */;

/*!40101 SET @OLD_CHARACTER_SET_RESULTS=@@CHARACTER_SET_RESULTS */;

/*!40101 SET @OLD_COLLATION_CONNECTION=@@COLLATION_CONNECTION */;

/*!40101 SET NAMES utf8 */;
```

```
--
-- 表的结构 `lanmu`
CREATE TABLE IF NOT EXISTS `lanmu` (
  `lanmu_id` int(11) NOT NULL,
  `zhuanji_id` int(11) NOT NULL
) ENGINE=InnoDB DEFAULT CHARSET=latin1;
-- 表的结构 `lanmu_info`
CREATE TABLE IF NOT EXISTS `lanmu_info` (
  `lanmu_id` int(11) NOT NULL,
  `lanmu_name` varchar(20) CHARACTER SET utf8 COLLATE utf8_bin NOT NULL,
  KEY `lanmu_id` (`lanmu_id`)
) ENGINE=InnoDB DEFAULT CHARSET=latin1;
-- 表的结构 `video_info`
CREATE TABLE IF NOT EXISTS `video_info` (
  `video_id` int(11) NOT NULL,
  `video_name` varchar(20) CHARACTER SET utf8 COLLATE utf8_bin NOT NULL,
`video_file` varchar(100) CHARACTER SET utf8 COLLATE utf8_bin NOT NULL,
  KEY `video_id` (`video_id`)
) ENGINE=InnoDB DEFAULT CHARSET=latin1;
-- 表的结构 `zhuanji`
CREATE TABLE IF NOT EXISTS `zhuanji` (
  `zhuanji_id` int(11) NOT NULL,
  `video_id` int(11) NOT NULL
) ENGINE=InnoDB DEFAULT CHARSET=latin1;
-- 表的结构 `zhuanji_info`
CREATE TABLE IF NOT EXISTS `zhuanji_info` (
  `zhuanji_id` int(11) NOT NULL,
  `zhuanji_name` varchar(20) CHARACTER SET utf8 COLLATE utf8_bin NOT NULL,
  KEY `zhuanji_id` (`zhuanji_id`)
) ENGINE=InnoDB DEFAULT CHARSET=latin1;

/*!40101 SET CHARACTER_SET_CLIENT=@OLD_CHARACTER_SET_CLIENT */;
/*!40101 SET CHARACTER_SET_RESULTS=@OLD_CHARACTER_SET_RESULTS */;
/*!40101 SET COLLATION_CONNECTION=@OLD_COLLATION_CONNECTION */;
```

本例与上一章音乐播放器所建立的数据库几乎完全一样，只是由于更加简单而减少了一些内容（如专辑介绍）。

16.5　功能的实现

接下来需要实现从数据库读取数据的功能，请读者先自己往数据库中加入一些数据，然后就可以进行开发了。

16.5.1　首页功能的实现

首页所需要实现的功能是从数据库中读取栏目列表，并将它们显示在首页上，同时生成指向这些栏目的页面的链接。在 Apache 目录下新建一个文件夹，命名为 video，并将范例 16-2 的文件另存为 index.php，修改后如范例 16-6 所示。

【范例 16-6　首页功能的实现】

```
01  <!DOCTYPE html>
02  <html>
03  <head>
04  <meta http-equiv="Content-Type" content="text/html; charset=utf-8" />
05  <meta name="viewport" content="width=device-width, initial-scale=0.5">
06  <!--<script src="cordova.js"></script>-->
07  <link rel="stylesheet" href="jquery.mobile.min.css" />
08  <link rel="stylesheet" href="video.min.css" />
09  <script src="jquery-1.7.1.min.js"></script>
10  <script src="jquery.mobile.min.js"></script>
11  <style>
12  .ui-grid-a .ui-block-a
13  {
14      width:37%;                          /*左侧栏目宽度*/
15  }
16  .ui-grid-a .ui-block-b
17  {
18      width:57%;                          /*右侧栏目宽度*/
19      margin-left:5%;                     /*右侧栏目左边距*/
20  }
21  </style>
22  </head>
23  <body>
24  <?php include("sql_connect.php"); ?>        <!--导入链接数据库类-->
25  <?php
```

359

```
26          $sql=new SQL_CONNECT();                      //连接到数据库
27          $sql->connection();                          //连接
28          $sql->set_laugue();                          //设置编码方式
29          $sql->choice();                              //选择数据库
30      //生成数据库查询指令
31          $sql_query="SELECT * FROM lanmu_info";
32          $result=mysql_query($sql_query,$sql->con);
33      ?>
34      <div data-role="page">
35          <div data-role="header" data-theme="a" data-position="fixed">
36          </div>
37          <div data-role="content">
38              <fieldset class="ui-grid-a">
39                  <div class="ui-block-a">
40                      <img src="images/logo.png" width="100%" height="100%" />
41                      <ul data-role="listview" data-inset="true">
42                          <li data-role="list-divider" data-theme="a">关于</li>
43                          <li><a href="#">项目介绍</a></li>
44                          <li><a href="#">关于作者</a></li>
45                          <li><a href="#">jQuery Mobile</a></li>
46                          <li><a href="#">视频点播</a></li>
47                      </ul>
48                  </div>
49                  <div class="ui-block-b">
50                      <ul data-role="listview" data-inset="true">
51                          <li data-role="list-divider">视频分类</li>
52                          <?php
53                              while($row = mysql_fetch_array($result))
54                              {    //显示栏目标题
55                                  echo "<li><a href='lanmu.php?lanmu_id=";
56                                  echo $row['lanmu_id'];
57                                  echo "'>";
58                                  echo $row['lanmu_name'];
59                                  echo "</a></li>";
60                              }
61                          ?>
62                          <li data-role="list-divider">热门分类</li>
63                          <?php
64                              $sql_query="SELECT * FROM zhuanji_info ORDER BY
```

```
zhuanji_id DESC LIMIT 4";
65                              $result=mysql_query($sql_query,$sql->con);
66                              while($row = mysql_fetch_array($result))
67                              {    //显示栏目标题
68                                   echo "<li><a href='zhuanji.php?zhuanji_id=";
69                                   echo $row['zhuanji_id'];
70                                   echo "'>";
71                                   echo $row['zhuanji_name'];
72                                   echo "</a></li>";
73                              }
74                         ?>
75                    </ul>
76                  </div>
77              </fieldset>
78          </div>
79          <div data-role="footer"data-theme="c" data-position="fixed">
80              <h1>基于 jQuery Mobile 的视频点播系统</h1>
81          </div>
82      </div>
83      <?php
84          $sql->disconnect();
85      ?>
86      </body>
87      </html>
```

运行结果如图 16-13 所示。

　　本章依然引用了第 15 章创建的数据库连接类 SQL_CONNECT，代码第 24~29 行是对它的引用，不过在用它之前先要做一些修改。找到 sql_connect.php，使用编辑器打开它，将第 8 行修改为 "public $database_name="video";"，原本内容是 "public $database_name="music";"。

 在审查这一范例时，笔者突然想到读者可能会疑惑的问题，即当需要使用 SQL_CONNECT 这个类的时候必须要修改其中的数据库，这一点非常不方便，为什么不专门规定一个方法来设置$database_name 呢？因为本书所涉及的项目只会使用到同一个数据库，因此没有必要舍近求远。

　　再接下来看第 64 行的 SQL 语句：

```
$sql_query="SELECT * FROM zhuanji_info ORDER BY zhuanji_id DESC LIMIT 4";
```

　　这与第 31 行的 SQL 语句起到的作用非常类似：

```
$sql_query="SELECT * FROM lanmu_info";
```

为什么 64 行后面多了些条件呢？这里其实是笔者偷了个懒，在本项目中假设栏目已经被固定为有限的几组（电影、动漫、短片、电视剧、视频教程），基本是不会再发生变化了。热门分类部分原本计划列出最新上传的视频专辑，而这一部分可以有很多，如果因为太多而超出屏幕范围可不是一件好事，于是就只能对该部分的数量进行限制，这就有了 LIMIT 4。另外，由于 zhuanji_id 作为数据表的索引，是会随着上传的次数而增大的，越晚上传的专辑其 zhuanji_id 越大，这样只要按照逆序排列就可以获取最新上传的专辑列表了。

 虽然 zhuanji_id 会依次增加，可是如果在上传许多视频之后将第一个专辑删除，那么 zhuanji_id=1 的位置就空缺了出来，如果再上传新的专辑它的 zhuanji_id 仍然是 1，这时新上传的专辑按照本范例中使用的方法是无法显示出来的。

图 16-13　从服务端读取数据的首页界面

16.5.2　专辑列表功能的实现

在上一小节实现首页功能时，已指定该页命名为 lanmu.php，它的作用是显示栏目中的专辑列表，将范例 16-3 另存为 lanmu.php，保存到 video 目录下，修改其内容为范例 16-7。

【范例 16-7　专辑列表功能的实现】

```
01    <!DOCTYPE html>
02    <html>
03    <head>
04    <meta http-equiv="Content-Type" content="text/html; charset=utf-8" />
05    <meta name="viewport" content="width=device-width, initial-scale=0.5">
06    <!--<script src="cordova.js"></script>-->
```

```
07    <link rel="stylesheet" href="jquery.mobile.min.css" />
08    <link rel="stylesheet" href="video.min.css" />
09    <script src="jquery-1.7.1.min.js"></script>
10    <script src="jquery.mobile.min.js"></script>
11    <style>
12    .ui-grid-a .ui-block-a
13    {
14        width:37%;                                /*左侧栏目宽度*/
15    }
16    .ui-grid-a .ui-block-b
17    {
18        width:57%;                                /*右侧栏目宽度*/
19        margin-left:5%;                           /*右侧栏目左边距*/
20    }
21    </style>
22    </head>
23    <body>
24    <?php include("sql_connect.php"); ?>          <!--引入连接数据库类-->
25    <?php
26        //获取来自 URL 的参数
27        $lanmu_id=$_GET['lanmu_id'];
28        $sql=new SQL_CONNECT();                    //连接数据库
29        $sql->connection();                        //连接
30        $sql->set_laugue();                        //设置编码方式
31        $sql->choice();                            //选择数据库
32        //生成数据库查询指令
33        $sql_query="SELECT * FROM lanmu_info";
34        $result=mysql_query($sql_query,$sql->con);
35    ?>
36    <div data-role="page">
37        <div data-role="header" data-theme="a" data-position="fixed">
38        </div>
39        <div data-role="content">
40            <fieldset class="ui-grid-a">
41                <div class="ui-block-a">
42                    <ul data-role="listview" data-inset="true">
43                        <li data-role="list-divider" data-theme="a">视频分类
</li>
44                        <?php
45                            while($row = mysql_fetch_array($result))
46                            {
47                                if($lanmu_id==$row['lanmu_id'])
48                                {
```

```
49                              //显示当前栏目
50                              echo "<li data-theme='a'><a href='zhuanji.
php?zhuanji_id=";
51                              echo $row['lanmu_id'];
52                              echo "'>";
53                              echo $row['lanmu_name'];
54                              echo "</a></li>";
55                              $title=$row['lanmu_name'];
56                          }
57                      else
58                      {
59                          //显示栏目列表
60                          echo "<li><a href='zhuanji.php?zhuanji_id=";
61                          echo $row['lanmu_id'];
62                          echo "'>";
63                          echo $row['lanmu_name'];
64                          echo "</a></li>";
65                      }
66                  }
67              ?>
68          </ul>
69      </div>
70      <div class="ui-block-b">
71          <ul data-role="listview" data-inset="true">
72              <li data-role="list-divider" >
73                  <?php echo $title; ?>
74              </li>
75              <?php
76                  //在数据库中查询当前栏目中的所有视频
77                  $sql_query="SELECT * FROM lanmu,zhuanji_info
78                      WHERE $lanmu_id=lanmu.lanmu_id
79                      AND zhuanji_info.zhuanji_id=lanmu.zhuanji_id";
80                  $result=mysql_query($sql_query,$sql->con);
81                  while($row = mysql_fetch_array($result))
82                  {
83                      //显示视频列表
84                      echo "<li><a href='zhuanji.php?zhuanji_id=";
85                      echo $row['zhuanji_id'];
86                      echo "'>";
87                      echo $row['zhuanji_name'];
88                      echo "</a></li>";
89                  }
90              ?>
```

```
91              </ul>
92          </div>
93        </fieldset>
94    </div>
95    <div data-role="footer"data-theme="c" data-position="fixed">
96        <h1>基于 jQuery Mobile 的视频点播系统</h1>
97    </div>
98  </div>
99  <?php
100     $sql->disconnect();
101 ?>
102 </body>
103 </html>
```

运行结果如图 16-14 所示。

由于需要为当前被选中的栏目加入深色的背景，因此在第 47 行加入了一个判断，如果当前的
lanmu_id 与通过 GET 获取的 id 相等时，则为列表项加入主题 a。

从范例中不难看出，本小节范例中的链接指向的是名为 zhuanji.php 的页面，它的实现方法与
本范例非常相似，笔者在此不再赘述。

图 16-14　栏目播放列表

16.5.3　播放页面的实现

接下来只剩最后一个页面了，将范例 16-4 另存为 play.php 并修改其内容，如范例 16-8 所示。

【范例 16-8　视频播放功能的实现】

```
01  <!DOCTYPE html>
```

```
02    <html>
03    <head>
04    <meta http-equiv="Content-Type" content="text/html; charset=utf-8" />
05    <meta name="viewport" content="width=device-width, initial-scale=0.5">
06    <!--<script src="cordova.js"></script>-->
07    <link rel="stylesheet" href="jquery.mobile.min.css" />
08    <link rel="stylesheet" href="video.min.css" />
09    <script src="jquery-1.7.1.min.js"></script>
10    <script src="jquery.mobile.min.js"></script>
11    <style>
12    .ui-grid-a .ui-block-a
13    {
14        width:67%;                                  <!--左侧栏目宽度-->
15    }
16    .ui-grid-a .ui-block-b
17    {
18        width:27%;                                  <!--右侧栏目宽度-->
19        margin-left:5%;                             <!--右侧栏目左边距-->
20    }
21    </style>
22    </head>
23    <body>
24    <?php include("sql_connect.php"); ?>            <!--引入数据库连接类-->
25    <?php
26        //从 URL 获取参数
27        $zhuanji_id=$_GET['zhuanji_id'];
28        $video_id=$_GET['video_id'];
29        $sql=new SQL_CONNECT();                     //连接数据库
30        $sql->connection();                         //连接
31        $sql->set_laugue();                         //设置编码方式
32        $sql->choice();                             //选择数据库
33        //声明数据库查询指令
34        $sql_query="SELECT * FROM zhuanji_info WHERE zhuanji_id=$zhuanji_id";
35        $result=mysql_query($sql_query,$sql->con);  //执行
36        while($row = mysql_fetch_array($result))
37        {
38            $title=$row['zhuanji_name'];
39        }
40    ?>
```

```
41    <div data-role="page">
42        <div data-role="header" data-theme="a" data-position="fixed">
43            <!--头部栏中不加入内容将会显示为一条线，起到装饰的作用-->
44        </div>
45        <div data-role="content">
46            <fieldset class="ui-grid-a">
47                <div class="ui-block-a">
48                    <ul data-role="listview" data-inset="true">
49                        <?php
50                            //查询当前播放的视频
51                            $sql_query="SELECT * FROM video_info WHERE video_id=
$video_id";
52                            $result=mysql_query($sql_query,$sql->con);
53                            while($row = mysql_fetch_array($result))
54                            {
55                                echo "<h4>";
56                            echo $title+"-"+$row['video_name'];
57                            echo "</h4><video src='";
58                            echo $video_info['video_file'];
59                            echo ".mp4' controls='controls' style='width:100%;
height:260px;'></video>";
60                            }
61                        ?>
62                    </ul>
63                </div>
64                <div class="ui-block-b">
65                    <ul data-role="listview" data-inset="true">
66                        <li data-role="list-divider" data-mini="true">
67                        <?php
68                            echo $title;
69                        ?>
70                        </li>
71                        <?php
72                            //查询当前栏目中的全部视频
73                            $sql_query="SELECT * FROM video_info,zhuanji
74                                WHERE zhuanji.zhuanji_id=$zhuanji_id
75                                AND zhuanji.video_id=video_info.video_id";
76                            $result=mysql_query($sql_query,$sql->con);
77                            while($row = mysql_fetch_array($result))
```

367

```
78                            {
79                                if($row['video_id']==$video_id)
80                                {
81                                    //如果是当前播放的视频
82                                    echo "<li data-mini='true' data-theme='a'>";
83                                    echo "<a href='play.php?zhuanji_id=";
84                                    echo $row['zhuanji_id'];
85                                    echo "&video_id=";
86                                    echo $row['video_id'];
87                                    echo "'>";
88                                    echo $row['video_name'];
89                                    echo "</a></li>";
90                                }
91                                else
92                                {
93                                    //仅仅与当前视频处于同一栏目
94                                    echo "<li data-mini='true'><a href='play.
php?zhuanji_id=";
95                                    echo $row['zhuanji_id'];
96                                    echo "&video_id=";
97                                    echo $row['video_id'];
98                                    echo "'>";
99                                    echo $row['video_name'];
100                                   echo "</a></li>";
101                               }
102                           }
103                       ?>
104                   </ul>
105               </div>
106           </fieldset>
107       </div>
108       <div data-role="footer"data-theme="c" data-position="fixed">
109           <h1>基于 jQuery Mobile 的视频点播系统</h1>
110       </div>
111   </div>
112   </body>
113   </html>
```

与之前实现的界面相比，这里为当前正在播放的视频加入了背景色，如图 16-15 所示。

图 16-15 视频播放页面

16.6 小结

本章使用 video 控件实现了一个简单的在线视频点播系统，该系统的界面布局主要参考了另一款 jQuery Mobile 应用，它证实 jQuery Mobile 是可以制作适合于平板等大屏幕移动设备应用的。另外，本章所介绍的视频点播实际上还是一个非常简单的"模型"，许多在实际开发中需要考虑的内容（如查询速度、带宽等问题）都被忽略掉了，但是读者万万不可掉以轻心，以为视频点播就是这么简单，实际上任何一个领域的应用想要做到极致都需要日久天长的积累。

第 17 章

◀ 大学校园表白墙 ▶

本章将以一个大学校园表白墙项目为例,进一步学习利用 jQuery Mobile 进行应用开发的方法,这个表白墙实际上是一个简单的留言板, 因此相比前面几章的内容有了更多的交互性, 如包含信息的提交、用户注册等内容, 而这都是之前不曾涉及的。本章还将介绍使用 jQuery Mobile 实现信息交互的一些高级方法。

本章主要的知识点包括:

- 利用 jQuery Mobile 进行注册和登录的方法
- 利用 jQuery Mobile 向服务端提交数据的方法
- 利用 jQuery Mobile 实现简单的留言板系统
- jQuery Mobile 中 cookie 的使用

17.1 项目介绍

时间过得真快,几年前我才刚刚毕业,如今竟然要亲自回学校去开招聘会了。学生时代特别喜欢逛学校的 BBS,就赶紧去看了一下,没想到特别萧条,但其中的一个表白墙引起了我的注意。实际上就是通过留言的方式将所要说的话发给公共主页的管理员,然后管理员将这句话发送出来达到表白的效果,笔者觉得这是一个非常好的想法(图 17-1 为大连海事大学表白墙的截图)。

本章就是要使用 jQuery Mobile 实现一个具有类似功能的留言板系统，主要包括以下功能：注册、登录、发表留言和回复。用户可以通过该应用的主页查看已经被发送的表白信息，也可以在登录之后对表白内容进行评论。

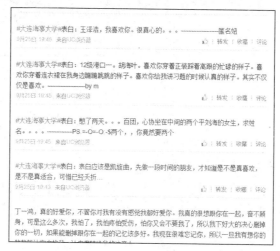

图 17-1　表白墙的部分截图

17.2　页面设计

既然已经明确了目标，就开始设计该项目的界面。按照所需要的功能将界面分为以下几类：

- 主页（显示表白信息列表）
- 发表信息页面（发布表白内容）
- 回复页面（对留言板上的内容进行评论）
- 登录页面和注册页面

下面将分别对它们进行介绍。

17.2.1　主页兼登录页面的设计

笔者希望利用 jQuery Mobile 的 panel 控件将登录界面和首页的信息列表结合在一起，当向一侧滑动屏幕时，登录界面弹出，而正常情况下则不显示。笔者原本打算利用列表控件来实现表白信息列表，没想到将折叠标记加入列表项后发现界面非常难看，好在折叠组控件本身带有列表的样式。由于涉及的控件比较多，因此这里仅仅给出大概的布局，如图 17-2 所示。

当向右侧滑动屏幕时，登录界面将会弹出，布局如图 17-3 所示，其中包括输入账号和密码的文本框和两个按钮。为了美观，两个按钮要放在同一行中。

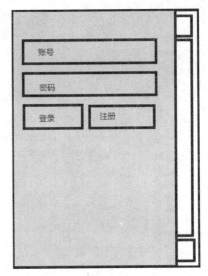

图 17-2　首页列表　　　　　　　　　　　图 17-3　登录界面

为了简化程序，后台管理及忘记密码等功能在此暂不考虑。

17.2.2　注册页面的设计

要实现留言等功能，首先需要用户登录，登录的前提是用户已经注册，那么注册界面是少不了的，为了简化程序，注册功能部分仅保留了用户名、密码和昵称 3 项，然后在下方直接加入一个"确认"按钮就完成了。

在实际开发中，不但要考虑到密码修改功能，最好还能够提供多套找回密码的方式（如保密邮箱、手机验证等）。另外，由于表白墙涉及实名制的问题，因此对于注册信息的验证也非常重要。

本例设计的注册页面布局如图 17-4 所示。

图 17-4　注册页面的布局

17.2.3　信息发布页面的设计

除注册页面之外，还要有一个能够发布留言的地方，本例决定为这部分单独留出一块空间，于是就有了一个单独的信息发布页面，其布局也非常简单，只有一个文本框和一个"发布"按钮，如图 17-5 所示。

文本编辑框

确认发送按钮

图 17-5　信息发布页面

17.3　界面的实现

上一节实现了该项目中所需界面的布局，本章所要用到的界面好像都十分简单，然而这都是由于笔者省略了许多细节。但是布局图上可以省略，不代表就不需要实现，因此界面实现是一项非常艰巨的任务。

17.3.1　首页界面的实现

说到本章的界面最复杂的就是首页，本项目直接将表白信息展示在首页中，因此信息量会比较大。其实现代码参考范例 17-1。

【范例 17-1　首页界面的实现】

```
01    <!DOCTYPE html>
02    <html>
03    <head>
04    <meta http-equiv="Content-Type" content="text/html; charset=utf-8" />
```

```
05    <meta name="viewport" content="width=device-width, initial-scale=0.5">
06    <!--<script src="cordova.js"></script>-->
07    <link rel="stylesheet" href="jquery.mobile.min.css" />
08    <script src="jquery-1.7.1.min.js"></script>
09    <script src="jquery.mobile.min.js"></script>
10    </head>
11    <body>
12    <div data-role="page">
13        <!--头部栏-->
14        <div data-role="header" data-position="fixed">
15            <h1>XX 大学表白墙</h1>
16        </div>
17        <div data-role="content">
18            <div data-role="collapsible-set">
19                <!--……省略部分表白信息，读者可自行添加……-->
20                <div data-role="collapsible">
21                    <!--表白信息的题目，格式：XX 向 XX 表白-->
22                    <h4>王刚刚向不知名的女生表白</h4>
23                    <!--表白的内容-->
24                    <h4>百团心协桌前两个齐刘海的女生，求姓名</h4>
25                    <!--回复内容，使用 p 标签换行-->
26                    <p><b>赵爽：</b>两个。。。。。你竟然要两个</p>
27                    <p><b>欧阳薇：</b>这种男人果断不能要</p>
28                    <p><b>陈震宇：</b>我会说其实我看上了三个么。</p>
29                    <!--表单，用来发布回复-->
30                    <form>
31                        <input type="text">
32                        <a href="#" data-role="button">发表回复</a>
33                    </form>
34                </div>
35                <!--……省略部分表白信息，读者可自行添加……-->
36            </div>
37        </div>
38        <div data-role="footer" data-position="fixed">
39            <div data-role="navbar" data-position="fixed">
40                <ul>
41                    <li><a href="#">表白墙</a></li>
42                    <li><a href="#">登录</a></li>
43                    <li><a href="#">注册</a></li>
```

```
44                </ul>
45            </div>
46        </div>
47    </div>
48    </body>
49    </html>
```

运行后的结果如图 17-6 所示。

单击列表中的每一项都可以查看表白的内容，以及其他用户的留言，展开后的效果如图 17-7 所示。

图 17-6　表白墙表白内容列表

图 17-7　列表展开后的内容

17.3.2　登录界面的实现

登录界面是直接加载在首页中的，但是要分为两个版本：登录之前填写账号和密码的版本；登录之后显示用户名的版本。登录后利用 PHP 来实现对它们的控制。范例 17-2 和范例 17-3 分别实现了这两个版本。

【范例 17-2　登录界面】

```
01    <!DOCTYPE html>
02    <html>
03    <head>
04    <meta http-equiv="Content-Type" content="text/html; charset=utf-8" />
05    <meta name="viewport" content="width=device-width, initial-scale=0.5">
06    <!--<script src="cordova.js"></script>-->
07    <link rel="stylesheet" href="jquery.mobile.min.css" />
08    <script src="jquery-1.7.1.min.js"></script>
```

```
09    <script src="jquery.mobile.min.js"></script>
10    <script>
11        $( "#mypanel" ).trigger( "updatelayout" );          <!--声明一个面板控件-->
12    </script>
13    <script type="text/javascript">
14       $(document).ready(function(){
15        $("div").bind("swiperight", function(event) {    //监听向右滑动事件
16         $( "#mypanel" ).panel( "open" );                 //面板展开
17        });
18       });
19    </script>
20    </head>
21    <body>
22    <div data-role="page">
23       <!--面板-->
24        <div data-role="panel" id="mypanel">
25          <form>
26               <label for="zhanghao">账号:</label>
27               <input name="zhanghao" id="zhanghao" value="" type="text">
28               <label for="mima ">密码:</label>
29               <input name="mima" id="mima" value="" type="text">
30               <fieldset class="ui-grid-a">
31                   <div class="ui-block-a">
32                       <a data-role="button">登录</a>
33                   </div>
34                   <div class="ui-block-b">
35                       <a data-role="button">注册</a>
36                   </div>
37               </fieldset>
38          </form>
39       </div>
40        <div data-role="header" data-position="fixed">
41           <h1>XX 大学表白墙</h1>
42        </div>
43        <div data-role="content">
44           <div data-role="collapsible-set">
45               <!--……省略部分表白信息，读者可自行添加……-->
46               <div data-role="collapsible">
47                   <!--表白信息的题目，格式：XX 向 XX 表白-->
48                   <h4>王刚刚向不知名的女生表白</h4>
49                   <!--表白的内容-->
50                   <h4>百团心协桌前两个齐刘海的女生，求姓名</h4>
51                   <!--回复内容，使用 p 标签换行-->
52                   <p><b>赵爽：</b>两个。。。。。你竟然要两个</p>
53                   <p><b>欧阳薇：</b>这种男人果断不能要</p>
54                   <p><b>陈震宇：</b>我会说其实我看上了三个么。</p>
55                   <!--表单，用来发布回复-->
```

```
56              <form>
57                  <input type="text">
58                  <a href="#" data-role="button">发表回复</a>
59              </form>
60          </div>
61          <!--……省略部分表白信息，读者可自行添加……-->
62      </div>
63  </div>
64  <div data-role="footer" data-position="fixed">
65      <div data-role="navbar" data-position="fixed">
66          <ul>
67              <li><a href="#">表白墙</a></li>
68              <li><a href="#">登录</a></li>
69              <li><a href="#">注册</a></li>
70          </ul>
71      </div>
72  </div>
73  </div>
74  </body>
75  </html>
```

向右滑动后就可以看到登录页面，如图 17-8 所示。

本范例仅仅是在范例 17-1 的基础上添加了一个 panel 面板控件（代码第 23~38 行），使起到登录作用的部分可以在需要的时候弹出，而这部分的实现也非常简单。

既然要在页面中加入登录功能，那么还需要考虑登录后显示什么，具体实现方法如范例 17-3 所示。

图 17-8 登录界面

【范例 17-3　登录后的界面】

```
01  <!DOCTYPE html>
02  <html>
03  <head>
04  <meta http-equiv="Content-Type" content="text/html; charset=utf-8" />
05  <meta name="viewport" content="width=device-width, initial-scale=0.5">
06  <!--<script src="cordova.js"></script>-->
07  <link rel="stylesheet" href="jquery.mobile.min.css" />
08  <script src="jquery-1.7.1.min.js"></script>
09  <script src="jquery.mobile.min.js"></script>
10  <script>
11      $( "#mypanel" ).trigger( "updatelayout" );          <!--声明一个面板控件-->
12  </script>
13  <script type="text/javascript">
14      $(document).ready(function(){
15        $("div").bind("swiperight", function(event) {    //监听向右滑动事件
16         $( "#mypanel" ).panel( "open" );                 //面板展开
17        });
18      });
19  </script>
20  </head>
21  <body>
22  <div data-role="page">
23      <!--面板控件，显示登录信息-->
24      <div data-role="panel" id="mypanel">
25          <h4>已登录</h4>
26          <p>likequan</p>
27          <p>黑猫警长</p>
28      </div>
29      <div data-role="header" data-position="fixed">
30          <h1>XX 大学表白墙</h1>
31      </div>
32      <div data-role="content">
33          <div data-role="collapsible-set">
34              <!--……省略部分表白信息，读者可自行添加……-->
35              <div data-role="collapsible">
36                  <!--表白信息的题目，格式：XX 向 XX 表白-->
37                  <h4>王刚刚向不知名的女生表白</h4>
38                  <!--表白的内容-->
39                  <h4>百团心协桌前两个齐刘海的女生，求姓名</h4>
40                  <!--回复内容，使用 p 标签换行-->
41                  <p><b>赵爽：</b>两个。。。。。 你竟然要两个</p>
```

```
42          <p><b>欧阳薇：</b>这种男人果断不能要</p>
43          <p><b>陈震宇：</b>我会说其实我看上了三个么。</p>
44          <!--表单，用来发布回复-->
45          <form>
46              <input type="text">
47              <a href="#" data-role="button">发表回复</a>
48          </form>
49      </div>
50          <!--……省略部分表白信息，读者可自行添加……-->
51      </div>
52  </div>
53  <div data-role="footer" data-position="fixed">
54      <div data-role="navbar" data-position="fixed">
55          <ul>
56              <li><a href="#">表白墙</a></li>
57              <li><a href="#">登录</a></li>
58              <li><a href="#">注册</a></li>
59          </ul>
60      </div>
61  </div>
62  </div>
63  </body>
64  </html>
```

运行结果如图 17-9 所示。

图 17-9 登录后显示的内容

17.3.3　注册页面的实现

在用户使用这款应用时，首先要注册一个账号，那么就必须有相应的界面供用户注册自己的账号。范例 17-4 实现了该项目的注册页面。

【范例 17-4　注册页面的实现】

```
01    <!DOCTYPE html>
02    <html>
03    <head>
04    <meta http-equiv="Content-Type" content="text/html; charset=utf-8" />
05    <meta name="viewport" content="width=device-width, initial-scale=0.5">
06    <!--<script src="cordova.js"></script>-->
07    <link rel="stylesheet" href="jquery.mobile.min.css" />
08    <script src="jquery-1.7.1.min.js"></script>
09    <script src="jquery.mobile.min.js"></script>
10    </head>
11    <body>
12    <div data-role="page">
13        <div data-role="header" data-position="fixed">
14            <h1>XX 大学表白墙</h1>
15        </div>
16        <div data-role="content">
17            <!--表单，用来提交数据-->
18            <form>
19                <!--将标签和文本框进行绑定-->
20                <label for="zhanghao">账号:</label>
21                <input name="zhanghao" id="zhanghao" value="" type="text">
22                <label for="nicheng">昵称（请尽量使用真实姓名）:</label>
23                <input name="nicheng" id="nicheng" value="" type="text">
24                <label for="mima">密码:</label>
25                <input name="mima" id="nicheng" value="" type="text">
26                <label for="queren">密码确认:</label>
27                <input name="queren" id="mima" value="" type="text">
28                <a data-role="button">注册</a>
29            </form>
30        </div>
31        <div data-role="footer" data-position="fixed">
32            <div  data-role="navbar" data-position="fixed">
```

```
33              <ul>
34                  <li><a href="#">表白墙</a></li>
35                  <li><a href="#">登录</a></li>
36                  <li><a href="#">注册</a></li>
37              </ul>
38          </div>
39      </div>
40  </div>
41  </body>
42  </html>
```

该界面对于熟练使用 jQuery Mobile 的读者来说，是非常简单的。本例运行结果如图 17-10 所示。

图 17-10　用户注册页面

17.3.4　表白模块的实现

范例 17-5 也是相当简单的，由于只需要两个文本框和一个按钮，所以几乎一瞬间就可以完成，实现代码如下。

【范例 17-5　表白模块的实现】

```
01  <!DOCTYPE html>
02  <html>
03  <head>
04  <meta http-equiv="Content-Type" content="text/html; charset=utf-8" />
05  <meta name="viewport" content="width=device-width, initial-scale=0.5">
06  <!--<script src="cordova.js"></script>-->
07  <link rel="stylesheet" href="jquery.mobile.min.css" />
```

```
08   <script src="jquery-1.7.1.min.js"></script>
09   <script src="jquery.mobile.min.js"></script>
10   </head>
11   <body>
12   <div data-role="page">
13       <div data-role="header" data-position="fixed">
14           <h1>XX 大学表白墙</h1>
15       </div>
16       <div data-role="content">
17           <form>
18               <label for="demo">目标（向谁表白）:</label>
19               <input name="demo" id="demo" value="" type="text">
20               <label for="biaobai">表白内容:</label>
21               <textarea rows="20" name="biaobai" id="biaobai">
22               </textarea>
23               <a data-role="button">发布</a>
24           </form>
25       </div>
26       <div data-role="footer" data-position="fixed">
27           <div  data-role="navbar" data-position="fixed">
28               <ul>
29                   <li><a href="#">表白墙</a></li>
30                   <li><a href="#">登录</a></li>
31                   <li><a href="#">注册</a></li>
32               </ul>
33           </div>
34       </div>
35   </div>
36   </body>
37   </html>
```

虽然简单但是效果非常不错，运行结果如图 17-11 所示。

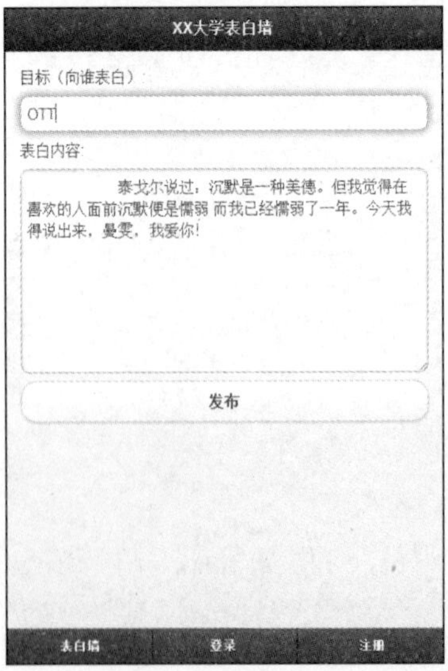

图 17-11   表白内容发布页面

17.4　数据库的设计

上一节实现了该项目所需要的界面，经过上一节的学习本项目的前端已经完工，本节将是后台最重要的一步——数据库的设计。

首先在 MySQL 中新建一个数据库，命名为 biaobai。

本项目会涉及用户注册的功能，先设计一个保存用户信息的表，表名为 user。该表包含与用户有关的信息，包括账号、用户名（昵称）、密码，另外还需要一个 id。该表的数据结构如表 17-1 所示。

表 17-1　表 user 的数据结构

字段名	说明	类型
user_id	用户的编号	int
user_name	用户的账号	vchar(20)
user_nicheng	用户昵称	vchar(20)
password	用户密码	vchar(20)

关于 vchar 数据类型，这里要特别指出，它的长度是按照实际需要来设置的，但是由于它的长度选择涉及许多方面的知识，所以本例直接选择使用能够适用于大多数需求的长度（20），读者可根据自己的需要自行修改。

还需要一个保存留言内容的表，命名为 message，其中包括两个字段，一个是用来标识留言的 message_id；另一个是用来保存留言内容的 message_neirong。另外，还要记录是在向谁表白，因此还需要一个字段，命名为 message_demo。该表的数据结构如表 17-2 所示。

表 17-2　表 message 的数据结构

字段名	说明	类型
message_id	表白信息的编号	int
message_neirong	表白的内容	vchar(200)
message_demo	向谁表白	vchar(20)

既然留言的内容有了一个单独的表，那么留言的回复自然也需要由一个表来存储，于是就有了表 replay，其中包括 replay_id 和 replay_neirong 两个字段，数据结构如表 17-3 所示。

表 17-3　表 replay 的数据结构

字段名	说明	类型
replay_id	回复的编号	int
replay_neirong	回复的内容	vchar(200)
user_id	发表回复的用户编号	int

接下来要做的就是新建一个表，将用户和表白信息联系起来。新建一个名为 user_message 的

表，其中包括两个字段，分别是用户的编号（user_id）和留言的编号（message_id），数据结构如表 17-4 所示。

表 17-4　表 user_message 数据结构

字段名	说明	类型
user_id	发表表白的用户编号	int
message_id	表白信息编号	int

除此之外，还需要一张表将回复的内容与表白内容联系起来，于是就有了表 replay_info，它的数据结构如表 17-5 所示。

表 17-5　表replay_info的数据结构

字段名	说明	类型
message_id	表白信息的编号	int
replay_id	回复信息的编号	int

按照以往的惯例，将本节设计好的数据库备份文件保存在范例 17-6 中。

【范例 17-6　数据库备份文件】

```
SET SQL_MODE="NO_AUTO_VALUE_ON_ZERO";
SET time_zone = "+00:00";

/*!40101 SET @OLD_CHARACTER_SET_CLIENT=@@CHARACTER_SET_CLIENT */;
/*!40101 SET @OLD_CHARACTER_SET_RESULTS=@@CHARACTER_SET_RESULTS */;
/*!40101 SET @OLD_COLLATION_CONNECTION=@@COLLATION_CONNECTION */;
/*!40101 SET NAMES utf8 */;
-- 表的结构 `message`
CREATE TABLE IF NOT EXISTS `message` (
  `message_id` int(10) unsigned NOT NULL,
  `message_neirong` varchar(200) CHARACTER SET utf8 COLLATE utf8_bin NOT NULL,
  `message_demo` varchar(20) CHARACTER SET utf8 COLLATE utf8_bin NOT NULL,
  KEY `message_id` (`message_id`)
) ENGINE=InnoDB DEFAULT CHARSET=latin1;
-- 表的结构 `replay`
CREATE TABLE IF NOT EXISTS `replay` (
  `replay_id` int(10) unsigned NOT NULL,
  `user_id` int(10) unsigned NOT NULL,
  `replay_neirong` varchar(200) CHARACTER SET utf8 COLLATE utf8_bin NOT NULL,
  KEY `replay_id` (`replay_id`)
```

```
) ENGINE=InnoDB DEFAULT CHARSET=latin1;
-- 表的结构 `replay_info`
CREATE TABLE IF NOT EXISTS `replay_info` (
  `message_id` int(11) NOT NULL,
  `replay_id` int(11) NOT NULL
) ENGINE=InnoDB DEFAULT CHARSET=latin1;
-- 表的结构 `user`
CREATE TABLE IF NOT EXISTS `user` (
  `user_id` int(10) unsigned NOT NULL,
  `user_name` varchar(20) CHARACTER SET utf8 COLLATE utf8_bin NOT NULL,
  `user_nicheng` varchar(20) CHARACTER SET utf8 COLLATE utf8_bin NOT NULL,
  `password` varchar(20) CHARACTER SET utf8 COLLATE utf8_bin NOT NULL,
  KEY `user_id` (`user_id`)
) ENGINE=InnoDB DEFAULT CHARSET=latin1;
-- 表的结构 `user_message`
CREATE TABLE IF NOT EXISTS `user_message` (
  `user_id` int(11) NOT NULL,
  `message_id` int(11) NOT NULL
) ENGINE=InnoDB DEFAULT CHARSET=latin1;
/*!40101 SET CHARACTER_SET_CLIENT=@OLD_CHARACTER_SET_CLIENT */;
/*!40101 SET CHARACTER_SET_RESULTS=@OLD_CHARACTER_SET_RESULTS */;
/*!40101 SET COLLATION_CONNECTION=@OLD_COLLATION_CONNECTION */;
```

17.5 功能的实现

前面已经完成了界面和数据库的准备工作，那么接下来将介绍如何利用这些准备好的素材来实现表白的功能。

17.5.1 注册功能的实现

本项目包含一个新的知识点，即怎样利用 jQuery Mobile 实现对数据的提交，现在就利用注册页面来介绍提交数据的方法。

在 Apache 的根目录下，新建一个文件夹，将其命名为 biaobai，并将 jQuery Mobile 所需的 CSS 和 JS 文件复制到该文件夹下，将范例 17-4 的页面另存为 regist.php，并进行修改后如范例 17-7 所示。

【范例 17-7　注册功能的实现】

```
01   <!DOCTYPE html>
02   <html>
03   <head>
04   <meta http-equiv="Content-Type" content="text/html; charset=utf-8" />
05   <meta name="viewport" content="width=device-width, initial-scale=0.5">
06   <!--<script src="cordova.js"></script>-->
07   <link rel="stylesheet" href="jquery.mobile.min.css" />
08   <script src="jquery-1.7.1.min.js"></script>
09   <script src="jquery.mobile.min.js"></script>
10   <script>
11   function post()
12   {
13       //获取账号的值
14       $zhanghao=$("#zhanghao").val();
15       //获取昵称的值
16       $nicheng=$("#nicheng").val();
17       //获取密码的值
18       $mima=$("#mima").val();
19       //将获取的值通过 URL 传送给 reg.php
20
$site="reg.php?zhanghao="+$zhanghao+"&nicheng="+$nicheng+"&mima="+$mima;
21       location.href=$site;
22   }
23   </script>
24   </head>
25   <body>
26   <div data-role="page">
27       <div data-role="header" data-position="fixed">
28           <h1>XX 大学表白墙</h1>
29       </div>
30       <!--内容栏，用来填写注册信息-->
31       <div data-role="content">
32           <form>
33               <label for="zhanghao">账号:</label>
34               <input name="zhanghao" id="zhanghao" value="" type="text">
35               <label for="nicheng">昵称（请尽量使用真实姓名）:</label>
36               <input name="nicheng" id="nicheng" value="" type="text">
```

```
37              <label for="zhanghao">密码:</label>
38              <input name="mima" id="mima" value="" type="text">
39              <a data-role="button" onclick="post()">注册</a>
40          </form>
41      </div>
42      <div data-role="footer" data-position="fixed">
43          <div data-role="navbar" data-position="fixed">
44              <ul>
45                  <li><a href="index.php">表白墙</a></li>
46                  <li><a href="login.php">登录</a></li>
47                  <li><a href="regist.php">注册</a></li>
48              </ul>
49          </div>
50      </div>
51  </div>
52  </body>
53  </html>
```

另外，还需要一个页面 reg.php 来接收它所提交的数据，新建一个文件并将其命名为 reg.php，具体代码如范例 17-8 所示。

【范例 17-8　接收提交的数据】

```
01  <!DOCTYPE html>
02  <html>
03  <head>
04  <meta http-equiv="Content-Type" content="text/html; charset=utf-8" />
05  <meta name="viewport" content="width=device-width, initial-scale=0.5">
06  <!--<script src="cordova.js"></script>-->
07  <link rel="stylesheet" href="jquery.mobile.min.css" />
08  <script src="jquery-1.7.1.min.js"></script>
09  <script src="jquery.mobile.min.js"></script>
10  </head>
11  <body>
12  <div data-role="page">
13      <?php header("Content-Type:text/html;charset=UTF-8"); ?>
14      账号是:
15      <?php echo $_GET["zhanghao"]; ?>.<br />
16      昵称是:
17      <?php echo $_GET["nicheng"]; ?>.<br />
```

```
18        密码是：
19        <?php echo $_GET["mima"]; ?>.<br />
20    </div>
21    </body>
22    </html>
```

在浏览器中输入地址 127.0.0.1/biaobai/regist.php，并在表格中填入数据，如图 17-12 所示，然后单击"注册"按钮，页面将跳转到如图 17-13 所示的界面，表明数据已经成功提交。

 实际上 jQuery Mobile 提供了专门用来提交数据的监听器，但是笔者却不打算用它，原因有两个：第一，监听器的使用太复杂，不如用 JavaScript 切换简单；第二，这种方法似乎和国内的一些开源 CMS 兼容得不好，如笔者有一次在为 thinkphp 写插件的时候就出现了不兼容的情况。

可以看到在图 17-14 中已经成功地接收到了提交的数据，第 13 行的代码：

```
header("Content-Type:text/html;charset=UTF-8");
```

是本范例中保证接收$_GET 中文数据而不会出现乱码的关键，一定不要忘记。如果还出现乱码，请再确认 HTML 页面是不是用 UTF-8 编码的。

图 17-12 表单提交

```
账号是：likequan.
昵称是：就不告诉你.
密码是：123456.
```

图 17-13 提交表单后跳转到 reg.php

现在可以提交数据了，接下来要做的就是怎样将数据写入到数据库中，这要用到 SQL 语言中的 INSERT 命令，将 reg.php 中的内容删掉，修改成范例 17-9 所示的内容。

【范例 17-9 注册功能的实现】

```
01    <!DOCTYPE html>
02    <html>
```

```
03   <head>
04   <meta http-equiv="Content-Type" content="text/html; charset=utf-8" />
05   <meta name="viewport" content="width=device-width, initial-scale=0.5">
06   <!--<script src="cordova.js"></script>-->
07   <link rel="stylesheet" href="jquery.mobile.min.css" />
08   <script src="jquery-1.7.1.min.js"></script>
09   <script src="jquery.mobile.min.js"></script>
10   </head>
11   <body>
12   <div data-role="page">
13   <?php include('sql_connect.php'); ?>
14   <?php header("Content-Type:text/html;charset=UTF-8"); ?>
15   <?php
16       $zhanghao=$_GET["zhanghao"];        //获取注册的账号
17       $nicheng=$_GET["nicheng"];          //获取注册的昵称
18       $mima=$_GET["mima"];                //获取注册的密码
19   ?>
20   <?php
21       $sql=new SQL_CONNECT();              //连接到数据库
22       $sql->connection();                  //连接
23       $sql->set_laugue();                  //设置编码
24       $sql->choice();                      //选择数据库
25
26       $sql_query="SELECT * FROM user";
27       $result=mysql_query($sql_query,$sql->con);
28       $num=1;
29       while($row = mysql_fetch_array($result))
30       {
31           $num=$num+1;
32       }
33       $sql_query="INSERT INTO user
34               (user_id,user_name,user_nicheng,password)
35                   VALUES   ($num,$zhanghao,$nicheng,$mima)";
36       mysql_query($sql_query);
37       $sql->disconnect();
38   ?>
39   <script>
40       location.href="index.php";           //跳转回主页
41   </script>
```

```
42    </div>
43    </body>
44    </html>
```

之后可以在 phpMyAdmin 中查看，确认是否确实将数据写入到数据库中了，如图 17-14 所示。

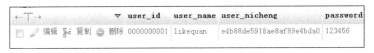

图 17-14　成功将注册信息写入到数据库

代码第 33 行即本项目中新增加的数据插入语句，它的作用是向数据库中写入一条数据。原本只要为数据表的主键（本表中为 word_id）加入自增属性就可以由系统对它自动赋值而不需要对该值进行插入，但是为了简化逻辑，笔者决定还是亲自加入它的值。这样为了使 word_id 的值唯一，就必须先求出当前表中编号的总数，然后由这个总数求出新插入的 word_id（第 29~32 行）。

将数据插入完成并断开与数据库的连接之后，就可以跳转回主页，也就是 index.php 页（第40 行）。

17.5.2　主页功能的实现

本小节要实现一个相当复杂的逻辑，首先要判断用户有没有登录，如果登录就要将用户信息写入到 cookie 中，另外还要根据用户登录的信息来确认是否允许用户发表留言和回复。这也是在本书中第一次用到 cookie 这么高级的功能。

首先将范例 17-2 另存为 index.php，并保存到 biaobai 目录下。

【范例 17-10　主页功能的实现】

```
01    <!DOCTYPE html>
02    <html>
03    <head>
04    <meta http-equiv="Content-Type" content="text/html; charset=utf-8" />
05    <meta name="viewport" content="width=device-width, initial-scale=0.5">
06    <!--<script src="cordova.js"></script>-->
07    <link rel="stylesheet" href="jquery.mobile.min.css" />
08    <script src="jquery-1.7.1.min.js"></script>
09    <script src="jquery.mobile.min.js"></script>
10    <script>
11        $( "#mypanel" ).trigger( "updatelayout" );              //声明一个面板
12    </script>
13    <script type="text/javascript">
14        $(document).ready(function(){
```

```
15      $("div").bind("swiperight", function(event) {        //监听向右滑动的操作
16        $( "#mypanel" ).panel( "open" );                   //面板展开
17      });
18    });
19  </script>
20  <script>
21  function login()                        //登录
22  {
23      $zhanghao=$("#zhanghao").val();
24      $mima=$("#mima").val();
25      $site="index.php?zhanghao="+$zhanghao+"+"&mima="+$mima;
26      location.href=$site;
27  }
35  </script>
36  </head>
37  <body>
38  <?php include('sql_connect.php'); ?>        <!--导入连接数据库类-->
39  .<?php header("Content-Type:text/html;charset=UTF-8"); ?><!--设置编码UTF-8-->
40  <?php
41      $is_login=0;                                        //该值为0表示未登录
42      $sql=new SQL_CONNECT();
43      $sql->connection();                                 //连接数据库
44      $sql->set_laugue();                                 //设置编码
45      $sql->choice();                                     //选择数据库
46      if(isset($_GET['zhanghao'])&isset($_GET['mima']))  //如果有账号和密码则登录
47      {
48          $zhanghao=$_GET['zhanghao'];
49          $mima=$_GET['mima'];
50          $sql_query="SELECT * FROM user WHERE user_name=$zhanghao";
51          $result=mysql_query($sql_query,$sql->con);
52          while($row = mysql_fetch_array($result))
53          {
54              if($mima==$row['password'])
55              {   //确认登录后写入cookie
56                  $is_login=1;
57                  $id=$row['user_id'];
58                  $username=$row['user_name'];
59                  $name=$row['user_nicheng'];
60                  $password=$row['password'];
```

```
61              setcookie("id", $id, time()+3600);
62                  setcookie("username", $username, time()+3600);
63                  setcookie("name", $name, time()+3600);
64                  setcookie("password", $password, time()+3600);
65          }
66      }
67      }
68  ?>
69  <div data-role="page">
70      <div data-role="panel" id="mypanel">
71      <?php
72          if(0=$is_login)                    //根据是否已经登录确认面板的显示
73          {    //未登录则显示登录框
74              echo "<form>";
75              echo "<label for='zhanghao'>账号:</label>";
76              echo "<input name='zhanghao' id='zhanghao' value='' type='text'>";
77              echo "<label for='zhanghao'>密码:</label>";
78              echo "<input name='mima' id='mima' value='' type='text'>";
79              echo "<fieldset class='ui-grid-a'>";
80              echo "<div class='ui-block-a'>";
81              echo "<a data-role='button' onclick='login();'>登录</a>";
82              echo "</div>";
83              echo "<div class='ui-block-b'>";
84              echo "<a href='regist.php' data-role='button'>注册</a>";
85              echo "</div>";
86              echo "</fieldset>";
87              echo "</form>";
88          }
89          else
90          {    //已经登录则显示账号信息
91              echo "<h4>已登录</h4>";
92              echo "<p>";
93              echo $username;
94              echo "</p>";
95              echo "<p>";
96              echo $name;
97              echo "</p>";
98          }
99      ?>
```

```
100      </div>
101      <div data-role="header" data-position="fixed">
102          <h1>XX 大学表白墙</h1>
103      </div>
104      <div data-role="content">
105          <div data-role="collapsible-set">
106      <?php
107              //查询全部表白内容
108              $sql_query="SELECT * FROM message,user_messagem,user
109              WHERE user_message.message_id=message.message_id
110              AND user_message.user_id=user.user_id";
111              $result=mysql_query($sql_query,$sql->con);
112      ?>
113      <?php
114              while($row = mysql_fetch_array($result))
115              {
116                  //输出表白信息
117                  echo "<div data-role='collapsible'>";
118                  echo "<h4>";
119                  echo $row['user_name']+"向"+"$row['message_demo']"+"表白";
120                  echo "</h4>";
121                  echo "<h4>";
122                  echo $row["message_neirong"];
123                  echo "</h4>";
124                  //查询该表白的评论
125                  $sql_query="SELECT * FROM replay,replay_info,user WHERE
126                  replay.message_id=replay_info.message_id
127                  AND user.user_id=replay.user_id,
128                  AND message_id=$row['message_id']";
129                  $result1=mysql_query($sql_query,$sql->con);
130                  while($row1 = mysql_fetch_array($result1))
131                  {
132                      echo "<p><b>";
133                      echo $row1['user_name'];
134                      echo "</b>";
135                      echo $row1['replay_neirong'];
136                      echo "</p>";
137                  }
138                  if(1=$is_login)
```

```
139                         {
140                     //如果用户已登录，则可以回复
141                  echo "<form>";
142                  echo "<input type='text' id='replay_text'>";
143                  echo "<input type='hiden' id='bianhao' value='"";
144                  echo $row1['message_id'];
145                  echo "'>";
146                  echo "<a href='' data-role='button' onclick=
'replay();'>发表回复</a>";
147                  echo "</form>";
148                     }
149             </div>
150                 }
151         ?>
152         </div>
153     </div>
154     <div data-role="footer" data-position="fixed">
155         <div  data-role="navbar" data-position="fixed">
156             <ul>
157                 <li><a href="#">表白墙</a></li>
158                 <li><a href="#">登录</a></li>
159                 <li><a href="#">注册</a></li>
160             </ul>
161         </div>
162     </div>
163 </div>
164 </body>
165 <script>
166 function reply()                     //发表回复
167 {
168     $replay_text=$("#replay_text").val();
169     $bianhao=$("#bianhao").val();
170     $site="replay.php?replay_text="+$replay_text+"+"&bianhao="+$bianhao;
171     location.href=$site;
172 }
173     </script>
164 </html>
```

由于对是否已登录加入了判断，因此在登录与未登录的情况下，运行界面分别如图 17-15 和图 17-16 所示。

本例中使用了不少之前没有接触过的内容，如第 46 行：

```
if(isset($_GET['zhanghao'])&isset($_GET['mima']))
```

其中用到了 isset()函数。这是由于使用$_GET 方式获取的变量在没有使用$_GET 方法时，比如直接访问 index.php，PHP 会报错，这样就必须有一个方法来确认是否已经获取了数值，这时就可以使用 isset()函数了。

代码第 61~64 行为已登录的用户设置 cookie，其中的 time()+3600 表示 cookie 保留的时间，即在创建后的 3600 秒内，此 cookie 将持续存在。

另外，第 56 行定义了一个新的变量$is_login，当它的值为 1 时表示用户已经登录，为 0 时表示用户没有登录。在用户没有登录的时候是无法对表白信息进行回复的。这是由于在第 138 行首先做出了一个判断 if(1=$is_login)，用来确定用户是否已经登录。如果用户没有登录，则页面中不会显示与回复有关的控件。

 还可以加入一些对话框来增强用户登录的意识以提高注册量。

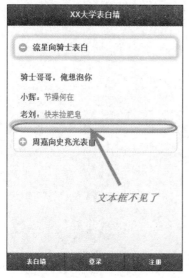

图 17-15　未登录时无法进行回复

图 17-16　登录后可以正常回复

17.5.3　发表留言功能的实现

接下来要实现的是用户向暗恋的对象表白的功能，找到范例 17-4，并将它的内容另存为 biaobai.php。

【范例 17-11　发表留言表白】

```
01  <!DOCTYPE html>
02  <html>
03  <head>
04  <meta http-equiv='Content-Type' content='text/html; charset=utf-8' />
05  <meta name='viewport' content='width=device-width, initial-scale=0.5'>
06  <!--<script src='cordova.js'></script>-->
07  <link rel='stylesheet' href='jquery.mobile.min.css' />
08  <script src='jquery-1.7.1.min.js'></script>
09  <script src='jquery.mobile.min.js'></script>
10  <script>
11  function press()
12  {
13      $demo=$("#demo").val();                        //获取表白对象名字
14      $biaobai=$("#biaobai").val();                  //获取表白内容
15      $message_id=$("#message_id").val();            //获取表白者的 id
16      //将表白内容通过 URL 传递给 express.php
17      $site="express.php?demo="+$demo+"+"&biaobai="+$biaobai+"&message_id=
"+$message_id;
18      location.href=$site;
19  }
20  </script>
21  </head>
22  <body>
23  <div data-role='page'>
24      <div data-role='header' data-position='fixed'>
25          <h1>XX 大学表白墙</h1>
26      </div>
27  <?php include('sql_connect.php'); ?>
28  <?php header("Content-Type:text/html;charset=UTF-8"); ?>
29  <?php
30  $is_login=0;
31  //判断是否登录
32  if(isset($_COOKIE['id']&
33      isset($_COOKIE['username'])&
34      isset($_COOKIE['name'])&
35      isset($_COOKIE[password]))
36  {
37      echo "<div data-role='content'>";
38      echo "<form>";
39      echo "<label for='demo'>目标（向谁表白）:</label>";
40      echo"<input name='demo' id='demo' value='' type='text' />";
41      echo "<label for='biaobai'>表白内容:</label>";
42      echo "<textarea rows='20' name='biaobai' id='biaobai'>";
43      echo "</textarea>";
44      echo "<input type='hidden' id='message_id' value='";
```

```
45          echo $_COOKIE['id'];
46          echo "'/>";
47          echo "<a data-role='button' onclick="press();">发布</a>";
48          echo "</form>";
49          echo "</div>";
50  }
51  eles
52  {
53      echo "<h1>请先登录</h1>"
54  }
55  ?>
56      <div data-role='footer' data-position='fixed'>
57          <div  data-role='navbar' data-position='fixed'>
58              <ul>
59                  <li><a href='#'>表白墙</a></li>
60                  <li><a href='#'>登录</a></li>
61                  <li><a href='#'>注册</a></li>
62              </ul>
63          </div>
64      </div>
65  </div>
66  </body>
67  </html>
```

运行界面如图 17-17 所示。为了与它配合，还需要一个页面 express.php 来接收用户发布的表白信息。因为与之前注册账号的方法差不多，这里不再赘述。

 可以利用 JavaScript 的 location.href 方法，使用户在发布了表白信息之后能够跳转回 index.php。

图 17-17　发布表白信息

17.5.4　首页的完善

在上一小节中讲到，可以在用户发布完表白信息之后跳回到主页，但这样是不是意味着需要重新登录呢？按照笔者的思路是不需要的，但是以目前的进度来看确实是这样。那么有没有办法来解决这一问题呢？当然有。

【范例 17-12　改进后的主页】

```
01  <!DOCTYPE html>
02  <html>
03  <head>
04  <meta http-equiv="Content-Type" content="text/html; charset=utf-8" />
05  <meta name="viewport" content="width=device-width, initial-scale=0.5">
06  <!--<script src="cordova.js"></script>-->
07  <link rel="stylesheet" href="jquery.mobile.min.css" />
08  <script src="jquery-1.7.1.min.js"></script>
09  <script src="jquery.mobile.min.js"></script>
10  <script>
11      $( "#mypanel" ).trigger( "updatelayout" );          <!--声明一个面板-->
12  </script>
13  <script type="text/javascript">
14    $(document).ready(function(){
15      $("div").bind("swiperight", function(event) {       //监听向右滑动
16       $( "#mypanel" ).panel( "open" );                   //面板展开
17      });
18    });
19  </script>
20  <script>
21  function login()                                        //登录
22  {
23      $zhanghao=$("#zhanghao").val();
24      $mima=$("#mima").val();
25      $site="index.php?zhanghao="+$zhanghao+"+"&mima="+$mima;
26      location.href=$site;
27  }
28  function reply()                                        //发表回复
29  {
30      $replay_text=$("#replay_text").val();
31      $bianhao=$("#bianhao").val();
32      $site="replay.php?replay_text="+$replay_text+"+"&bianhao="+$bianhao;
33      location.href=$site;
34  }
35  </script>
```

```
36   </head>
37   <body>
38   <?php include('sql_connect.php'); ?>
39   <?php header("Content-Type:text/html;charset=UTF-8"); ?>
40   <?php
41       $is_login=0;                                      //标识变量用来记录是否登录
42       $sql=new SQL_CONNECT();                           //连接数据库
43       $sql->connection();                               //连接
44       $sql->set_laugue();                               //设置编码
45       $sql->choice();                                   //选择数据库
46       if(isset($_GET['zhanghao'])&isset($_GET['mima']))
47       {
48           $zhanghao=$_GET['zhanghao'];
49           $mima=$_GET['mima'];
50           $sql_query="SELECT * FROM user WHERE user_name=$zhanghao";
51           $result=mysql_query($sql_query,$sql->con);
52           while($row = mysql_fetch_array($result))
53           {
54               if($mima==$row['password'])               //验证密码
55               {
56                   $is_login=1;
57                   $id=$row['user_id'];
58                   $username=$row['user_name'];
59                   $name=$row['user_nicheng'];
60                   $password=$row['password'];
61                   setcookie("id", $id, time()+3600);
62                   setcookie("username", $username, time()+3600);
63                   setcookie("name", $name, time()+3600);
64                   setcookie("password", $password, time()+3600);
65               }
66           }
67       }
68       if(isset($_COOKIE['id']))                          //检测是否已经登录
69       {
70           $is_login=1;
71           $id=$_COOKIE['id'];
72           $username=$_COOKIE['username'];
73           $name=$_COOKIE['name'];
74           $password=$_COOKIE['password'];
75       }
76   ?>
77   <div data-role="page">
78       <div data-role="panel" id="mypanel">
```

```php
79          <?php
80              if(0=$is_login)
81              {
82                  echo "<form>";
83                  echo "<label for='zhanghao'>账号:</label>";
84                  echo "<input name='zhanghao' id='zhanghao' value='' type='text'>";
85                  echo "<label for='zhanghao'>密码:</label>";
86                  echo "<input name='mima' id='mima' value='' type='text'>";
87                  echo "<fieldset class='ui-grid-a'>";
88                  echo "<div class='ui-block-a'>";
89                  echo "<a data-role='button' onclick='login();'>登录</a>";
90                  echo "</div>";
91                  echo "<div class='ui-block-b'>";
92                  echo "<a href='regist.php' data-role='button'>注册</a>";
93                  echo "</div>";
94                  echo "</fieldset>";
95                  echo "</form>";
96              }
97              else
98              {
99                  echo "<h4>已登录</h4>";
100                 echo "<p>";
101                 echo $username;
102                 echo "</p>";
103                 echo "<p>";
104                 echo $name;
105                 echo "</p>";
106             }
107         ?>
108     </div>
109     <div data-role="header" data-position="fixed">
110         <h1>XX 大学表白墙</h1>
111     </div>
112     <div data-role="content">
113         <div data-role="collapsible-set">
114         <?php
115             $sql_query="SELECT * FROM message,user_messagem,user
116             WHERE user_message.message_id=message.message_id
117             AND user_message.user_id=user.user_id";
118             $result=mysql_query($sql_query,$sql->con);
119         ?>
120         <?php
```

```
121                     while($row = mysql_fetch_array($result))
122                     {
123                         echo "<div data-role='collapsible'>";
124                         echo "<h4>";
125                         echo "猫爷向 OTT 表白"; $row['user_name']+"向"+"$row['message_
demo']"+"表白";
126                         echo "</h4>";
127                         echo "<h4>";
128                         echo $row["message_neirong"];
129                         echo "</h4>";
130                         $sql_query="SELECT * FROM replay,replay_info,user WHERE
131                         replay.message_id=replay_info.message_id
132                         AND user.user_id=replay.user_id,
133                         AND message_id=$row['message_id']";
134                         $result1=mysql_query($sql_query,$sql->con);
135                         while($row1 = mysql_fetch_array($result1))
136                         {
137                             echo "<p><b>";
138                             echo $row1['user_name'];
139                             echo "</b>";
140                             echo $row1['replay_neirong'];
141                             echo "</p>";
142                         }
143                         if(1=$is_login)
144                         {
145                             echo "<form>";
146                             echo "<input type='text' id='replay_text'>";
147                             echo "<input type='hiden' id='bianhao' value='";
148                             echo $row1['message_id'];
149                             echo "'>";
150                             echo "<a href='' data-role='button' onclick='replay();
'>发表回复</a>";
151                             echo "</form>";
152                         }
153                     </div>
154                     }
155             ?>
156         </div>
157     </div>
158     <div data-role="footer" data-position="fixed">
159         <div  data-role="navbar" data-position="fixed">
160             <ul>
161                 <li><a href="#">表白墙</a></li>
```

```
162                    <li><a href="#">登录</a></li>
163                    <li><a href="#">注册</a></li>
164              </ul>
165         </div>
166       </div>
167  </div>
168  </body>
169  </html>
```

完成后直接在浏览器中输入 127.0.0.1/biaobai/index.php 可以发现，现在用户已经登录，如图 17-18 所示。

图 17-18　改进后的主页

第 68~75 行的代码通过读取 cookie 来判断是否已经登录，这样就能够保证在重新打开主页后能自动登录。

 可以通过灵活地设置 cookie 的保留时间来获得更好的用户体验。

17.6 小结

本章实现了一个简单的大学校园表白墙应用，也可以对它进行简单修改之后当做留言板来使用，它是一个常用的 Web 模块。本章还介绍了 cookie 的使用方法，cookie 赋予 Web 应用智能识别用户的功能，使用户感觉更加贴心。

第 18 章

◀ 天天背单词项目实战 ▶

本章将使用 jQuery Mobile 来开发一款能够帮助学生背诵英语六级单词的手机 Web 应用，与之前介绍的几个项目不同，本项目更注重应用"干正事"的能力，能够有效地帮助学生通过六级考试。本项目使用了在本书中一直被忽略的对话框功能，同时也给出了一种在实际开发过程中绕过大量数据的简单方案。本章第一次在项目中将多个 page 控件放在同一个页面中，并且证明了这样做比用多个页面更加简便。

本章主要的知识点包括：

- 提出一种动态使用 page 控件的新思路
- 给出应用中大量数据影响加载速度时的技巧
- 螺旋式的应用开发过程

18.1　项目说明

笔者现在一直非常遗憾大学期间没能过六级，今年又快到六级考试的时候了，笔者在此想为读者的英语学习做一点贡献。图 18-1 是某在线背单词网站的界面截图，可以通过它加深对单词的印象。

考虑到很多学生比较喜欢在床上学习，笔者决心创造一款在手机上也能使用的背单词应用。

按照设计，该应用将在图 18-1 的功能基础上进行改进。作为一款背单词的应用，自然要能够将要背的单词和汉语意思在屏幕上显示出来，其次是可以切换不同的单词。至于在 PC 上常用的"单词拼写"功能则完全可以省略，于是笔者使用 jQuery Mobile 实现了如图 18-2 所示的界面。

图 18-1　在线背单词

图 18-2　背单词应用界面

18.2 第一版的实现

先来一个初级的版本，后面会在此基础上进行改进，读者也可以自行尝试。

18.2.1　第一版界面的实现

图 18-2 所示的界面代码如下。

【范例 18-1　背单词界面的实现】

```
01    <!DOCTYPE html>
02    <html>
03    <head>
04    <meta http-equiv="Content-Type" content="text/html; charset=utf-8" />
05    <meta name="viewport" content="width=device-width, initial-scale=0.5">
06    <!--<script src="cordova.js"></script>-->
07    <link rel="stylesheet" href="jquery.mobile.min.css" />
08    <script src="jquery-1.7.1.min.js"></script>
09    <script src="jquery.mobile.min.js"></script>
10    </head>
11    <body>
12    <div data-role="page">
13        <!--头部栏-->
```

```
14          <div data-role="header" data-position="fixed">
15              <h1>英语六级核心词汇</h1>
16          </div>
17          <!--内容栏-->
18          <div data-role="content">
19              <h1>average</h1>
20              <p>n.平均数、平均水平</p>
21              <p>adj.一般的、通常的、平均的</p>
22              <p>v.取平均值、达到平均水平</p>
23          </div>
24          <--尾部栏-->
25          <div data-role="footer" data-position="fixed">
26              <div data-role="navbar">
27                  <ul>
28                      <li>
29                          <a id="chat" href="#" data-icon="check" class="ui-icon-
nodisc" data-iconshadow="false">下一个</a>
30                      </li>
31                  </ul>
32              </div>
33          </div>
34      </div>
35      </body>
36  </html>
```

页面非常简单，可以通过单击底部栏中的按钮直接切换到下一个单词，但是考虑到这种"浏览"单词的方式往往会在很短的时间内浏览大量的单词，也就是要读取无数个页面。每次从网络上读取页面时无疑都会重新下载一遍 jQuery Mobile 的 JS 以及 CSS 库，这对流量和速度都是不小的考验，因此最好还是能将它们放在同一个页面中，如范例 18-2 所示。

【范例 18-2　新的背单词页面】

```
01  <!DOCTYPE html>
02  <html>
03  <head>
04  <meta http-equiv="Content-Type" content="text/html; charset=utf-8" />
05  <meta name="viewport" content="width=device-width, initial-scale=0.5">
06  <!--<script src="cordova.js"></script>-->
07  <link rel="stylesheet" href="jquery.mobile.min.css" />
08  <script src="jquery-1.7.1.min.js"></script>
09  <script src="jquery.mobile.min.js"></script>
10  </head>
```

```
11    <body>
12    <!--第一个 page 存放第一个单词-->
13    <div data-role="page" id="word_1">
14        <div data-role="header" data-position="fixed">
15            <h1>英语六级核心词汇</h1>
16        </div>
17        <div data-role="content">
18            <h1>average</h1>
19            <p>n.平均数、平均水平</p>
20            <p>adj.一般的、通常的、平均的</p>
21            <p>v.取平均值、达到平均水平</p>
22        </div>
23        <div data-role="footer" data-position="fixed">
24            <div data-role="navbar">
25                <ul>
26                    <li>
27                        //链接指向下一个 page
28                        <a id="chat" href="#word_2" data-icon="check" class=
"ui-icon-nodisc" data-iconshadow="false">下一个</a>
29                    </li>
30                </ul>
31            </div>
32        </div>
33    </div>
34    <!--……重复类似的 page 控件，以容纳更多的单词-->
35    <div data-role="page" id="word_10">
36        <div data-role="header" data-position="fixed">
37            <h1>英语六级核心词汇</h1>
38        </div>
39        <div data-role="content">
40            <h1>affiliate</h1>
41            <p>vt. 附属,接纳</p>
42            <p>vi. 有关</p>
43        </div>
44        <div data-role="footer" data-position="fixed">
45            <div data-role="navbar">
46                <ul>
47                    <li>
48                        //链接指向第一个 page
49                        <a id="chat" href="#word_1" data-icon="check" class=
"ui-icon-nodisc" data-iconshadow="false">下一个</a>
50                    </li>
51                </ul>
52            </div>
53        </div>
54    </div>
55    </body>
```

虽然修改后的界面没发生什么变化，但是却将多个 page 放到了同一个页面中，这样做不但可以加快页面的加载速度，还能减少流量的浪费。

18.2.2　数据库的建立

在 phpMyAdmin 中新建一个数据库并命名为 word，接下来就可以进行表的创建了，按照原有的想法，仅仅需要一个表就可以，表 word_info 的数据结构如表 18-1 所示。

表 18-1　表 word_info 的数据结构

字段名	说明	类型
word_id	单词的编号	int
word_english	单词的英文拼写	vchar(20)
word_chinese	单词的汉语意思	vchar(100)

然后笔者发现了一个非常严重的问题，即每个单词可能有好几个意思，比如单词 average 的汉语意思就包括名词"平均数"、形容词"一般的"，还有动词"取平均值"。这显然不是单纯一个表就能够满足的，于是对它进行改造并新增了表 word_chinese，它们的数据结构分别如表 18-2 和表 18-3 所示。

表 18-2　新版表 word_info 的数据结构

字段名	说明	类型
word_id	单词的编号	int
word_english	单词的英文拼写	vchar(20)

表 18-3　word_chinese 的数据结构

字段名	说明	类型
word_id	所对应的单词的编号	int
word_chinese	单词的汉语意思	vchar(100)
word_type	单词的类型	vchar(5)

至此，本项目中所需要的数据库就建立完成，接下来要做的是使用 PHP 将它们读取出来。

18.2.3　功能的实现

本节将利用 PHP 和 jQuery Mobile 实现从数据库中读取单词并将其显示的功能。在 Apache 的根目录下新建一个文件夹，命名为 word。将范例 18-2 实现的页面另存为 index.php，存放在 word 目录下，并对它进行修改，具体代码如范例 18-3 所示。

【范例 18-3　背单词功能的实现】

```
01    <!DOCTYPE html>
02    <html>
03    <head>
04    <meta http-equiv='Content-Type' content='text/html; charset=utf-8' />
05    <meta name='viewport' content='width=device-width, initial-scale=0.5'>
06    <link rel='stylesheet' href='jquery.mobile.min.css' />
07    <script src='jquery-1.7.1.min.js'></script>
08    <script src='jquery.mobile.min.js'></script>
09    </head>
10    <body>
11    <?php include('sql_connect.php'); ?>              //导入数据库连接类
12    <?php
13        $sql=new SQL_CONNECT();                       //连接数据库
14        $sql->connection();                           //连接
15        $sql->set_laugue();                           //设置编码格式
16        $sql->choice();                               //选择数据库
17        //生成查询指令
18        $sql_query="SELECT * FROM word_info";
19        $result=mysql_query($sql_query,$sql->con);
20        $num=1;
21    ?>
22    <?php
23    while($row = mysql_fetch_array($result))
24    {
25        //生成包含单词的 page 控件
26        echo "<div data-role='page' id='word_";
27        echo $num;
28        $num=$num+1;
29        echo "'>";
30        echo "  <div data-role='header' data-position='fixed'>";
31        echo "      <h1>英语六级核心词汇</h1>";
32        echo "  </div>";
33        echo "  <div data-role='content'>";
34        echo "<h1>";
35        echo $row['word_english'];
36        echo "</h1>";
37        $num_id=$row['word_id'];
38        $sql_query="SELECT * FROM word_chinese WHERE word_id=$num_id";
39        $result1=mysql_query($sql_query,$sql->con);
40        while($row1 = mysql_fetch_array($result1))
41        {
42        echo "<p>";
43        echo $row1['word_type'];
44        echo ".";
45        echo $row1['word_chinese'];
```

```
46          echo "</p>";
47          }
48          echo "</div>";
49          echo "<div data-role='footer' data-position='fixed'><div data-role=
'navbar'><ul><li>";
50          echo "<a id='chat' href='#word_";
51          echo $num;
52          echo "' data-icon='check' class='ui-icon-nodisc' data-iconshadow=
'false'>下一个</a>";
53          echo "</li></ul></div></div></div>";
54      }
55      ?>
56  </body>
57  <?php
58      $sql->disconnect();
59  ?>
60  </html>
```

在浏览器地址栏中输入 127.0.0.1/word/index.php，运行后可以看到如图 18-3 所示的界面。

图 18-3　实现后的背单词页面

18.2.4　阶段性总结

至此，已经实现了 18.1 节所设计的背单词的功能，但是这还远远不够。当背诵到最后一个单词时就没有任何交互了（此时会指向一个并不存在的 page），而且英语六级要求掌握 6000 多个单词，如果都放在一个页面里面恐怕手机会直接卡死，因此还要做一些改进。另外，页面中缺少"返回"的功能，也就是说一旦用户背到一半不想背了，就只能通过关闭浏览器的方式退出，下次运行还得从头开始。

18.3 改进和完善

上一节实现了一个简单的背单词应用，但是它还有两个非常严重的缺陷，本章将就这两个缺陷做出改进。

18.3.1 方案描述

最重要的一个缺陷就在于单词量太大，无法在一个单一页面中容纳，于是笔者参考了一些其他背单词的应用。图 18-4 是某网站在线背单词的截图。

图 18-4 某网站的在线背单词模块

可以看出，该网站将上千个单词分成了许多关卡，也就是说每一关中可能只有十几个单词，这样不仅降低了浏览器的压力，还能有效地增强了用户的使用效果。

笔者首先想到的是可以在数据库中加入一个新的表，用来记录每个关卡的信息，然后再为表 word_info 加入一个新的字段 word_pid。但是后来笔者发现根本不需要那么麻烦。因为表 word_info 中的主键 word_id 是不重复而且是递增的，也就是说只要根据 word_id 字段进行分类就可以将所有单词区分开了，唯一要做的就是再做一个带有列表的页面，用来列出每一个关卡供用户选择。

18.3.2 列表页面的实现

首先添加一个列表页面，如范例 18-4 所示。

【范例 18-4 关卡选择列表的实现】

```
01  <!DOCTYPE html>
02  <html>
03  <head>
```

```
04    <meta http-equiv='Content-Type' content='text/html; charset=utf-8' />
05    <meta name='viewport' content='width=device-width, initial-scale=0.5'>
06    <!--<script src='cordova.js'></script>-->
07    <link rel='stylesheet' href='jquery.mobile.min.css' />
08    <script src='jquery-1.7.1.min.js'></script>
09    <script src='jquery.mobile.min.js'></script>
10    </head>
11    <body>
12    <div data-role="page">
13        <div data-role="header" data-position="fixed">
14            <h1>英语六级核心词汇</h1>
15        </div>
16        <div data-role="content">
17            <ul data-role="listview" data-inset="true">
18                <li><a href="#">第1部分</a></li>
19                <!--……省略部分重复内容……-->
20                <li><a href="#">第17部分</a></li>
21            </ul>
22        </div>
23        <div data-role="footer" data-position="fixed">
24            <h1>好好学习 天天向上</h1>
25        </div>
26    </div>
27    </body>
28    </html>
```

实现的方法非常简单，运行结果如图 18-5 所示。

图 18-5　单词背诵关卡列表

18.3.3 列表页面功能的实现

上一小节实现了关卡列表的界面，本小节的目的就是使它能够动态地加载数据库中的内容。

首先将之前实现的 index.php 文件重命名为 index_1.php，然后将范例 18-5 另存为 index.php，并保存到 word 目录下。

【范例 18-5 列表功能的实现】

```
01   <!DOCTYPE html>
02   <html>
03   <head>
04   <meta http-equiv='Content-Type' content='text/html; charset=utf-8' />
05   <meta name='viewport' content='width=device-width, initial-scale=0.5'>
06   <!--<script src='cordova.js'></script>-->
07   <link rel='stylesheet' href='jquery.mobile.min.css' />
08   <script src='jquery-1.7.1.min.js'></script>
09   <script src='jquery.mobile.min.js'></script>
10   </head>
11   <body>
12   <?php include('sql_connect.php'); ?>            //导入数据库连接类
13   <?php
14       $sql=new SQL_CONNECT();                     //连接数据库
15       $sql->connection();                         //连接
16       $sql->set_laugue();                         //设置编码格式
17       $sql->choice();                             //选择数据库
18       //生成查询语句
19       $sql_query="SELECT * FROM word_info";
20       $result=mysql_query($sql_query,$sql->con);
21       $result=mysql_query($sql_query,$sql->con);
22       $num=0;                                     //记录单词数量
23       while($row = mysql_fetch_array($result))
24       {
25           $num=$num+1;
26       }
27       $num=($num-($num%20))/20 + 1;               //根据单词总数确定栏目数量
28       $i=0;
29   ?>
30   <div data-role="page">
31       <div data-role="header" data-position="fixed">
32           <h1>英语六级核心词汇</h1>
33       </div>
34       <div data-role="content">
35           <ul data-role="listview" data-inset="true">
36           <?php
37               for($i=0;$i<$num;$i++)
38               {   //输出"第 i 部分，i 由系统生成"
```

```
39                    echo "<li><a href='";
40                    echo "word.php?pid=";
41                    echo $i;
42                    echo "'>第";
43                    echo $i+1;
44                    echo "部分</a></li>";
45               }
46           ?>
47           </ul>
48       </div>
49       <div data-role="footer" data-position="fixed">
50           <h1>好好学习 天天向上</h1>
51       </div>
52   </div>
53   <?php
54       $sql->disconnect();
55   ?>
56   </body>
57   </html>
```

运行结果如图 18-6 所示。

这里特别要讲解第 23~27 行的代码。

其中第 23~26 行的作用是通过遍历来获取数据库中的单词总数，当然 PHP 提供了更加简单的函数 mysql_fetch_lengths 可供使用。读者可以自行查阅资料将此处替换成 mysql_fetch_lengths()。

第 27 行$num=($num-($num%20))/20 + 1 的作用是求出列表中项目的数量，这里设置每一个关卡中包含 20 个单词，就可以用数据库中单词的总数除以 20。但是由于 PHP 在不能整除时会将整数自动化成小数，因此必须要再减去它对 20 求余的结果。另外为了消除这种做法的不良影响，最终结果还要加 1。

图 18-6　实现后的列表页面

18.3.4 背单词页面的改进

将 index_1.php 复制并重命名为 word.php，按照范例 18-6 中的样式进行修改。

【范例 18-6　对背单词页面进行修改】

```
01  <!DOCTYPE html>
02  <html>
03  <head>
04  <meta http-equiv='Content-Type' content='text/html; charset=utf-8' />
05  <meta name='viewport' content='width=device-width, initial-scale=0.5'>
06  <link rel='stylesheet' href='jquery.mobile.min.css' />
07  <script src='jquery-1.7.1.min.js'></script>
08  <script src='jquery.mobile.min.js'></script>
09  </head>
10  <body>
11  <?php include('sql_connect.php'); ?>
12  <?php
13      $pid=$_GET['pid'];                           //通过 URL 获得参数
14      $high_case=($pid+1)*20;
15      $low_case=$pid*20;
16      $sql=new SQL_CONNECT();                      //连接数据库
17      $sql->connection();                          //连接
18      $sql->set_laugue();                          //设置编码格式
19      $sql->choice();                              //选择数据库
20      //查询数据库中的一部分单词
21      $sql_query="SELECT * FROM word_info LIMIT $low_case,$high_case";
22      $result=mysql_query($sql_query,$sql->con);
23      $num=1;
24  ?>
25  <?php
26  while($row = mysql_fetch_array($result))
27  {   //生成页面
28      echo "<div data-role='page' id='word_";
29      echo $num;
30      $num=$num+1;
31      echo "'>";
32      echo "<div data-role='header' data-position='fixed'>";
33      echo "<a data-role='button' href='index.php'>返回</a>";
```

```
34        echo "<h1>英语六级核心词汇  (";
35        echo $pid+1;
36        echo "_";
37        echo $num-1;
38        echo ") </h1>";
39        echo "</div>";
40        echo "<div data-role='content'>";
41        echo "<h1>";
42        echo $row['word_english'];
43        echo "</h1>";
44        $num_id=$row['word_id'];
45        $sql_query="SELECT * FROM word_chinese WHERE word_id=$num_id";
46        $result1=mysql_query($sql_query,$sql->con);
47        while($row1 = mysql_fetch_array($result1))
48        {
49        echo "<p>";
50        echo $row1['word_type'];
51        echo ".";
52        echo $row1['word_chinese'];
53        echo "</p>";
54        }
55        echo "</div>";
56        echo "<div data-role='footer' data-position='fixed'><div data-role=
'navbar'><ul><li>";
57        if(num<20)
58        {
59            echo "<a id='chat' href='#word_";
60            echo $num;
61        }
62        else
63        if(num<20)
64        {
65            echo "<a id='chat' href='index.php";
66        }
67        echo "' data-icon='check' class='ui-icon-nodisc' data-iconshadow=
'false'>下一个</a>";
68        echo "</li></ul></div></div></div>";
69    }
70    ?>
```

```
71    </body>
72    <?php
73        $sql->disconnect();                          //断开与数据库的连接
74    ?>
75    </html>
```

运行结果如图 18-7 所示。

图 18-7　改进后的背单词页面

可以清楚地看到，本小节为背单词页面增加了一个"返回"按钮，另外，代码的第 57 行为下面的"下一个"按钮加入了一个判断，当完成了背单词的任务后，就可以返回到列表页面了。

头部栏中的"英语六级核心词汇"几个字后面多出了一个简单的后缀，它可以让用户轻松地知道自己现在浏览的是第几部分的第几个单词，是非常人性化的。

18.4 小结

实际上，本章所用的例子完全可以依靠 HTML 5 的本地存储功能封装成本地 APP 来使用。另外，本章的范例使用了螺旋上升的开发方法，即先实现一个简单的原型再不断地完善它。这种方法能够快速实现所需要的功能，并能够根据需要快速地对设计方案进行修改，是一种非常好的方法。

第四篇

发布和推广应用

第 19 章

◀ 应用的发布和推广 ▶

之前介绍了许多利用 jQuery Mobile 进行应用开发的方法和例子，相信读者也都已掌握。不知道读者有没有想过学习 jQuery Mobile 的初衷，就是更好更快地开发应用来获得更高的收入。因此仅仅将应用开发出来还是不行的，还要将它们推向市场。jQuery Mobile 开发的应用面向用户的方式主要有两种，一种是利用 PhoneGap 进行打包，然后发布到相应的应用商店；另一种是直接以 Web 的形式进行发布。两种方法各有利弊，需要慎重选择。

除将应用进行打包的方法之外，本章还将介绍对应用进行宣传以及推广的方法。本章主要的知识点包括：

- 将 HTML 页面打包成多平台应用的方法
- 应用发布时通过应用商店的好处与坏处
- 怎样推广自己的应用

19.1 如何生成跨平台的应用

jQuery Mobile 一个非常重要的特点就是它的跨平台特性，虽然笔者以安卓来举例，但这并不代表不需要其他平台，在安卓平台上测试成功之后向其他平台的移植也是非常重要的。

19.1.1 生成 iOS 应用

想要生成 iOS 应用，首先要配备一部能够搭载 iOS 系统的设备，如 iPhone、iPad，这样才能测试生成的应用。

> 如果是个人开发者，没有它们影响也不是很大，毕竟不管是 PhoneGap 还是 jQuery Mobile，最看重的还是 iOS，在这方面做的测试和优化也最完备，只要在安卓设备上成功了，可以省略对 iOS 的测试。

步骤 01 首先要在苹果的开发者门户网站上下载 Xcode 并安装，目前的最新版本是 5.0，如图 19-1 所示。

图 19-1　Xcode 下载

 在下载 Xcode 时要注册苹果的开发者账号。

步骤 02　打开之前下载的 PhoneGap 包，找到其中适用于 iOS 的文件（lib 目录下的 ios 目录，如图 19-2 所示）。将该文件夹复制到一个容易找到的地方，并且保证路径名中不包含中文。

图 19-2　PhoneGap 适用于 iOS 的文件目录

步骤 03　启动 Xcode，单击"文件"|"新建项目"菜单，在新建项目的导航中找到项目 User Templates，选择 PhoneGap-based Application 选项。然后继续选择到刚刚找到的那个目录，并为项目命名，如图 19-3 所示。

图 19-3　生成新项目

步骤 04　接下来找到项目中的 www 目录，并随意找到一个之前写好的页面放到其中。

一定不要忘记将文件名改为 index.html。

 步骤 05　打开项目中的文件 test-info.plist（这里的 test 是笔者的项目名称，读者可以根据自己的习惯随意命名），将 BundleIdentifier 改为苹果公司提供的标识。也可以在线注册苹果的许可，获取许可的网址如下：

```
https://daw.apple.com/cgi-bin/WebObjects/DSAuthWeb.woa/wa/login?&appIdKey=891b
d3417a7776362562d2197f89480a8547b108fd934911bcbea0110d07f757&path=%2F%2Faccount%2
Findex.action
```

　　获取许可的前提是要有苹果的开发许可，如果只是学习可以跳过这一步骤，但如果是为了盈利则需要花点儿时间注册，注册页面如图 19-4 所示。

图 19-4　在苹果官网为应用注册

 步骤 06　确认将左上角的 Active SDK 选项从 Use Base SDK 改为 Device+version#，然后就可以运行程序了。当然没有设备的读者也可以使用模拟器来测试应用。

　　虽然安装 Xcode 要求必须在 Mac 平台下运行，但是只要有一台 Intel 平台的 PC，配置不是太差，还是可以装上 Mac 系统的。当然也可以使用 PhoneGap 提供的在线功能，只是笔者觉得这比装"黑苹果"还要麻烦，因此极其不推荐。

　　其实在国内，只要做好了安卓和苹果两个平台，其他平台基本就都能用了。

19.1.2　生成黑莓应用

　　在 PhoneGap 看到生成黑莓应用要下载的东西时，实在是令人头疼，难怪黑莓的应用少，不但需要下载和安装，还要配置环境变量，黑莓 API 中的需求参见图 19-5。

> **提示** 虽然看上去吓人，但其实需要做的并不是很多，比如 Sun JDK 是在之前就下载并安装配置好的，而 PhoneGap 也是早就下载好的。

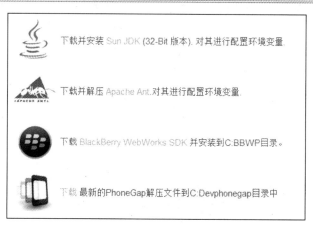

图 19-5 使用 PhoneGap 生成黑莓应用要做的准备

将一切都安装配置完成后，开始新建项目，首先找到 PhoneGap 中为黑莓准备的文件，将它复制到一个比较容易找到的路径下，如图 19-6 所示。

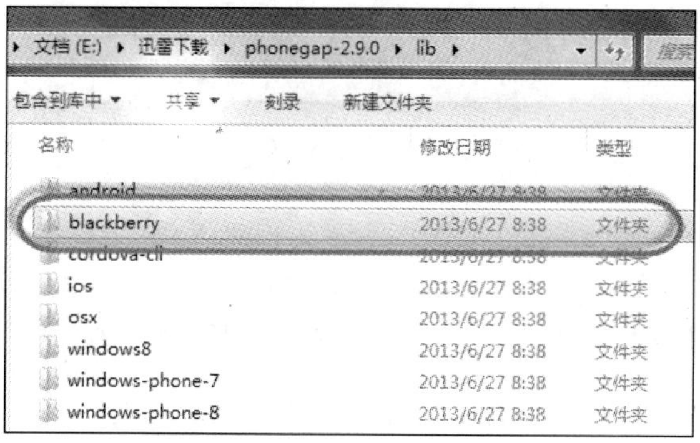

图 19-6 生成黑莓应用所需要文件的目录

继续打开 cmd（命令提示符），找到刚刚保存的目录，输入创建项目的命令并按 Enter 键确定。创建目录的命令如下：

```
ant create -Dproject.path=C:DevphonegapBlackBerryWebWorkssample
```

然后会发现在 C 盘中新出现了一个名为 DevphonegapBlackBerryWebWorkssample 的文件夹，打开它可以看到许多文件。随意用一种文本编辑器打开其中一个名为 project.properties 的文件，找到其中内容为“bbwp.dir= to”的位置，将其修改为“bbwp.dir=C:BBWP”。

在命令行中输入 ant build 编译项目文件，然后就可以在模拟器中运行编译好的应用了。

也可以先将项目中的 index.html 替换成自己写的页面来进行测试。

19.1.3 生成 WebOS 应用

WebOS（如图 19-7 所示）是一个基于浏览器的网络操作系统，但是这并不意味可以不经过封装直接使用 HTML 文件，还需要 PhoneGap 的帮助。

图 19-7　WebOS

在封装之前依然要准备好 WebOS 的开发环境，如图 19-8 所示，这里不再需要配置环境变量。

在 Win 8 下安装 VisualBox 可能会由于权限问题导致安装失败，因此一定要记得选择"以最高权限运行"。

完成配量后就可以到 PhoneGap 中找到用来生成 WebOS 应用的目录了，如图 19-9 所示。打开 terminal/cygwin 进入 WebOS 目录，对 index.html 进行修改。

之后，通过 folder/start 菜单启动 Palm 模拟器，然后输入 make 命令将应用打包到模拟器中，就可以开始对应用进行测试了。

在实体机中测试的方法就是用 USB 连接到设备，然后输入 make 命令即可。

图 19-8　生成 WebOS 应用所要做的准备

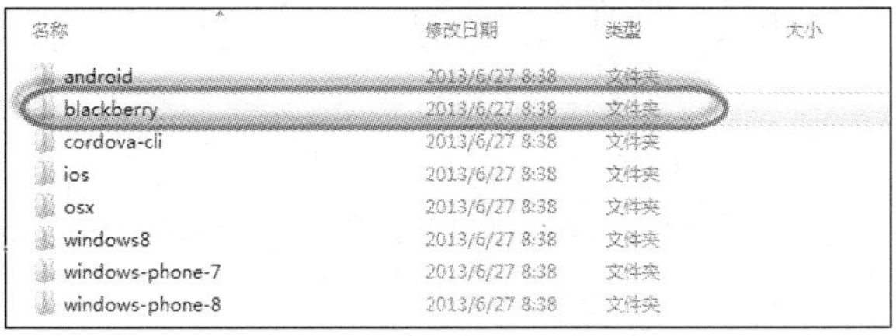

图 19-9　生成 WebOS 应用所需的文件

19.1.4　生成 Symbian 应用

终于看到一个比较容易配置的开发环境了，只要下载并安装 cygwin，并准备好 PhoneGap 的相应文件就可以，不过一定要记得勾选 cygwin 中的 make 选项。

依然是找到 PhoneGap 用来支持 Symbian 的文件，并进入相应的目录，如图 19-10 所示。

 可能个别版本的 PhoneGap 中没有支持 Symbian 的文件，也可能是笔者之前误删了，为此笔者特意重新下载了一个 PhoneGap 的压缩包。

在 phonegap/symbian/framework/www 目录中，用编辑器打开 index.html 文件。在 body 标签后移除 Build your phonegap app here! Dude!并添加 Hello World，在 cygwin/terminal 中键入 make，这将生成 phonegap-symbian.wrt/app.wgz。

图 19-10　生成塞班应用所需的文件

如果想在虚拟机中测试生成的应用，那么还需要下载并安装 S60 SDK，其中包含所需要的 S60

模拟器。而对于使用实体机进行测试的开发者来说，则可以直接用蓝牙将生成的 phonegap-symbian.wrt/app.wgz 文件传到手机中进行测试。

19.1.5　生成 WP 应用

笔者之所以将 WP 环境下的应用放在最后，是由于 WP 分为 WP 7 和 WP 8 两个平台，细分的话还要算上 WP 7.8。不过生成的方法都是相同的，在准备时除需要 PhoneGap 之外，还要准备 Visual Studio 2010。

> 提示　无论是 WP 7 还是 WP 8，生成应用的方法都完全一样，只要选择相应的文件即可，如图 19-11 所示。

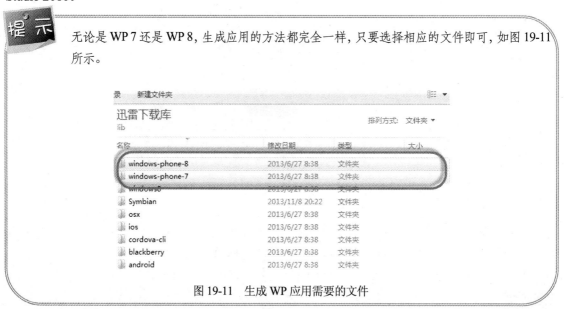

图 19-11　生成 WP 应用需要的文件

准备好之后可以运行 Visual Studio 2010 了，按照图 19-12 的方法新建一个 GapAppStarter 项目。将 PhoneGap 中的文件导入到项目中，如图 19-13 所示，然后对 index.html 进行修改。

图 19-12　新建一个 WP 项目

图 19-13　项目目录

其实直接运行，不对 index.html 做任何改动也完全可以。

　　笔者决定什么都不做，直接运行看看是什么效果，在 Visual Studio 自带的模拟器中运行的结果如图 19-14 所示。

图 19-14　生成的 WP 应用

19.2　怎样发布应用

　　在开发一款应用的时候，首先要明确这款应用的需求对象是哪些人群，然后根据这些人群来明确发布应用的方式。而在跨平台开发时代，要明确的一点是这款应用是打包成安装程序的本地应用，还是直接在 Web 上运行的网页，甚至是两者兼备的应用。

　　举一个例子，之前介绍过的表白墙就非常适合在 Web 上使用，而背单词这样的应用就可以打包成 APP。再比如商场导购软件就只能做成 Web 的形式，因为商场希望能够以二维码的形式将它放在商场的展板上让每一个用户都去使用。这时如果强求每个用户都去下载它是非常不现实的，但是以 Web 的形式就会吸引更多的顾客。

　　如果确认应用以 APP 的形式进行发布，那么就可以选择一个应用商店进行上传了，当然也可以同时上传多个应用商店。现在的应用商店有很多，如中国移动 MM 商城（如图 19-15 所示）、联想"乐"商店（如图 19-16 所示）、华为应用市场（如图 19-17 所示）等。一般来说，将应用上传到这些大型的应用商店本身就能够得到免费的推广，对于个人开发者或者小团队来说会比较方便。但是要注意上传到这些商店的应用是要进行审核的。

　　还有一类应用，如大名鼎鼎的 QVOD，它在苹果应用商店上架 6 天就被查封，但是却仍然在各大论坛被私下疯传。这就说明一部分有特殊功能的应用是不适合通过应用商店进行推广的。这类应用有一个特点，就是能够满足一部分用户的迫切需求。

图 19-15　中国移动 MM 商城

图 19-16　联想"乐"商店

图 19-17　华为应用市场

19.3 怎样推广应用

一般来说，上传到应用商店的 APP 不需要费力做太多的推广，因为应用商店会对一些优秀的应用进行免费推广和宣传。因此笔者就针对那些 Web 应用的推广做一个总结。

首先，一定要明确针对哪些人群的哪些需求，而不要到处发广告。可以适当地做出一些噱头但不要太过分，如之前完成的视频播放器，完全可以加入某部当前新上映的电影，然后宣传使用该应用即可免费观看该电影。

另外，在推广时要充分利用百度知道这一平台，如本书中的背单词应用，在有人通过百度知道求六级单词词库的时候趁机打出广告，能起到不错的效果。

 Web 类应用如果想要做大就一定要与 PC 端的 Web 相结合，还可配上合理的 SEO 和充实的内容。

19.4 小结

本章的核心是发布和推广应用，这些内容可能写一本书也说不完，因此笔者仅分享一点自己的心得体会。最后，笔者愿每一位读者都能从本书中学到一些东西，并能靠这些知识来提高自己的生活水平，达到技术为我所用的目的。